同济规划教育论丛
2007—2017

同济大学建筑与城规学院城市规划系　著

U0350688

中国建筑工业出版社

图书在版编目（CIP）数据

同济规划教育论丛 2007—2017/ 同济大学建筑与城规学院城市

规划系著 . — 北京：中国建筑工业出版社，2018.10

ISBN 978-7-112-22603-0

I. ①同… II. ①同… III. ①城市规划-教学研究-高等学

校-文集 IV. ① TU984-53

中国版本图书馆 CIP 数据核字（2018）第 200015 号

责任编辑：滕云飞
责任校对：张　颖

同济规划教育论丛 2007—2017

同济大学建筑与城规学院城市规划系　　著

*

中国建筑工业出版社出版、发行（北京海淀三里河路9号）

各地新华书店、建筑书店经销

北京建筑工业印刷厂制版

北京中科印刷有限公司印刷

*

开本：787×1092毫米　1/16　印张：26¾　字数：422千字

2018年12月第一版　2018年12月第一次印刷

定价：**78.00**元

ISBN 978-7-112-22603-0

（32702）

序一

三个特点和两个转变

李振宇

同济大学城乡规划教育已经有 60 多年的历史，规模宏大、配置齐全，成为规划教育的国际中心之一，在国内肩负引领发展的重大责任，在国际上也产生了不可替代的影响。2017 年，同济大学城乡规划学成为国家建设的一流学科，并在第四轮全国学科评估中获得"A＋"的结果；2018 年，在相关度较高的 QS 国际排名中，同济大学"建筑与建成环境"列全球第 18 位。同济规划教育的发展已经形成了鲜明的三个特点。

第一，把握学术前沿。

人才培养始终和高水平的研究相结合，对学术前沿问题回答成为培养学生的新动力。1950 年代对"城市规划"专业的设立，就是站在学术前沿发展专业教育的结果；其后，在 1980 年代逐步对交通、市政、绿化、经济、管理、城市史、社会学等方面进行融合形成专业教育体系整合；进入 21 世纪，学院适时提出了"生态城市、绿色建筑、数字设计、遗产保护"四个新的发展方向，计算机辅助设计，虚拟仿真、GIS 等相关技术的加入以及城市遗产保护工作赋予城市规划教育新的动力。近十年来，对大数据、云计算、人工智能等新技术的主动引入开创了"智慧城市规划"的新天地，同时社会人文学科的深度介入、城市防灾和灾后重建、乡村建设等新的学术挑战也推动着城乡规划教育不断前进。

第二，教学结合实践。

非常值得庆幸和自豪的是，我们的城乡规划教育从创立之初起，就与实践紧密相连。课程设计实习和毕业设计，往往有"真题真做"的机会；例如早年的工人新村规划，1980 年代的胜利油田总体规划、平遥古城保护规划等积累打下了坚实的学科基础；在 1990 年代，教学和实践相结合迎来了实践的第一个高峰，获得国家教学成果特等奖。后来的 2010 世博会规划，江南水乡保护规划，汶川特大地震灾后重建，北京副中心城市设计，雄安新区规划等，既是我们规划教育不断更新"任务书"的来源，也是我们检验教学方法和学科理念的机会。

第三，国际国内合作。

我们的城乡规划学科，是一个可以连接不同国家、不同地区、不同机构、不同专业人群的领域；开放办学是我们的成功经验。1950 年代初创专业，就是向国外领先学校学习的结果；60 多年来与各级政府和学术机构的合作联系始终保持良好，教学实践基地遍布全国。进入新千年以来，国际合作进入快车道，举办了"世界规划院校大会"，进行了 3 次国际评估咨询，建立了数十门全英语课程，十几个双向双学位课程。每年培养约 50 多名中外双学位城乡规划研究生；学院每年开放国际专业讲座达到 150 场左右。近五年来，国际国内合作特别注重三件事：对标世界顶尖大学，进行学科发展布点，在生态城市、智慧城市、公正城市、数字城市等方面加强发展；促进学科交叉，结合上海市"高峰计划"和教育部"双一流建设计划"，建立国际国内学科交叉团队；为本科生、硕士生、博士生创造了大量的国际合作交流机会，例如"未来城市与建筑国际博士生院"等。

"十年树木，百年树人"。专业教育总是在不断前进和发展。而中国的城乡规划教育，就在过去的十年里，发生了两个非常重要的变化。

首先，我们城乡规划的工作对象，发生了一个"从量变到质变"的变化。

在城镇化高速发展了很长一段时间后，我们的城市规划任务忽然就进入了一个"存量时代"，与城市更新、城市设计、城市遗产保护相关的工作陡然增加，规划规模宏大的新区园区的机会在逐步减少；众多的城市和区域面临着"调规"的工作。中央政府领导城市规划工作的部门，从住房与城乡建设部划入了自然资源部，是否象征了城乡规划工作从"建设"的意味变为"资源调配"的性质了呢？这很值得我们关注和研究。

其次，我们专业工作的理念，从"软硬适中"向着"软硬结合"变化。

在以往的城市规划教育中，我们强调的是硬件的建设；软的人文、社科、管理等部分内容是帮助我们分析推导的工具，是经验公式般的支持手段。而规划成果最后的呈现方式，是在硬和软之间，找到一个简易快速的平衡点。而今天，城乡规划似乎在向着"软的要更软，硬的要更硬"的方向发展。例如，我们的规划目标中，"软"的运营、管治、文化遗产保护、公众参与，也成为城市规划的主要内容；在城市规划研究中，加强了对人的研究，从职、住、行，到家庭、社群、产业、社会公正，研究的外延在发展。而"硬"的部分更甚。比如，雄安新区规划建设的共同管廊，体现了硬件里的"硬技术"提高；设计研究中人工智能、高精度地理信息系统、虚拟现实等新技术为城乡规划带来了更新的"硬方法"；对城市海量数据的掌握和例如 CIM 等系统的精准运用成为成长中"硬资源"。

就是在这样的变化中，我们过去十年中专业教学在发生新的改变。

这里呈现给大家的，是 2007—2017 年 10 年间同济大学城乡规划专业教师在各学术刊物上公开发表的教育研究论文，共 33 篇结集出版，分为教育思想、教学方法和国际化教育三章。论文从不同的角度回望过去，立足当下，展望未来。

按照规划系的安排，每位老师至多只可入选一篇，这也从一个侧面，反映了同济规划教育学术民主的气氛，这也是我们至为之珍惜的精神所在。

同济大学建筑与城市规划学院　院长

2018 年 10 月 6 日

序二

唐子来

2011 年，中国城镇化水平超过 50%，同年城乡规划学成为一级学科，这也许不只是历史的巧合。中国的城镇化正面临着机遇和挑战的并存，走可持续发展的城镇化道路既是中国社会的广泛共识，也是国际社会的殷切期待。

近年来，可持续的城镇化已经成为国家发展的核心战略，中共中央和国务院对于城镇化和城乡规划的如此高度重视是史无前例的。2013 年 12 月中央城镇化工作会议召开，2014 年 3 月发布了《国家新型城镇化规划（2014—2020 年）》；2015 年 12 月中央城市工作会议召开，2016 年 2 月发布了《中共中央国务院关于进一步加强城市规划建设管理工作的若干意见》。

如今，中国发展已经进入新时代，由高速度增长阶段转向高质量发展阶段，正处于转变发展方式的关键时期。中国的城乡规划学科任重而道远，如何为新时代的中国城镇化道路提供适合国情的思想、理论、方法、技术，并且培养高质量的城乡规划专业人才，始终是城乡规划学科发展的核心使命。

同济规划教育论丛收录了同济大学城市规划系教师在 2007—2017 年期间发表的 33 篇教研论文，既体现了对于教育思想和方法的一贯重视，也展示了国际化教育的最新趋势，期待本论文集将会成为城乡规划教育工作者的有益读物。

同济大学建筑与城市规划学院 城乡规划学科专业委员会主任
城市规划系教授、博士生导师
2018 年 10 月 4 日

目录

3　国际化教学

1 教育思想

吴志强：

中国工程院院士，同济大学副校长、建筑与城市规划学院教授、博导，瑞典皇家工程科学
院外籍院士，美国建筑师学会荣誉会员（Hon.FAIA），全国工程勘察设计大师，上海市
科技精英，上海世博园区总规划师。兼任全球规划教育联合会联席主席、联合国科教文组
织—国际建筑师协会建筑教育委员会终身委员、国务院学位委员会城乡规划学学科评议组
第一召集人、中国城市规划学会副理事长、中国建筑节能协会副会长、中国绿色建筑与节
能专业委员会副主任委员等。

"人居三"对城市规划学科的未来发展指向

吴志强

假如说，1976 年的温哥华第一次世界人居大会（以下简称"人居一"）是城市规划学科在联合国政治舞台上从学术被抬升为城市公共管理的一次盛典（吴志强，2005）。那么，1996 年在伊斯坦布尔第二届世界人居大会（以下简称"人居二"）上，城市规划则被绑定为政府过度干预忽视市民主体的殉葬品。而2016 年基多第三届世界人居大会（以下简称"人居三"），则唤起了世界对城市规划学科重要性的重新认识。

有幸参加"人居三"会议第 9 政策小组参与起草《新城市议程》工作，并以此为契机促使自己细读人居大会的历史文献，我冷静思考着城市规划学科在世界城市治理中的定位：城市规划作为一门学科，什么是过度的公共产品定位？什么是作为学科力所不能及？什么才是学科的本质内核？什么是学科的力量？什么可以是学科的公共政策外溢？

"人居三"的重要性在于，它再一次重新确立了城市在世界人居环境中核心地位[①]。"人居三"的重要性也在于，既重新给予了城市规划在城市治理中的高度关注，也强调了城市规划作为学科在城市发展决策中独特而独立的学科支撑作用[②]。对城市规划学科来说，避免城市规划学科就是城市公共政策，甚至简单地等同于城市政府自上而下的管制工具，如同在"人居一"会议上所主导的观点（联合国人居署，1976），是一门学科在热潮和冷遇之后的成熟。

1 《新城市议程》的创新点

《新城市议程（New Urban Agenda）》是"人居三"会议的核心文件，与前两次人居大会相比，它具有以下 5 个创新点。

1.1 "进城权"的提出

这次大会第一次明确提出在城市里居住，是人人应该享有的基本权利。英文原文中用"Right to the City（人居署，2016）③"，我把它译成"进城权"。有人把它翻译成"城市权"是错误的，"城市权"是 Right of the City，是指城市作为一个行政空间单元在国家和区域城市群中所应享受的独立自治权。而《新城市议程》所强调的是指个体的人，在全球性的城镇化过程中间不应受到种族、收入、教育、信仰等社会群落背景的歧视，公平地参与全球各国各地的城镇化历史性进程。

将参与城镇化、进入城市的权利上升到天赋人权的高度，是空前的，也是历史性的。这可能对于我们所有城市学者、城镇化研究都是陌生的，这完全有可能在国际城市学界和国际政治上，成为站在城镇化和城市发展价值观最顶端的一条全球性的规则。作为联合国主办的人居大会所提出的官方价值，这相对于前两届人居世界大会所提出的关键概念（人居署，2014），在国际城市学界、人类学研究和现代化研究方面，都是一次历史性的提升，相信会产生全球性的广泛且长远的价值体系建构影响。

1.2 "知行合一"的推进

过去两届的人居世界大会每次都产生两份大会文件：宏观的宣言（Declaration），以及依据宣言精神制定的行动计划（Action Plan）④。此次"人居三"会议首次将两大文件合二为一，宣言条目后则必有明确行动指南，两文合一。

在文件制定过程中，每每讨论到宣言的主题思想，定会附有政策建议与措施（人居署，2016）。强调的是说到做到，知行合一，这是人居大会思想方法上一次重要的历史性提升，这有可能会影响改变各国城市发展政策文件的起草模式和思想方式。

1.3 城市主题的突出

前面两届人居世界大会所形成的历史文件，并没有把城市如此突出到像"人居三"一样的核心高度（人居署，1996）。这种变化的根本原因是因为全球半数以上的人类已经进入了城市居住，全球的城镇化进入到了新的历史性阶段（人居署，2014）。

会议中人类的居住问题从多个层面和不同视角聚焦到了：城市从对地球气候变化的影响、对人类的基本生活方式和社会组织方式、对人类经济生产的主要活动，以及对市民社会产生的各个方面影响。城市已经占据了人居议题的中心位置（人居署，2016）。可以预见人居署未来的重点会继续聚焦各国的城市问题。

1.4 多级政府的互动

第一届人居世界大会强调的是国家在人居环境上的作用。作为联合国的文件，强调的是各国政府对于人居环境的基本共识，是联合国框架下的各国政府之间的合作⑤。"人居二"与"人居一"反其道而行之，强调非政府组织的力量对于人居环境改善的作用，出现了对强调国家政府作用的历史性反思。而"人居三"会议的主题思想强调的是多层政府之间的纵向合作和横向协同（人居署，2010；人居署，2014）。

强调各级政府，从国家与国家政府之间的合作，包括联合国层面；从国家政府、地方政府，到乡镇自治政府在各个层面上的不同作用与责任。与前两次人居世界大会所强调的人类居住所面临问题不同，城市问题成为各国政府和各级地方政府关注人居的中心问题，也随着全球化的推进，国家间移民和跨区域城镇化移民都集聚城市的趋势，国家政府之间、各级各地城市政府之间协同合作成为重要内容。

1.5 规划地位的重塑

从1976年的"人居一"到1996年的"人居二"，再到2016年的"人居三"

的历史文脉中，可以读到城市规划作用认识的 40 年变迁。"人居一"会议上，城市规划在 20 世纪 70 年代被历史性地提升到国家政府管理人居环境不可缺失的公共政策。"人居一"宣言在强调各国政府对人居环境问题的认识，积极改善各国人居环境质量要求的同时，将规划视为国家政府的公共政策⑥。在规划的作用被联合国文件提出的时候，城市规划也被绑架成为了政府政策。事实证明，城市规划被如此定位，是其对城镇化、对城市发展规律和城市土地空间分布规律，以及对规划自身编制规律的科学内核的忽视，如此以往，对于一门缺乏内核知识体系系统架构的年轻学科，有时甚至是有害的。20 年后的 1996 年"人居二"会议，只强调国家政府责任和作用的"人居一"主题思想，被大量参会的非政府组织全盘质疑（人居署，2005；人居署，2007）。城市规划在"人居二"会议上被视作各国国家政府的政策，也与自上而下的模式一起受到质疑和批评。

实际上，现代城市规划一直保持着自上而下与自下而上的双向综合模式。公共政策在城市规划中，只是与自下而上的民众参与、贯穿始终的专业知识一起共同发力的各方力量中的一个向位。"人居三"文件在"人居二"的基础上大幅提升了城市规划作用的篇幅和地位，更重要的还是，更加综合地看待城市规划对于城市可持续发展的多方面作用，强调了其系统性协同上下的作用，强调的是其对城市战略和公共政策的学科支撑作用。可以清晰认识到城市规划学科回归到在人居中的重要地位和对城市规划的创新要求。《新城市议程》的通过，对城市规划学科未来 20 年的走向，对城市规划自身的反省，对规划学科的内生性动力的激发，都将会产生重大的影响。

因而，"人居三"基于以上五个创新点，提出了五个关键要求：

1）要求关注人人参与城镇化的权利；

2）要求政策行动与宣言思想合二为一；

3）要求更加聚焦关注城市的可持续发展；

4）要求多级政府之间上下协同广泛合作；

5）要求重视城市规划重要的综合支撑作用。

2 人居大会对城市规划影响演变

2.1 "人居一"对城镇化认识的局限

"人居一"于 1976 年在温哥华召开。1976 年世界平均城镇化率达到了 37%。彼时的中国还处于"文化大革命"末期和"改革开放"的前夜，全世界发展中国家的城镇化以人类历史上从未有过的速度和规模全面展开，偏离了当时发达国家认知的城市化发展规律（人居署，2005）。对比发达国家的百年城镇化历史，当时发展中国家的大规模城市扩张现象几乎遭到了所有城市研究和文献的批判（人居署，2001）。发达国家中主导城市规划思想的团体指出从没见过这样的城镇化，从没见过这样快速的人口增长，发展中国家的城镇化速度是失控的，发展中国家大城市的环境污染与恶化成为全球的心理压力（吴志强，2015）。在两极分化的世界，也就是当时的第三世界国家的城镇化风起云涌，而在西方基本完成了城市化后的视角看来，这是彻底的失控。这就是"人居一"的时代背景，也体现在它的主题"失控的城镇化（Uncontrolled Urbanization）"中。另一些关键词："拥挤"、"污染"、"恶化"则反映出大都市地区的发展压力，"人居一"也关注了快速城镇化带来的不平等，如城市移民、城市用水、卫生环境、无家可归等指向世界范围内的城市失序（人居署，2007；人居署，2011），且是日益失序的大量问题，也是西方发达国家对发展中国家呈现的人类史无前例的城镇化的惊讶。

在这样的背景下召开的"人居一"制定了两份重要文件，一是《温哥华人居宣言》，另一是行动计划。《宣言》提出了 16 个关注点、3 个机遇、19 条总原则和 11 条行动指南。根据《宣言》的精神起草了 65 条行动措施，包括居住区的政策、住区规划。规划的作用被提上议程，认为治理城市的失控需要规划，还包括对庇护场所、社会设施、土地的规划，并加强公众参与和机构管理[⑦]。"人居一"的直接贡献是促生了联合国人居署的前身，人类住区委员会（United Nations Commission on Human Settlements）在大会的第 2 年成立（人居署，2004）。

"人居一"的两个文件是人类历史上的重要成果，然而大会的局限性也是明显的：对于城镇化的世界影响、对城市问题的危害性与严肃性，没有形成足够的、世界性的共识，也没有为此建立专门的国际机构。在参与主体层面，缺乏国际合作，也缺乏各级政府合作，被提及的参与主体只有国家中央政府，仅针对国家层面的政府提出政策建议，而各级地方政府和社会团体的作用则被忽略，因此难以切实推动规划建设。城市人口问题也没有得到应有的关注（人居署，1976；人居署，2007）。因而，《温哥华人居宣言》遭到了大量非政府社会团体的批判，批判从第一次世界人居大会到第二次世界人居大会举办的20年间从未平息。其中，最为集中的批判意见是，"人居一"采纳了联合国组织的官员、富裕国家的官员对发展中国家城市的讨论和建议，而对发展中国家的地方政府和社会团体对发展中国家的城镇化的观点和意见重视不够，但发展中国家的地方政府和社会团体对其城镇化发展状态和城镇所存在的问题才是最有切身体会的。

2.2 "人居二"对城镇化和城市规划认识的局限

与在发达国家召开的"人居一"不同，"人居二"选择了一个发展中国家的城市土耳其的伊斯坦布尔作为大会会址。土耳其位于东西方交界处，是发达国家与发展中国家之间的纽带。在"人居二"召开的1996年，世界城镇化率达到了45%，严峻的问题暴露在世界面前，包括城镇化、城市建设过程导致的贫民窟的涌现、无序现象和不可持续发展等问题（人居署，2009）。当时联合国人居署主要领导的主导思想，是更加关注贫民窟，关注发展中国家，尤其是非洲的人类居住困境。在"人居二"会议后的主导文件中，以及联合国人居署发表的文献中，"城市"作为关键词与"贫民窟"作为关键词的词频相比，有明显的下降。人居署的大量讨论是贫民窟的贡献、积极影响和贫民窟需要改善的政策和技术。而对全球性的城镇化大趋势、城市对文明的积极贡献、对地区和国家现代化的贡献则很少谈及。[8]

"人居二"对"人居一"进行了评估，最后聚焦的问题是"新世纪人类居住的目标是什么？"以这个议题统领大会，得到了两个主题，其一是政府必须为每位穷人提供庇护场所；第二是可持续发展。同时也可以清楚地看到，规划的价值被忽略了。"人居二"报告重视人民，尤其是穷人的生存权益，反对政府干预。"人居二"报告中的几个关键词"提供"、"庇护场所"、"国际合作"，"民众参与"、"减少政府规划管制干预"体现了这样的思路。规划被认为等同于政府行为，在政府强制干预被反对的同时，城市规划也被小心翼翼地推敲着使用。"人居二"提倡民众以社区为单位进行自我管理，反对政府过度干预。可以说，这种思想主导下，在发达国家和发展中国家中提倡城市规划是困难的。

因此伊斯坦布尔会议也存在局限性，在过去的 20 年中，我们可以看到以下四个方面的批评：

第一，"人居二"会议所提出的美好目标遭到全世界的普遍质疑，在担忧和批判同时存在的时期，怀疑其能否落实行动，能否真正实现；

第二，人类城镇化到了 45% 这个很关键的时刻（吴志强，2015），但是大会的着眼点仅停留在居住和贫民窟，看不到城镇化的积极影响，对城镇化的正面进步意义认识远远不够（王建军，2009）；

第三，大会对于城镇化的必然规律性缺乏理性探讨，更多是发泄忧虑；

第四，大会对城市规划的犹豫，使得规划的地位受到弱化（Cliff Hague，2009），甚至认为规划是政府行使权力的工具，对于规划学科而言，是一个空前的挑战。[⑨]

2.3 "人居三"对城镇化的新认识

2016 年 10 月刚刚结束的"人居三"会议举办于人类城镇化率过半，即54% 之时，人类的城市时代真正到来。但是，人类面临两大问题：其一是气候变化，这是人类共同的问题，无论贫富都无法逃避；其二是世界经济发展整体放缓，几乎找不到未来发展的动力（人居署，2005）。因此，本届大会的主题是全球层面的经济、社会、环境的公平与持续，其中有几个要点将对中国未来的政策产生影响，各级政府联动、各方利益相关者都参与城镇化，再次强调城市规划的科学理性支撑作用。

通过对三次人居大会的会议文件中关键词词频分析发现，"人居一"会议文件出现频率最高的词是"Human Settlements"（人类住区），出现了 400 余次，其次是"development"（发展），再者是"Urban Planning"（城市规划）。在"人居二"会议中，"规划"一词却很少出现，词频大大下降。在这次"人居三"会议中，"规划"的地位重新回归，出现频次达到第 7 位，而第 1 名也由过去两届的"住区"（Settlement）变为"城市"（urban，city），而"发展"（development）在三次会议中始终占据第二位的位置。

3 "人居三"对中国城市规划发展及世界城市规划学科发展的启发

"人居三"对于中国城市规划发展，乃至对世界城市规划学科的发展，有这样四点重要的启发：

3.1 城市成为主导概念

"城市"成为整个人类文明得以推动的正面概念，而不再是错乱无序的代名词。《基多宣言》的全称"所有人的可持续城市和人类住区基多宣言"体现了"城市"在人类住区发展中的核心和正面地位。在《新城市议程》的愿景部分，"所有人的城市"作为公正、安全、健康、便利、可负担、韧性和可持续的场所（人居署，2013），被提升为实现人类繁荣和优质的未来生活的首要途径。[⑩]

3.2 重新认识规划作用

规划重新被认识为协同上下的重要社会工具，《新城市议程》中专门用大量的条幅，计 32 条来讨论城市规划和空间的发展规划管理，占总篇幅的 1/5[⑪]。

《新城市议程》要求城市规划应遵循《城市与地域规划国际准则》，应取得短期需求与长期目标之间的平衡[⑫]。细化的倡议和行动建议包括城市发展的各方面：如制度和技术创新，倡议科学规划土地使用和记录管理、支持促进地方综合住房的政策，防止排斥和隔离[⑬]；如绿色生态，倡议规划应注重自然资源可持续发展、提高能源效率和推广可持续的可再生能源[⑭]；如安全韧性，提供缜密、安全、便利、绿色和优质的公共空间网络、减少灾害，提供安全、韧性的设计，制定有韧性的建筑规范、标准、开发许可、土地使用规章和法令以及规划条例、城市和地域规划纳入粮食安全和营养需求[15]；如各级政府、社会团体和城乡合作，尽可能开放财政和人力资源分配；又如关注不同收入阶层，尤其弱势群体，倡议关注贫民区，实施以住房和人民需求为战略中心的城市可持续发展方案[16]；以及文化关注，如采用规划工具将文化作为城市规划和战略的优先组成部分，保障各种有形和无形文化遗产和景观，并将保护其免受城市发展潜在的破坏性影响、利用文化遗产促进城市可持续发展等[17]（人居署，2016）。

3.3 多方力量的融合

在城镇化过程中，人类可以将各种力量进行更好的组合，包括政府、社会与群众的力量。《新城市议程》的"实施方法"部分的首条呼吁国际社会、各级政府、私营部门、社会组织和联合国体系的全面合作[18]，在此后第127～160条内，具体列出公众和多方参与应包含的对象，如学界、金融界、社会组织、私营部门、弱势群体等，并详尽建议了公众参与的技术和政策支持、降低公众参与成本的途径[19]。

《新城市议程》的"城市空间发展规划与管理"部分倡议不同规模城市和人类住区之间以及城乡之间的合作和相互支持，国家政策纳入参与性规划；在国家、国家以下和地方各级建立机制和共同框架，用于评价城市和大都市交通计划；鼓励国家、国家以下和地方各级政府开发和扩大融资手段；提倡建设平等、负担得起、便利和可持续的城市流动和陆海交通系统，使人们能够切实参与城市和人类住区的社会和经济活动[20]（人居署，2016）。

3.4 城镇化规律的尊重

《新城市议程》的宣言和行动计划体现了理性的思想，尊重城镇化的规律，理性科学地探索解决城市问题的方案。如通过合理规划和管理，确保安全、有序和正常的移民流动，以住房和人民需求为战略中心，优先推行分布合理的住房方案，支持地方政府与交通和流动性服务提供者之间建立清晰、透明和负责的合同关系，包括数据管理等[21]。

3.5 技术创新带来美好生活

　　除了以上对于城镇化、对于规划、对于多方协调和对城镇化规律掌握的论述外，在"人居三"会议的文献中，我们也反复读到技术创新对于城市未来生活的重要性，创新被认为是生产力发展、包容性的增长和就业率提高的主要动力[22]。《新城市议程》在创造良好生活环境、解决可持续发展问题、交通、能力发展、安全等各方面的行动建议中都提到了技术与创新。

　　这五点是"人居三"会议给城市规划学科最重要的启发。

结语

　　"人居三"会议是联合国至今最完整的关于城市与规划的智慧集聚。来自各国的规划专家、官员进行了长期的、认真的讨论，其中对于制度和技术创新、绿色生态发展理念、各级政府联动、城乡互动各社会团体合作，地方与区域开放，以及不同收入阶层，尤其是弱势群体共享城镇化发展的成果的理念渗透在175条的最后文件中。作为中国规划学者，我们欣喜地看到其主体思想和我国当前提出的"创新、绿色、统筹、开放、共享"的五大发展理念是一致的。中国的城市规划应该有信心。

　　城市规划要避免为所有的城市治理错误直接负责，如"人居二"会议上非政府组织所蔓延的指责[23]，而应完善其学科独立的科学内核；城市规划要担当起"人居三"提出的对全方位多层次的城市发展系统支持的期待，也只有以持续创新思想、知识和方法的学科体系，强化学科对于城镇化和城市发展规律的揭示探索，对于规划自身行为规律的把控，方得以外助城市永续发展及其公共政策。

参考文献

[1]Cliff Hague, 刘宛. 伊斯坦布尔之路："人居 II"大会对规划师和建筑师的挑战 [J]. 国际城市规划, 2009, 24（z1）: 180–183.DOI:10.3969/j.issn.1673–9493.2009.z1.052.（Cliff Hague, 刘宛. Istanbul Road: "Habitat II"Assembly Forward the Challenges to Planners and Architects[J]. Urban Planning International, 2009（Z1）: 180–183

[2]Governing Council of UN–Habitat. International Guidelines on Urban and Territorial Planning, 2015.

[3]UN–Habitat. New Urban Agenda[R].United Nations Conference on Housing and Sustainable Urban Development, 2016: Quito.

[4]UN–Habitat. The Habitat Agenda——Istanbul Declaration on Human Settlements [R]. The Second United Nations Conference on Human Settlements, 1996: Istanbul.

[5]UN–Habitat. The Vancouver Declaration On Human Settlements [R].United Nations Conference on Human Settlements, 1976: Vancouver.

[6]UN–Habitat. The Vancouver Action Plan [R]. United Nations Conference on Human Settlements Vancouver, 1976: Vamcouver.

[7]Habitat III Website [EB/OL] https://www2.habitat3.org/the–new–urban–agenda

[8]UN–Habitat. Global Reports on Human Settlements 2005: Financing Urban Shelter [R]. United Nations Human Settlements Programme, 2005.

[9]UN–Habitat. Reports on Human Settlements 2007: Enhancing Urban Safety and Security [R]. United Nations Human Settlements Programme, 2007.

[10]UN–Habitat. Global Reports on Human Settlements 2009: Sustainable Cities [R]. United Nations Human Settlements Programme, 2009.

[11]UN–Habitat. Global Reports on Human Settlements 2011: Cities and Climate Change[R]. United Nations Human Settlements Programme,2011.

[12]UN–Habitat. Planning and Design for Sustainable Urban Mobility: Global Report on Huam Settlements 2013 [R]. United Nations Human Settlements Programme, 2013.

[13]王建军，吴志强. 城镇化发展阶段划分 [J]. 地理学报,2009,64（2）:177–188. DOI:10.3321/j.issn:0375–5444.2009.02.005.

[14]联合国人居署, 2009. 吴志强，等（译）. 和谐城市 – 世界城市状况报告 2008/2009[R]. 北京：中国建筑工业出版社, 2010.

[15]联合国人居署.2005. 吴志强，等（译）.世界城市状况报告 2004/2005：全球化与城市文化 [R]. 北京：中国建筑工业出版社, 2014.

[16]联合国人居署. 2007. 吴志强，等（译）.世界城市状况报告 2006/2007：千年发展目标和城市可持续化：构建人居计划的 30 年 [R]. 北京：中国建筑工业出版社, 2014.

[17] 联合国人居署 .2011. 吴志强，等（译）. 世界城市状况报告 2010/2011：弥合城市分化 [R]. 北京：中国建筑工业出版社，2014.

[18] 联合国人居署 . 2013. 吴志强，等（译）. 世界城市状况报告 2012/2013：城市的繁荣 [R]. 北京：中国建筑工业出版社，2014.

[19] 吴志强，邓雪湲，干靓等 .面向包容的城市规划 , 面向创新的城市规划 ——由《世界城市状况报告》系列解读城市规划的两个趋势 [J]. 城市发展研究，2015, 22（4）: 28-33.DOI:10.3969/j.issn.1006-3862.2015.04.005.

[20] 吴志强，于泓 . 城市规划学科的发展方向 [J]. 城市规划学刊，2005,（6）: 2-10. DOI:10.3969/j.issn.1000-3363.2005.06.002.

注释

① "Embracing urbanization at all levels of human settlements, more appropriate policies can embrace urbanization across physical space, bridging urban, peri-urban and rural areas, and assist governments in addressing challenges through national and local development policy frameworks." "人居三"官方网页: https : //www2.habitat3.org/the-new-urban-agenda

②《新城市议程》第 51 条: "We commit to promote the development of urban spatial frameworks, including urban planning and design instruments that ..."; 第 99 条 "We will support the implementation of urban planning strategies, ..."; 第 102 条: "We will strive to improve capacity for urban planning and design ..."; 第 137 条 : "... We will reinforce the link among fiscal systems, urban planning, as well as urban management tools, ..."; 第 160 条: "..., to enhance effective urban planning ..."

③《新城市议程》第 11 条: "We share a vision of cities for all, referring to the equal use and enjoyment of cities and human settlements, seeking to promote inclusivity and ensure that all inhabitants, of present and future generations, without discrimination of any kind, are able to inhabit and produce just, safe, healthy, accessible, affordable, resilient, and sustainable cities and human settlements, to foster prosperity and quality of life for all. We note the efforts of some national and local governments to enshrine this vision, referred to as right to the city, in their legislations, political declarations and charters. "将"所有人的城市"的概念归纳为"The Right to the City".

④ 第一届世界人居大会产生《温哥华宣言（The Vancouver Declaration On Human Settlements）》和《温哥华行动方案（The Vancouver Action Plan）》；第二届世界人居大会产生《伊斯坦布尔宣言（Istanbul Declaration on Human Settlements）》和《人居议程（The Habitat Agenda）》；本次第三届世界大会产生一份文件《新城市议程（The New Urban

Agenda）》，文件内部分为两部分：1–22 条为"所有人的可持续城市和人类住区基多宣言（Quito Declaration on Sustainable Cities and Human Settlements for All）"和 23–175 条"新城市议程基多执行方案（Quito Implementation Plan for The New Urban Agenda）".

⑤《温哥华宣言（The Vancouver Declaration On Human Settlements）》第一部分"机遇与解决方案（Opportunities and Solutions）"第 1 条："There is need for awareness of and responsibility for increased activity of the national Governments and international community, ..."；　第 3 条："... being agreed on the necessity of finding common principles that will guide Governments and the world community in solving the problems of human settlements, ..."

⑥《温哥华宣言（The Vancouver Declaration On Human Settlements）》第三部分"行动指南（Guidelines for Action）"第 2 条："It is the responsibility of Governments to prepare spatial strategy plans and adopt human settlement policies to guide the socio–economic development efforts.";第 3 条："Governments must create mechanisms and institutions to develop and implement such a policy."　第 10 条："It is recommended that national Governments promote programmes that will encourage and assist local authorities to participate to a greater extent in national development."

⑦《温哥华行动计划（The Vancouver Action Plan）》提到"公共参与"，Popular participation, public participation 或 participation of all people, 60 余次，并专设一篇"E Public Participation"专门为公众参与的方式和内容提出行动建议。

⑧《伊斯坦布尔宣言（Istanbul Declaration on Human Settlements）》第 2 条："We have considered, with a sense of urgency, the continuing deterioration of conditions of shelter and human settlements."第 4 条："To improve the quality of life within human settlements, we must combat the deterioration of conditions that in most cases, particularly in developing countries, have reached crisis proportions."体现了对世界人居状况现状的焦虑和改变的紧迫感。

⑨　根据我们的词频分析，规划"Planning"在人居一《温哥华宣言》和《温哥华行动计划》中的词频排行中占据第 3 的位置，而在人居二的《伊斯坦布尔宣言》和《人居议程（The Urban Agenda）》的词频排行中却落到了第 43 位。

⑩《新城市议程》第 11 条："We share a vision of cities for all, referring to the equal use and enjoyment of cities and human settlements, seeking to promote inclusivity and ensure that all inhabitants, of present and future generations, without discrimination of any kind, are able to inhabit and produce just, safe, healthy, accessible, affordable, resilient, and sustainable cities and human settlements, to foster prosperity and quality of life for all. We note the efforts of some national and local governments to enshrine this vision, referred to as right to the city, in their legislations, political declarations and charters."

⑪《新城市议程》第 93–125 条专门设置为"PLANNING AND MANAGING URBAN

SPATIAL DEVELOPMENT"

⑫《新城市议程》第95条。

⑬《新城市议程》第104、108条。

⑭《新城市议程》第98、121条。

⑮《新城市议程》第100、111、123条。

⑯《新城市议程》第97、108条。

⑰《新城市议程》第124、125条。

⑱《新城市议程》第126条:"... enhanced international cooperation and partnerships among governments at all levels, the private sector, civil society, the United Nations system, and other actors, based on the principles of equality, non-discrimination, accountability, respect for human rights, and solidarity, especially with those who are the poorest and most vulnerable."

⑲《新城市议程》第138条:"We will support... based on legislative control and public participation," 第139条:"We will work ... to reduce the cost of capital and to stimulate the private sector and households to participate in sustainable urban development and resilience-building efforts, including access to risk transfer mechanisms. 第148条:"enabling them (disabilities, indigenous peoples, local communities, those in vulnerable situations, civil society, the academia, and research institutions) to effectively participate in urban and territorial development decision-making." 第156条:"to enable them (the public) to develop and exercise civic responsibility, broadening participation and fostering responsible governance",等。

⑳《新城市议程》第98、105、144、145、148条。

㉑《新城市议程》第28、112、116条。

㉒《新城市议程》第133条:"innovation are major drivers of productivity, inclusive growth and job creation".

㉓《人居议程(The Habitat Agenda)》第8条:"environmental problems, that are exacerbated by inadequate planning";第77条倡议在可持续的土地使用方面重新审视规划系统的作用 "Review restrictive, exclusionary and costly legal and regulatory processes, planning systems, standards and development regulations";第88-89条为改善规划的详细措施建议 "Improving planning, design, construction, maintenance and rehabilitation"。第88条指出由于快速城镇化,规划往往缺乏物质和财政支撑 "With rapid urbanization, population growth and industrialization, the skills, materials and financing for the planning, design, construction, maintenance, and rehabilitation of housing, infrastructure and other facilities are often not available or are of inferior quality."

（原文曾发表于《城市规划学刊》2016年第6期）

唐子来：

同济大学建筑与城市规划学院教授，全国城乡规划学科专业指导委员会主任委员，中国城市规划学会常务理事，住建部城市设计专家委员会专家。2005 年 9 月，在中共中央政治局集体学习中参与讲解《国外城市化模式和中国特色的城镇化道路》；2007–2010 年，担任上海世博会城市最佳实践区总规划师，该项目先后获得 2009 年度和 2013 年度全国优秀城市规划设计一等奖。作为首席科学家，2017 年主持国家社会科学基金重大项目《城市关联网络视角下长江经济带发展战略研究》。

新世纪以来同济大学城乡规划学科的发展历程

唐子来

1 引言

在我国城镇化水平超过 50% 的历史转折点，同济大学城乡规划学科也走过了 60 年发展历程。1952 年，在我国城乡规划教育奠基人金经昌教授和冯纪忠教授的带领下，同济大学创立了中国首个城市规划专业。在过去 60 年中，经过几代人的不懈努力，同济大学始终走在中国城乡规划学科发展的前列。新世纪以来，伴随着快速的经济发展和社会变迁，中国的城镇化经历了史无前例的发展进程，为城乡规划学科发展提供了十分有利的机遇，也形成了相当严峻的挑战。

在同济大学城乡规划学科建设中，以城市规划系为核心，城市规划学刊、"高密度城市人居环境生态与节能"教育部重点实验室、上海同济城市规划设计研究院、住建部同济大学城市建设干部培训中心协同合作，形成学科发展的集群平台。

教育和科研是同济大学城乡规划学科发展的核心使命。通过办学思想、课程体系、教材建设、教学方法的不断完善，提高城乡规划专业人才的培养质量。科学研究既为城乡规划实践提供理论依据和方法基础，也有效地促进了教学水平的提升。城乡规划学是面向实践的学科，教育和科研与工程实践相结合是同济大学城乡规划学科发展的主要特色之一。国际交流和合作成为提升学科发展水平的有效途径，对于培养具有全球视野的领军人才具有重要意义，也是近年来同济大学城乡规划学科发展的又一主要特色。作为具有重要影响的规划院校，同济大学城乡规划学科还承担了广泛的社会责任，为国家和地方发展作出应有贡献。

2 不断变革的规划教育

现代城乡规划作为政府管理职能，是基于经济、社会、环境的综合发展目标，以城乡建成环境为对象，以土地使用为核心，通过规划设计和规划管理，对于城乡发展资源进行空间配置，并使之付诸实施的公共政策过程。由于城乡建成环境的多种影响因素和城乡发展的多种目标取向，城乡规划学科要求相当宽泛的知识基础。

改革开放以来，应对经济和社会发展对于城乡规划专业人才的需求，同济大学城乡规划学科的办学思想不断完善，可以概括为"三个并重"，即专业教育和素质教育并重、理论知识和实践经验并重、基本技能和创新能力并重。城乡规划课程体系也经历了不断变革过程，涵盖了设计—工程领域、社会—经济领域、政策—体制领域、生态—环境领域、方法—技术领域的知识和技能。

在城乡规划课程体系不断拓展的同时，适当减少必修课程和显著增加选修课程，体现专业教育和素质教育并重的办学思想。在一些专业基础课程和专业核心课程中，采用新颖的教学方法。本科生一年级的"城市概论"课程和二年级的"规划导论"课程作为启蒙课程，采用全部由教授参与的合作教学方法，深入浅出地传授专业知识，重点是培养学生对于城市和规划的专业兴趣。在本科生五年级的"城市规划专题"课程中，各位教授分别讲授城乡规划领域的前沿和热点议题。研究生的"城市和区域研究"课程也采用多教授参与的合作教学方法，三分之一课时讲授研究方法论，三分之二课时介绍各位教授主持的经典研究案例，重点是培养学生的规划研究能力。

教学与工程实践相结合是同济大学城乡规划教育的传统特色，被老一代教师称为"真刀真枪"。早在1989年，陶松龄、董鉴泓、李铮生教授等主持的"坚持社会实践，毕业设计出成果出人才"教学成果就曾获得了国家级教学成果特等奖。近年来，依托上海同济城市规划设计研究院作为"教学医院"，本科生的"城市总体规划"课程和"毕业设计"课程都与工程实践相结合，如同医学院的"临床教学"，使学生在真实的工程实践中融会贯通地应用所学的知识和技能，充分理解城市规划实践过程的综合性和复杂性，它不仅是技术理性过程、更是公共政策过程。面向实践的规划教学取得了一般的课堂教学无法达到的"临床教学"效果，为培养执业规划师打下坚实的基础。

在研究生的实践教学环节中，除了参与导师主持的规划设计项目，"城市规划设计"作为必修课程，也采用面向实践的教学方法，并经常与国际联合设计课程相结合。面向实践的规划教学不仅取得良好的教学效果，也为政府部门提供有价值的规划设计创意。2000 年举办的中法联合设计课程以上海世博会规划设计为题目，虽然政府部门已经提供了世博会的选址方案，但联合设计课程一个方案提出黄浦江的滨水地带应当作为世博会的新选址方案，以带动传统工业地区的改造和充分展现大都会的滨水形象。尽管这个规划设计方案与政府部门的选址方案不一致，但仍然受到评委们的支持和嘉奖，充分肯定了中法学生的创新意识。令人欣慰的是这一富有创见的新选址方案最终被政府部门所采纳，为"成功、精彩、难忘"的上海世博会奠定了重要基础。

作为不断变革的规划教育取得的主要成效，同济规划学科的在校生在全国城乡规划专业学生课程作业交流和全国青年城市规划论文竞赛中取得良好成绩，还在 2007 年"挑战杯"全国大学生课外学术科技作品竞赛中获得特等奖。同济规划学科的毕业生受到各类用人单位的高度好评，不少人成为学界和业界的领军人物，或者走上国家部委和城市的领导岗位。

3 不断提升的规划研究

近年来，同济规划学科获得了一大批国家级科研项目和国际合作科研项目，更为强调城乡规划领域中战略议题和关键技术的创新性研究。在国家级科研项目中，国家 863 项目和国家科技支撑项目聚焦中国城镇化进程中的关键技术，国家自然科学基金项目则注重城乡规划领域的创新性研究。国际合作科研项目涉及国际组织、知名基金会、跨国公司等合作伙伴。联合国教科文组织、世界银行、欧盟的合作研究项目聚焦历史文化遗产保护；亚洲发展银行的合作项目聚焦可持续发展的城市最佳实践；法国动态基金会的合作项目聚焦城市交通发展战略和政策；美国能源基金会的合作项目聚焦城市可持续发展的低碳节能领域；德国西门子公司和美国 IBM 公司的合作研究项目分别聚焦生态城市和智慧城市。

高水平的规划研究成果不仅推动了规划学科的发展，而且为各级政府的战略决策和重大发展项目提供科学依据，同时也成为规划教学内容的重要组成部分。比如，"世博科技专项"的研究成果在上海世博会的规划设计项目中获得直接应用，并且取得良好的成效。在研究生的"城市和区域研究"课程中，各位教授的最新研究成果成为学生们最感兴趣的教学内容。

4 不断创新的规划实践

依托上海同济城市规划设计研究院的实践平台，同济大学城乡规划学科广泛参与全国各地的城乡规划设计项目，并多次获得全国优秀城乡规划设计奖项。近年来，同济大学城乡规划学科聚焦优势学科领域和国家重大发展项目，提出创新性的规划设计方案。在历史文化遗产保护领域，同济大学城乡规划学科先后四次获得联合国教科文组织亚太地区文化遗产保护奖。在 2010 年上海世博会和汶川地震灾后重建规划中，获得了五项全国优秀城乡规划设计项目一等奖。国际展览局秘书长洛塞泰斯为上海世博会城市最佳实践区亲笔题词："城市最佳实践区是上海世博会的灵魂"，"我被城市最佳实践区的优美深深感动，她展示了上海世博会的创新精神，并将成为未来世博会的范本"。

需要特别指出的是，上海世博会规划设计方案不仅富有创意，而且建立在科学研究的基础上。同济规划学科主持的上海世博会规划研究项目获得上海市科技进步一等奖和三等奖，还获得了国家科技部颁发的 2 项"世博科技先进集体"荣誉证书。

5 不断深化的国际合作

在全球化时代，国际交流和合作是扩大我国城乡规划学科的国际影响和提升发展水平的重要途径，也是我们的办学特色之一。2001 年，"首届世界规划院校大会"在同济大学召开，来自全球四大洲的规划院校组织和62个国家的近千名专家学者参加，并成立了全球规划教育联合会组织。2007年，在同济大学百年校庆之际，举办"城市发展国际论坛"，主题为"全球化时代的城市发展"，来自政界、学界、业界的350多位国内外代表参加了会议。这些大型国际会议不仅表明了国际社会对于中国城市发展的高度关注，也显示了同济大学城乡规划学科的国际影响力。

近年来，同济大学城乡规划学科的国际交流和合作走向更高层面的国际联合研究和更深层面的国际联合教学，对于提高教学质量、培养师资队伍和增强科研实力发挥了十分积极的作用。在继续与国际知名规划院校进行交流和合作的同时，国际联合研究的合作伙伴已经更多地涉及国际组织（如联合国教科文组织、联合国人居署、世界银行、亚洲发展银行、欧盟等）、国际知名基金会（如法国动态基金会、美国能源基金会）、国际知名跨国公司（如德国西门子公司、美国IBM公司）。

基于同济大学城乡规划学科的国际影响和国内优势，联合国教科文组织和亚洲发展银行分别在同济大学设立了"世界遗产亚太地区研究与培训中心"和"城市知识中心"。

同济大学城乡规划学科与欧美和亚太地区的许多知名规划院校广泛开展国际联合设计课程，并与欧洲的一些规划院校建立硕士研究生的双学位培养计划。2006年，城市规划系首次举办以"文化、街区、城市更新"为主题的暑期国际设计夏令营，32位学员来自9个国家和15所院校，其中的22位来自海外大学。同济规划师生团队参与以"协同进化：中国可持续城市发展"为主题的丹麦 – 中国合作研究项目，并在2006年威尼斯建筑双年展上获得金奖。

6 不断拓展的社会责任

人才培养、科学研究、国际合作是任何一所高等院校的核心使命，但作为一所具有重要影响的规划院校，同济大学城乡规划学科还承担了更为广泛的社会责任。

　　其一，为国家和地方政府提供城市规划决策咨询。唐子来教授应邀在中共中央政治局集体学习中讲解"国外城市化发展模式和中国特色的城镇化道路"，一大批教师分别担任国家和各级地方政府的城市规划决策咨询专家。

　　其二，为国家重大发展项目提供专业知识服务。同济大学城乡规划学科为2010年上海世博会和汶川地震灾后重建做出了卓有成效的特殊贡献，获得中共中央、国务院、相关国家部委的高度评价和表彰。建筑与城市规划学院和吴志强教授分别获得中共中央和国务院颁发的中国2010年上海世博会"全国先进集体"和"全国先进个人"荣誉称号。建筑与城市规划学院还获得国家教育部颁发的"全国教育系统抗震救灾先进集体"、国家住建部颁发的"全国住房城乡建设系统抗震救灾先进集体"、国家人力资源和社会保障部／发展与改革委员会／解放军总政治部联合颁发的"全国汶川地震灾后恢复重建先进集体"。

　　其三，为来自全国各地的城市领导和技术骨干提供培训计划。依托住建部同济大学城市建设干部培训中心，累计已为12670人次的城市领导和技术骨干提供了各类培训计划，还积极援助中西部地区的规划院校建设，受到各地政府的高度好评。

　　其四，为来自发展中国家的城市领导和技术骨干提供培训计划。2008年，在德国技术合作公司（GTZ）资助下，承办了"中－非可持续城市发展研讨会"，来自国内外的170多位代表参加会议，包括80位非洲国家代表。受联合国人居署、联合国教科文组织和越南国家建设部的委托，先后举办了各类国际培训班。

7　结语

　　2011年是中国城镇化水平超过50%的历史转折点，又恰逢全国新一轮学科目录调整，城乡规划学成为一级学科，这也许不只是历史的巧合。中国的城镇化正面临着机遇和挑战的并存，已经成为国家发展战略的重要组成部分。走可持续发展的城镇化道路既是中国社会的广泛共识，也是国际社会的殷切期待。中国的城乡规划学科任重而道远，如何为可持续发展的城镇化道路提供适合中国国情的思想、理论、方法、技术，并且培养高质量的城乡规划专业人才，是城乡规划学科发展的核心使命。

受国务院学位办学科评议组的委托，同济大学主持起草了城乡规划学的"一级学科简介"、"博士、硕士学位基本要求"、"授予博士、硕士学位和培养研究生的二级学科目录"等全国性指导文件。同济大学城乡规划学科愿意与国内外的规划院校携手努力，继续为中国的城乡规划学科发展作出应有贡献。

（此文曾发表于《时代建筑》，2012 年第 3 期）

杨贵庆：

同济大学建筑与城市规划学院教授、博士生导师，城市规划系系主任，同济大学新农村发展研究院中德乡村人居环境规划联合研究中心主任。中国城市规划学会山地城乡规划学术委员会副主任委员，上海市城市规划专家咨询委员会委员，《城市规划学刊》、《国际城市规划》等杂志编委。曾获同济大学城市规划专业学士、硕士和博士学位，哈佛大学设计学硕士学位。

主要研究领域：城乡社区规划、城市规划社会学等。曾荣获国家教育部、住建部等科研与设计奖多项，主持国家科技支撑计划课题、农业部中德农业科技合作项目计划，以及各类城市规划设计项目30余项，主编和撰著《乡村中国》、《农村社区》、《黄岩实践》、《乌岩古村》等，发表学术论文70余篇。

"城乡规划学"基本概念辨析及学科建设的思考 ①

杨贵庆

自 2011 年"城乡规划学"从过去学科架构中与建筑学作为"隶属"关系的二级学科转变成为一级学科以来，规划学界不断涌现对其内涵、构架和学科发展等方面的热烈讨论[2][3]。城乡规划学学科的发展变化既是其自身发展演进的结果，同时也充分反映了时代发展的要求。当今我国快速城镇化进程和经济社会发展阶段所面临的艰巨复杂的新问题，以及新形势下促进城乡统筹、区域协调可持续发展对高层次规划设计和管理人才等方面的需求，呼唤学科的发展变革，因此可以说，"城乡规划学"一级学科在我国当今城乡发展的特定历史阶段应运而生。

从"城市规划"到"城乡规划学"，从字面表述上看，虽然只是把原来的"市"改成了"乡"，并增加了一个"学"，但在内涵本质方面反映了我国社会经济发展历史阶段的变化和对当今城乡规划作用的期待。我国"城乡规划学"经历了 60 多年发展，如何理解"城乡规划学"的"城"与"乡"内涵上的重要变化？如何看待"城乡规划学"之"学"的含义？它对当前我国城乡规划学科建设有怎样的启发？本文试从"城乡规划学"的关键字分析入手，阐述对作为一级学科的城乡规划学内涵的几点认识，抛砖引玉，以期更好地推进和完善本学科建设。

1 "城乡规划学"之"城"和"乡"

1.1 新中国早期的"城乡规划"

这次城市规划学科更名中最大的改变是去掉了"市"，增加了"乡"，把原来单纯"城市"对象拓展成为"城乡"。这反映了当今我国城镇化快速发展阶段城乡统筹、区域协调可持续发展的重要思想和规划重点。然而，"城乡规划"这一表述从新中国成立之后的学科历史发展来看并不是第一次。

1952 年全国高校院系调整后，按照当时苏联土建类专业目录设立了"都市计划与经营"专业（城市规划专业的前身）④，之后由中国建筑工业出版社出版了高等学校教学用书《城乡规划（上、下册）》。这本教材是由"城乡规划"教材选编小组选编的，共分为四篇，而其中第四篇有"农村人民公社规划"，分别对新中国成立前后我国农村发展概述、农村人民公社规划的任务与内容、农村人民公社规划的几个问题进行了编写，对农村生产规划和居民点规划两个方面均作了较好的论述⑤。这本教材是我国城市规划专业成立之后第一本专业教材。可见，"城乡规划"一词在专业建设之初就已把"城"和"乡"作为共生的概念加以统筹。虽然在城乡区域协调发展方面，限于当时区域经济社会发展的阶段而论述不足，但采用"城乡规划"一词已经可以反映当时对专业和学科内涵的全面认识。

同时，在新中国早期的规划实践方面，"乡"也已经作为规划的重要对象。例如 1958 年第 10 期《建筑学报》发表了李德华、董鉴泓、臧庆生等人的论文《青浦县及红旗人民公社规划》，介绍了关于人民公社规划的方法与实践案例。论文的署名不仅有同济大学城市规划教研组的成员，而且还包括上海第一医学院卫生系的 3 位作者，反映了当时对农村居民卫生和健康保健等方面的重视。论文内容主要包括了"全县的规划"、"乡的现状调查"、"人民公社的规划"以及"居民点规划" 4 个部分⑥。可见，新中国早期的规划专业，不仅在理论和教学方面，而且在规划实践方面，都已经把"城"、"乡"两个方面作为规划的对象来共同看待。

"城乡规划"一词在 1961 年出版的第 1 版《辞海试行本·第 16 分册·工程技术》中曾作为专门一节的名称出现⑦。这一节包括 20 个词条的名词解释，其中第 1 个词条"城乡规划"表述为"对城市和乡镇的建设发展、建筑和工程建设等所作的规划"，其内容包括"确定城乡发展的性质、规模和用地范围，研究生产企业、居住建筑、道路交通运输、公用和公共文化福利设施以及园林绿化等的建设规模和标准，并加以布置和设计，使城市建设合理、经济，创造方便、卫生、舒适、美观的环境，满足居民工作和生活上的要求"。该词条还指出了城乡规划具体的建设方案，分为"（1）总体规划，是整个城、乡在一定年限内各主要组成部分的全面安排和布置，用以指导城乡逐步建设发展;（2）详细规划，是为城、乡全部或局部地区近期建设的安排"。由此可见，当时对"城"和"乡"的研究与规划是同等对待的。此外，值得注意的是，第2个词条"城市规划"，其解释为："即城乡规划"。这既说明"城乡规划"覆盖了"城市规划"，也说明了"城市规划"要作为"城乡规划"来看待，"城乡规划"比"城市规划"更为准确地表达了专业和学科名称。

综上所述，新中国早期的"城乡规划"已作为工程学科的一个专门领域，是一个学科的总括，它自身包含着城市、区域、卫星城镇和自然村等规划对象，研究和规划范围覆盖了城与乡。

1.2 快速城镇化进程中的"城市规划"

1978年实行改革开放之后，随着我国经济体制等改革不断深化，"城市"一跃成为城乡规划发展领域的主角。1980—2010年的30年间，我国城镇化水平从20%左右提高到约50%，几乎是平均每年增加1个百分点，20世纪90年代后期以来我国每年新增城镇人口约1000万人。这30年间，我国城市规模不断扩大，城市数量增加，大城市、特大城市成为区域城镇体系中的重要角色。城镇工业经济在地方产业结构比例中占据绝大多数，相比之下，农业产业经济的贡献比例不断下降。在我国沿海地区一些乡镇工业发达的城镇，农业对GDP的贡献比例微乎其微。20世纪90年代以来，受到经济全球化背景下外来投资的推波助澜，我国一些投资环境优越的地区，城镇人口规模、经济规模和土地空间规模等突飞猛进。在这样的发展背景下，城市、城镇成为规划学科发展的主题和重点已不足为奇，而"乡"的角色重要性逐渐减弱。

同时，规划专业教育也已把对城市的研究和规划作为教学的重点内容。规划教材也跟随城市的主题予以了改变。1981年出版了《城市规划原理》第1版，书名中已经不再有"乡"。其后的第2版《城市规划原理》（1991年）、第3版《城市规划原理》（2001年）中，绝大多数章节都是将城市作为主要内容，并不断补充西方发达国家城市规划发展理论与技术经验，而乡村规划的内容相对来说不断萎缩。直到2010年出版的第4版《城市规划原理》，才在内容上出现了对"城乡"的重视⑧，虽然书名并没有改变。

　　在我国这一城镇化快速发展时期，各地急需城市规划设计和管理方面的高层次人才，促进了城市规划教育规模的大发展。由于高校规划专业毕业生受到市场的普遍欢迎，国内开设城市规划专业的学校数量不断增加。据2008年全国高等院校城市规划专业指导委员会的年度报告，这一数量已达到180多所。相对于城市规划业务市场的蓬勃发展和设计机构与专业人才的聚集，乡村规划受到冷落。

　　这一时期城市规划学科与设计市场的蓬勃发展，反映在《辞海》中对"城市规划"也十分偏重，而不再出现"城乡规划"的词条。例如，2009年上海辞书出版社出版的《辞海》（第6版彩图本）中，以"城市"起头的词条已经达到46条。除了"城市规划"之外，还增加了诸如"城市化"、"城市集群"、"城市交通"、"城市设计"、"城市地理学"、"城市经济学"、"城市社会学"、"城市生态学"甚至"城市政治学"等一系列内容，反映了城市科学发展之迅猛；而另一方面，以"城乡"起头的词条只有2条，即"城乡差别"和"城乡居民最低生活保障制度"⑨。词条"城市规划"的解释是"对一定时期内城市的经济和社会发展、土地利用、空间布局以及各项建设的综合部署、具体安排和实施管理"，其内容包括"拟定城镇发展的性质、人口规模和用地范围；研究工业、居住、道路、广场、交通运输、公用设施和文教、环境卫生、商业服务设施以及园林绿化等的建设规模、标准和布局；进行城镇经济建设的规划设计，使城镇建设发展经济、合理，创造有利生产、方便生活的物质和社会环境，是城镇建设的依据。一般可分城市总体规划和城市详细规划两个阶段"⑩。与1961年版《辞海》中的"城乡规划"词条相比较，2009年版《辞海》中的"城市规划"词条已经不再包括"乡规划"的内容。这个现象反映出我国城镇化发展过程中城市快速增长的实际状况，也从一个侧面反映了我国城、乡之间的巨大差别。

1.3　"城乡规划"一词的回归

　　如今，"城乡规划"又重回对专业和学科的总体表述，这是一个历史性的回归。我国快速城镇化进程中城市的发展和繁荣，一方面是城镇化的必然结果，另一方面也使得我国乡村资源和环境付出了巨大代价。我国近 30 年的城镇化尤其是近 15 年的快速城镇化和城镇大发展对建筑材料、能源、土地资源、水资源以及年轻劳动力的需求，使得我国广袤的农村经历了并仍然经历着资源性"洗劫"。事实上，相对于城市的高速发展和市场繁荣，我国一些地区的乡村自然环境和生活环境却每况愈下，环境灾害和污染的威胁日益严峻。对此，国家层面曾多次发文要求各地采取有效措施，并出台一系列有关城市规划和管理的规范和条例。近些年中央提出"以工补农、反哺农村"、"建设社会主义新农村"等一系列方针，正是针对我国"农业、农村和农民"的"三农"问题所提出的改革。过去 30 多年城镇化发展的历史经验教训是："城市"和"乡村"不可分割看待，"城"和"乡"应相提并论，城乡发展必须统筹协调，才能实现可持续发展（表 1）。

"城乡规划学"一级学科的建立，是历史经验和教训给予的启迪，是在与城市发展相互共生的乡村遭受资源攫取和污染重创之后所产生的猛醒，也是经历了城市物质环境快速繁荣之后反观其可持续发展的深度思考。当今我国城镇化率达到 50% 的另一景象是：仍然还有一半人口在乡村生产生活，量大面广。在这样的背景下，重提"城乡规划"，其认识高度、时代内涵以及所面临的危机，已经和 20 世纪 50、60 年代的"城乡规划"认识水平和紧迫感不可同日而语。在新的形势下，"城乡规划学"应既适合中国的国情，又反映全球化发展的趋势。这要求我们对学科的内涵进行深入思考，审视过去在"建筑学"一级学科下城市规划学科的优势和不足，从而保持优势，及时改革，建构适应时代发展要求和中国特色的城乡规划专业。

不同时期"城市（乡）规划"名词界定或编制目标对照一览　　　　表 1

年份	名词界定或编制目标	来源	特征
1961	"城乡规划"：对城市和乡镇的建设发展、建筑和工程建设等所作的规划	《辞海试行本·第16 分册·工程技术》第 1 版	对"城"和"乡"的研究与规划同等对待；"城市规划"即"城乡规划"
1990	编制目标：为了确定城市的规模和发展方向，实现城市的经济和社会发展目标，合理地制定城市规划和进行城市建设，适应社会主义现代化建设的需要，制定本法	《中华人民共和国城市规划法》，1990 年 4 月 1 日起实施	关注城市发展，未考虑城乡协调和统筹

<table>
续表
</table>

年份	名词界定或编制目标	来源	特征
2006	"城市规划"：是政府调控城市空间资源、指导城乡发展与建设、维护社会公平、保障公共安全和公众利益的重要公共政策之一	《城市规划编制办法》，2006 年 4月 1 日起施行	重新重视城乡关系，把"城"和"乡"作为共同的规划对象予以指导
2008	编制目标：为了加强城乡规划管理，协调城乡空间布局，改善人居环境，促进城乡经济社会全面协调可持续发展，制定本法　　本法所称"城乡规划"，包括城镇体系规划、城市规划、镇规划、乡规划和村庄规划	《中华人民共和国城乡规划法》，2008 年 1 月 1 日起实施	确立城、乡协调统筹和可持续发展目标
2009	"城市规划"：对一定时期内城市的经济和社会发展、土地利用、空间布局以及各项建设的综合部署、具体安排和实施管理	《辞海》（第 6 版彩图本）	辞海条目编写尚未及时更新反映《城乡规划法》的精神，但反映出城镇化快速发展时期过于注重城市发展，城乡差别加剧

2 "城乡规划学"之"学"

2.1 作为"学科"的"城乡规划学"之科学性

作为学科的城乡规划应当具有科学性。对于城市规划科学性的探讨，在规划理论界由来已久，其中捍卫者有之，怀疑者也有之。如今作为城乡规划学，其学科之科学性的论证也无法回避。城乡规划学的科学性毋庸置疑，其科学性已经反映在学科的定义中。笔者认为，"城乡规划学"是揭示城乡发展规律并通过规划途径实现城乡可持续发展的学科[11]。作为学科的城乡规划应当具有科学性。

纵观人类发展历史，已经证明了人类聚居行为在土地使用和空间上的活动轨迹具有一定的规律性。这是因为，作为个体的人的生物性规律支撑并影响了一定规模群体的活动规律，而若干群体所形成更大群体的集体行为仍然携带着这样的生物性规律。人类不断发展的技术水平使得群体活动的频率和范围加快加大，而群体的文化偏好和社会组织方式使得群体活动的内容不断丰富并具有多样性。无论是达尔文在《物种起源》中所揭示的作为生物进化动力的自然选择所展示的竞争性，还是克鲁泡特金（Pyotr Alexeyevich Kropotkin）在《互助论》中所揭示的人类活动的互助性特征 [12]，都在人类聚居活动中体现出相应的规律。从西方早期爱斯基摩人的"围屋"到后来的市民广场，从我国早期先民聚落的特征到后来《周礼考工记》的皇城布局，人类聚居活动在土地使用和空间上呈现了特定的规律性。换言之，只要人类的生物性和社会性规律存在，只要人类还是那样的四肢和身高、衣食住行和七情六欲，那么人类在物质环境中的各种活动就具有一定的规律性。城乡规划学就是要研究、揭示、认识和解释人类聚居活动的集体行为在城乡土地使用和空间发展过程中的规律性，并通过规划途径使之更为合理地符合人类自身发展的需要，并实现可持续发展。这应当成为城乡规划学学科发展的思想基础内核之一。

2.2 "城乡规划学"的核心价值观

近代城乡规划学思想体系中的价值观从一开始就基于公共性，力图体现规划途径的公平和公正。早在 1850 年，开始于英国的"乌托邦"（Utopia）社会理想主义运动，开创了城乡规划实践运动的先河。这样具有社会理想主义特征的传统，主要是指将人居环境的规划建设作为实现美好社会理想的实践，体现社会的公平性原则和人本主义的思想内涵。一些乌托邦思想的实践者不惜变卖家产来投入建设实践活动。针对 19 世纪末城市居民生活条件和卫生状况恶化的社会现实，霍华德（Ebenezer Howard）对当时的土地所有制、税收、贫困、城市膨胀等社会问题进行调查研究，提出了"田园城市"的理想城市图式（1898年）。这一理论把城和乡结合起来作为一个整体进行研究，构建了比较完整的城乡规划思想体系。这一思想体系的基础是更广泛地使得社会大众生活在更加美好的城乡环境中。

城乡规划学的公正性特征贯穿了学科发展的百年历程。在第二次世界大战之后，西方社会面临重塑社会秩序的重任。面对来自社会底层的权益要求，城市规划的"社会批判"成为当时的主要特征。例如达维多夫（Paul Davidoff）关于"规划的倡导性与多元性"提出的城市规划公众参与的观点（1965），阿恩斯坦（Sherry Arnstein）提出的"市民参与决策的阶梯"（1969），成为西方社会关于市民参与规划决策的早期的重要理论观点。之后哈维（David Harvey）、卡斯特尔（Manuel Castells）等为代表的新马克思主义学派成为倡导规划的社会公平、公正的理论旗手。1980年代之后西方社会经济的迅猛发展，使得人们更多地关注公共资源、公共财产投资和利用的公平性乃至城市空间的公平性，开始更加重视社会利益和社区利益。发展至今，社会公平、公正等人本主义思想已经作为城乡规划思想发展的基本主线之一，是城乡规划学科及其实践存在和发展的重要基础。

从我国城乡规划的发展来看，规划的公共性特征始终是其发展的主线。作为"维护社会公平、保障公共安全和公众利益的重要公共政策"，政府通过城乡规划途径，实现城乡空间资源使用社会公平、公正，促进城乡可持续发展。对于城乡规划学这门学科来说，规划途径本身的"公信力"是它存在和发展的基础。这也是城乡规划学作为一级学科有别于建筑学和风景园林学等一级学科的重要特征之一。这是因为，建筑学专业学生毕业之后的职业服务对象可以是政府部门，也可以是私营部门。对于一个私营业主委托的建筑设计项目来说，建筑师可以不管业主是否是"好人"，是否从事"正当职业"，只要有项目委托，他可以尽可能满足业主的喜好而完成设计合同，他甚至可能会由于为业主争取更多的开发利益而利用自己的专业知识去钻法规和规范的空子。而这样做，建筑师并没有错。自维特鲁威（Marcus Vitruvius Polio）《建筑十书》问世后的2000多年来，建筑学学科训练的重点是如何把美学、材料和建造技术更完美地结合。但是，城乡规划专业学生毕业之后从事工作时，必须具备维持规划途径公信力的知识和能力，使得规划途径、实施过程和结果符合社会公平、公正的基本准则。"公正性"能力成为规划师的六大核心能力之一[13]。又如，建筑学专业开设的城市设计课程，更多是专注城市空间形态的形式和美学表达，关注城市空间中的建筑或建筑综合体的个性化设计，类似于城市空间完美形式的终极蓝图；而城市规划专业开设的城市设计课程则不同，它更多关注城市开发过程的设计控制，关注如何适应既定法律法规和条例的要求，达到城市土地开发的公平和效益的平衡，达到规划建设的经济效益、社会效益、环境效益和空间审美效益等综合效益最优，并且学会把这样的规划思维转化为城市开发控制的规划方案，即"控制性详细规划"。这是一种系统论的思维路径。因此，城市规划专业和建筑学专业虽然都开设城市设计课程，但教学训练的内容有所侧重。然而，不管是哪个专业背景毕业的学生，不管是哪一种性质的规划设计机构，只要承接到法定性规划的设计任务，都应以社会公正性作为基本的价值理念。城乡规划学的公正性和公信力价值观及其规划能力的培养，应贯穿于学科的基本知识结构和课程体系。

2.3 "城乡规划学"的理论基础

针对我国 1978 年改革开放之后城乡规划建设如火如荼的实践，规划界已经开展了卓有成效的理论研究和实践探索。尤其是 20 世纪 80 年代后期和 90 年代早期，规划理论和实践探索更加蓬勃发展，一批在海外学成回国的从业人员引介了大量发达国家的规划理论和实践经验，结合我国的规划实践，逐步形成了丰富的研究成果。国内大量理论研究和实践探索的成果为 1990 年 4 月开始实施的《城市规划法》和 2008 年 1 月开始实施的《城乡规划法》的制定做出了积极的贡献，并反过来进一步规范和推进了我国快速城镇化时期的城乡规划建设和管理。在这些百家争鸣的规划理论研究中，影响最为广泛和权威的是著名规划学者吴良镛院士提出的"人居环境科学导论"，吴先生在系统研究了希腊学者人类聚居学的基础上，结合国情创建了我国城乡规划学的理论体系，为学科发展奠定了基石。

从国内已有的文献资料来看，希腊学者道萨迪亚斯（C.A.Doxiadis）针对人类聚居活动的规律第一次较为系统完整地构建了人类聚居学（Ekistics）的框架。尽管他认为"自己所做的工作只是重新发现和恢复这门'古老的学科'"[14]，但是，他实际上创造性地总结了人类聚居的"自然、人类、社会、建筑、支撑网络"这五种基本要素[15]并阐释了这一宏大系统理论的结构和内涵。其所构建的理论框架和内涵的深度和广度，对当代城乡规划学科的理论和实践仍具有较好的指导作用。1990 年代，吴良镛院士在此理论框架的影响下，发展并创建了中国式的"人居环境科学"，提出了人居环境的五大系统，即"自然系统、人类系统、居住系统、支撑系统和社会系统"，并构建了五大系统的结构模型和人居环境科学研究基本框架[16]。在这一基本框架内的五大系统的建构基础上，他提出了"全球、区域、城市、社区和建筑"五大地理空间层次及"生态、经济、技术、社会和文化艺术"五大构建原则。这一体系学说的构建并不囿于理论层面，而是指向"研究领域、解决方案和行动纲领"，即"面向实际问题，有目的、有重点地运用相关学科成果，进行融贯的综合研究，探讨可能的目标"，"分析、选择适合地区条件的解决方案与行动纲领"[17]。可以说，人居环境科学理论构建了当今我国城乡规划学学科的理论体系，对我国城乡规划建设将进一步发挥科学指导作用。

　　城乡规划学一级学科的理论框架可以汲取戈德沙尔克（Godschalk）在2004年提出的"可持续发展永续棱锥"的思想，它被收录到菲利普·伯克（Philip Berke）等主编的《城市土地使用规划》一书中[18]，作为规划理论构建的经典模式（图1）。这一棱锥底座三角形的三个角所代表的"经济发展、生态环境和社会公平"是其顶端"城乡宜居"的三个基本支撑。可持续发展的城乡宜居是基于经济、社会和生态三者动态、协调发展基础上的城乡统筹规划建设目标。因此，经济发展理论、生态环境理论和社会公平理论是城乡规划学理论框架的基础内容，城乡宜居的空间规划建设理论是城乡规划学理论框架的核心内容。上述理论框架的基础内容将指向学科的专业基础课程，而理论框架的核心内容则指向学科的专业核心课程。

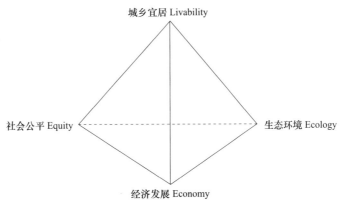

图1　"可持续发展的永续棱锥"模式

资料来源：参考文献 [6]，图中的中文为笔者添加。

3 对城乡规划学科教学的几点思考

3.1 加强在一级学科下的二级学科支撑作用

目前在"城乡规划学"一级学科下二级学科目录的设定,主要包括
(1)区域发展与规划(2)城乡规划与设计(3)住房与社区建设规划(4)城乡
发展历史与遗产保护规划(5)城乡生态环境与基础设施规划(6)城乡规划管
理。上述6项二级学科目录主要根据原来"城市规划"理论与设计方面的基本
构架而来,只是从字面上把原来的"城市"替换为"城乡"。然而,要把研究领
域从"城市"拓展成为"城乡",还需要对学科内容本身进行广泛和深入的实践
探索和理论总结,不能生硬地将"城、乡"叠加,而是要有机融合。由于一级
学科刚刚成立,作为二级学科目录下的内涵建设还方兴未艾。因此,当前和今
后一个时期,急需加强以上6个二级学科的建设,汲取发达国家的相关经验和
教训,结合本国国情,夯实一级学科之基础。此外,在实践探索一段时期之后,
有必要根据学科建设研究的成果,及时调整和完善二级学科的结构乃至名称,
使之更符合学科自身发展的实际。

3.2 构建不同背景规划专业的共同基础平台

我国高校现有城市(乡)规划专业的学科背景比较多元,主要包括建筑学
背景、地理学背景、经济学背景、管理学背景等。来自多元背景的学校办学条
件不一,师资结构各异,各自发挥特色所长,对专业人才的知识结构各有诠释,
虽然这有利于学科的外延拓展,但同时亟待建构共同的基础平台以确定专业人
才的知识结构,规范学科和人才培养的标准,而现在正是开展这项工作的有利
时机。在"城乡规划学"一级学科设立之初,我国高等院校城市规划专业指导
委员会应及时出台"城乡规划学"学科发展导向下的专业人才知识结构培养标
准。这一标准应当是专业人才的基础标准和基本要求,而不是各种办学背景的
特色内容。换言之,应回答"作为一个合格的城市(乡)规划专业本科毕业生,
应该具备怎样的基本专业知识"的问题。建设专业知识结构的共同基础平台,
将有利于不同学科背景的办学"求同存异",并指导专业课程体系的建设。

3.3 构建规划专业课程体系的基本框架

在上述专业知识结构共同基础平台的指导下，高等院校城市规划专业指导委员会应尽快颁布规划专业的课程建设标准。原有"城市规划"下的课程体系应根据当前"城乡规划学"一级学科建设进行研究确定。把对"城、乡"整体规划的思想落实到相应的课程内容建设之中，例如，如何更加重视城乡区域统筹、城乡协调发展，区域流域生态环境协调等，及时补充"国土规划"、"乡村规划"原理课程和实践环节。同样，上述规划专业课程体系也应遵循"求同存异"的原则，确定课程体系建设中的层次，如"必修课程"和"选修课程"，或者建立"核心课程"和"拓展课程"等。

3.4 亟待颁布专业设立的"准入制度"

由于市场对城市（乡）规划专业人才的急迫需求，我国规划专业办学数量急速膨胀，办学条件相差很大，毕业生质量良莠不齐。大量低质量的规划专业毕业生进入市场，虽然可以解决当前快速发展对规划业务的需求，但是也可能造成大量低质量的规划方案的产生和实施。这对于规划学科和规划专业本身来说是一种危害，长期下去，将导致规划专业、规划学科的自我毁灭。因此，当前亟待解决的问题是，在"城乡规划学"一级学科的发展目标指导下，建立规划专业"准入制度"并由国家层面予以颁布实施，以此约束地方政府不顾办学条件盲目办学的短期行为。对此，我国高等院校城市规划专业评估委员会应确立基于"准入制度"的评估标准。评估办学不是"评优"，而是"评差"，制定新申请办学的准入条件，评出不符合办学条件的学校予以停止招生。这样，才能从根本上保证城乡规划学科的可持续发展。

参考文献

[1]李德华，董鉴泓.城市规划专业45年的足迹[M]//四十五年精粹——同济大学城市规划专业纪念专集.北京：中国建筑工业出版社，1997.

[2]中华书局辞海编辑所.辞海试行本第16分册工程技术[M].第1版.北京：中华书局，1961.

[3]夏征农，陈至立.辞海（第6版彩图本）[M].上海：上海辞书出版社，2009.

[4]吴良镛.人居环境科学导论[M].北京：中国建筑工业出版社，2001.

[5]沈清基.论城乡规划学学科生命力[J].城市规划学刊，2012（4）：12-21.

[6]伯克·P，戈德沙尔克·D，凯泽·A，等.城市土地使用规划[M].第5版.吴志强译制组，译.北京：中国建筑工业出版社，2009.

[7]LeGates R T，Stout F. The City Reader 2nd ed.[M]. London: Routledge Press, 2000:240-241.

[8]赵民，林华.我国城市规划教育的发展及其制度化环境建设[J].城市规划汇刊，2001（6）：48-51.

[9]石楠.城市规划科学性源于科学的规划实践[J].城市规划，2003（2）：82.

[10]赵民.在市场经济下进一步推进我国城市规划学科的发展[J].城市规划汇刊，2004（5）：29-30.

[11]邹兵.关于城市规划学科性质的认识及其发展方向的思考[J].城市规划学刊，2005（1）：28-30.

[12]赵万民，王纪武.中国城市规划学科重点发展领域的若干思考[J].城市规划学刊，2005（5）：35-37.

[13]邹德慈.什么是城市规划[J].城市规划，2005（11）：23-28.

[14]冯纪忠.中国第一个城市规划专业的诞生[J].城市规划学刊，2005（6）：1.

[15]段进，李志明.城市规划的职业认同与学科发展的知识领域——对城市规划学科本体问题的再探讨[J].城市规划学刊，2005（6）：59-63.

[16]吴志强，于泓.城市规划学科的发展方向[J].城市规划学刊，2005（6）：2-10.

[17]孙施文.城市规划不能承受之重——城市规划的价值观之辨[J].城市规划学刊，2006（1）：11-17.

[18]余建忠.政府职能转变与城乡规划公共属性回归——谈城乡规划面临的挑战与改革[J].城市规划，2006（2）：26-30.

[19]赵民，赵蔚.推进城市规划学科发展 加强城市规划专业建设[J].国际城市规划，2009（1）：25-29.

[20]罗震东.科学转型视角下的中国城乡规划学科建设元思考[J].城市规划学刊，2012（2）：54-60.

[21]杨俊宴.城市规划师能力结构的雷达圈层模型研究——基于一级学科的视角[J].城市

规划，2012（12）：91-96.

注释

① 本文是在笔者提交 2013 年全国高等学校城市规划专业指导委员会年会教师论文的基础上整理写作而成，原文题为《"城乡规划学"发展历程启示和若干基本问题的认识》。

② 在云南昆明召开的全国高等院校城市规划专业指导委员会 2011 年会，以"规划一级学科、培养一流人才"为主题，征集全国范围内的教师教研论文并专集发表，会上专场讨论相关内容；《规划师》2011 年第 12 期刊登了以"城乡规划教育面临的新问题与新形势"为题的规划师沙龙，对城乡规划教育面临的新问题与新形势、城乡规划教育体系构建及与规划实践的关系、城乡规划人才素养培养与对策等方面进行了探讨；《城市规划学刊》2012 年第 2 期发表了罗震东的文章《科学转型视角下的中国城乡规划学科建设元思考》，对城乡规划学一级学科的内涵及其二级学科的设置等方面提出了自己的观点。

③《城市规划学刊》2012 年第 4 期发表了沈清基《论城乡规划学学科生命力》一文，从"本体认识、基础研究、逻辑思维和学术批评"四个方面对作为一级学科的城乡规划学的发展提出了建议。《城市规划》2012 年第 12 期刊出了杨俊宴从城乡规划学一级学科的视角探讨城市规划师能力结构的雷达圈层模型的文章等。

④ 1952 年全国高校按照苏联模式对院系进行调整，华东地区多所高校土建系科集中到同济大学，形成当时全国最大的以土建为主的工科大学，并成立了建筑系，在建筑系下面成立了都市计划教研室，并按照苏联土建类专业目录，将专业名称定为"都市计划与经营"，以后又更名为"城市建设与经营"，这是"城市规划"专业名称的前身。参见参考文献 1。

⑤ 在此教科书的封面上印有"只限学校内部使用"。

⑥ 参见《建筑学报》1958 年第 10 期的同名论文。

⑦ "城乡规划"这一节的 20 个词条还包括：城市规划、城市总体规划、城市详细规划、区域规划、卫星城镇、居住密度、建筑密度、街坊、居住小区、贫民窟、自然村、居民点、城市公用设施、红线、市中心、卫生防护带、防护绿带、自然保护区、禁伐禁猎区。参见参考文献 2 第 197-198 页。

⑧ 第 4 版《城市规划原理》的目录中，出现了"城乡住区规划"等内容。

⑨ 参见参考文献 3 第 0287-0289 页。

⑩ 同⑨。

⑪ 沈清基提出"城乡规划学"定义如下："城乡规划学是研究城乡人居环境的演化机制、模式和规律，研究科学进行城乡规划（建设和管理）的理论、方法的规律的学科"。参见参考文献 5 第 13 页。

⑫ 参见陈敏《竞争与互助：进化的两个要素》中关于克鲁泡特金《互助论》对于人类进化的重要作用的论述，参见《书评》，1988。

⑬《城市土地使用规划》（原著第 5 版）指出规划师的六大核心能力为：前瞻性、综合能力、技术能力、公正性、共识建构能力、创新能力。参见参考文献 6 第 29 页。

⑭ 参见参考文献 4 第 235 页。

⑮ 参见参考文献 4 第 230 页。

⑯ 参见参考文献 4 第 40、71 页框架图。

⑰ 同 ⑯。

⑱ 参见参考文献 6 第 40 页。

（原文曾发表于《城市规划》，2013 年第 10 期）

沈清基:

同济大学建筑与城市规划学院教授、博士生导师，英国利物浦大学访问学者，上海同济城市规划院高级规划师，《城市规划学刊》副主编，中国城市规划学会城市生态规划学术委员会副主任委员，中国城市科学研究会生态城市专业委员会常务副主任委员，国际景观生态学会会员，国际景观生态学会中国分会理事，中国生态城市研究院学术委员会委员，上海市规划委员会专家咨询委员会委员。

论城乡规划学学科生命力

沈清基

2011 年 3 月初，国务院学位管理办公室正式决定将城乡规划学定为一级学科。这标志着城市规划学科的发展从 20 世纪初的"近代城市规划学"（董鉴泓，1990）、第二次世界大战后的"现代城市规划学"（董鉴泓，1990）演化为"城乡规划学"的崭新阶段。这一具有必然性[①]和偶然性[②]双重特性的重要事件，引起了规划学界的高度重视。尽管学界普遍认为，城乡规划学成为一级学科是因为其已在全国城乡规划学术界和城乡规划建设管理业界形成庞大和强有力的支撑体系，远远跨出了原建筑学一级学科的学科范围；将城乡规划学作为独立的一级学科进行设置和建设是我国国情所在，是有中国特色城镇化道路的客观需要，也是中国城乡建设事业发展和人才培养与国际接轨的必由之路（赵万民等，2010），具有"重要性、必要性、紧迫性"[②]；但，城乡规划学成为一级学科，毕竟是由国家教育与学位管理部门"授定"或"认定"的，具有指令性特征；因此，由城市规划学到城乡规划学，既是学科建设的新契机[③]，也是学科建设面临的新挑战。在这一背景下，探讨城乡规划学的学科生命力问题，对其健康长久的发展具有未雨绸缪的意义和作用。

所谓生命力是指事物所具有的生存和发展的能力（中国社会科学院语言研究所词典编辑室，2002）。学科生命力是指学科具有的生存、发展的能力，是某学科能够与其他学科有力竞争并保持优势的能力。也指学科内部活力、学科与经济社会系统的融合力以及与其所依托外部环境之间的适应力三者有机结合所构成的持续的综合发展能力。学科生命力具有如下内涵：在单位时间空间内，学科能使自身得到积极的发展壮大；学科在各种情况下，都能够健康持续有效地发挥学科功能；学科被社会、业界、其他学科所广泛接受和认可。学科生命力具有内生性、适应性与永续性等特点，对学科的竞争力和创造力具有积极的作用。

　　分别有刘俊清（1987）、徐国洪（1993）、朱建平等（1999），李志红（2004）、白千文（2010）、段京肃（2009）、祝敏清等（2011）对科学学、农业技术经济学、统计学、工程哲学、转型经济学、传播学、辞章学进行了学科生命力的探讨。但迄今基本未见对城乡规划学学科生命力探讨的文献④。城乡规划学学科生命力有自身的内涵特色，本文拟从本体认识、基础研究、逻辑思维、学术批评四方面探讨城乡规划学学科生命力的问题。

1 本体认识：城乡规划学的定义与特征

1.1 城乡规划学的定义

　　定义是准确认识和把握对象的基本方法。人们要正确认识问题，必须按照定义的基本规则对对象作出恰当定义（王淑华，2008）。研究城乡规划学的学科生命力，首先需对其定义予以较明确的界定。

　　目前，尽管有一些对城乡规划的作用与目标（汪光焘，2009）、城乡规划学的"核心"⑤的观点和界定，但尚未见明确的城乡规划学的定义④。一般而言，冠以"某某学"的定义是以研究、解释、揭示该"学（科）"领域内（研究对象演化）规律为目标并据此展开定义表征的。笔者对城乡规划学定义试撰如下：城乡规划学是研究城乡人居环境的演化机制、模式和规律，研究科学进行城乡规划（建设和管理）的理论、方法的规律的学科。

　　具体而言，城乡规划学在理论上应研究城乡人居环境发生、发展、演化的动因；城乡聚落环境结构和功能的关系；城乡聚落环境与经济系统、社会系统、生态环境系统等相互影响和作用的机理；城乡人居环境聚居地的组合和分布的特征，以及城乡人居环境在演化过程中各种现象（确定性现象、随机现象、模糊现象、突变现象等）及其表现模式等，本质上是对以上各种研究对象的存在及变化的机制、规律（性）、模式的阐述（释）。包括：因果关系、因果规律等，具有描述性和解释性的特征，需要回答"是什么"以及"为什么"。从这一角度而言，将城乡规划的研究对象限定在"人－空间"关系系统（罗震东，2012），是一种对研究对象的"物质化"的表达（将"人－空间"关系系统作为城乡规划学的研究对象可能不具有唯一性，因为其他学科也将此作为研究对象），并非是学术化和科学化的研究对象的表达。

在应用上，城乡规划学应基于理论研究获得的规律、机理、模式、相互影响及作用等结论，研究获得城市（乡）空间组合高效率（董鉴泓等，1997）的途径，研究根据经济、社会、生态环境效益最大化⑤的要求，如何按照可持续发展的要求科学规划、建设和管理城乡人居环境，提高资源利用效率，改善城乡关系，实现城乡人居环境最优化。本质上是研究城乡人居环境调节和控制的规划方法。包括"（未来）应怎样"和"（未来）怎样做"。

因此，城乡规划学学科具有两大功（职）能：①（科学）阐释城乡人居环境；②（指导）科学改善（造）人居环境（的实践）。正是城乡规划学的这两个学科功能，才被赋予了存在的确凿理由，彰显出其独立学科地位的必要性和必然性。

此外，有必要强调的是，对城乡规划学定义的界定，可能必须牵涉到对"规划"多种内涵的学术探讨。城乡规划学的研究对象、研究内容的正确确定，都与人们对"规划"内涵的认识正确与否密切相关。从这一角度而言，"规划"是城乡规划学的核心与关键点，通过对"规划"内涵与本质理解的深化，将可能使对城乡规划学的理解趋于完善和全面。

1.2 城乡规划学的特征

城乡规划学刚设立，笔者对其特征的讨论可能主要是思辨的层面。

1.2.1 综合性

城市规划学科是一门由于其研究的对象——城市本身的综合特性，而具有综合性特征的学科（董鉴泓，1990）。而城乡规划学的综合性则体现在：① 城乡关系的综合平衡、协调及整合；②"城市规划"与"乡村规划"的综合；③ 学术与实践的综合。"城乡规划学"与绝大多数学科的名称构成有差异，由"名词（城乡）"+"动词（规划）"+"学"组成，这与一般学科的"名词"+"学"的构成不同。

这一定程度上意味着城乡规划学既有着对实践及社会职能的强调；同时，也不偏废对城乡规划学的"学"的属性挖掘和研究；④ 社会性与政治性的综合。前者指城市（乡）规划需要协调社会各方利益冲突，后者指城市（乡）规划是政府实施公共政策的重要手段，具有明显的政治属性（扈万泰等，2010）。

此外，城乡规划学的综合性还具有"学科互涉"的特点。指：具有从众多学科中整合知识和思维模式的能力，从而形成认知性的发展[⑥]。此特性并非是城乡规划学的"缺陷"，而是其作为新兴学科不可缺少的特征之一。

1.2.2 主—客观性

指城乡规划学一方面要进行城乡人居环境发展演化的机制和规律的研究，需要保持价值中立，具有客观性；另一方面又必须关注现实和社会，关注人，以及人与自然环境的关系，关注公平、正义等价值。这又使城乡规划学具有主观性。客观性与主观性兼具，这可能是城乡规划学的基本特色之一。前者使城乡规划学具有科学的性质，而后者则使其具有政策控制（公共政策）的属性，具有某些符合人类文明普适价值观和道德标准捍卫者的属性[⑦]。

1.2.3 时—空—未来性

城乡规划学从规划行为特征而言具有明显的时间属性，只是其时间属性更多地关注未来。吴志强（2000）曾指出，"规划的核心属性是时间上的预测和控制"；同时，城乡规划学也具有明显的空间属性，尤其是对未来空间的把握，翟国方（2011）认为，"城乡规划学的核心内涵是（对）未来空间的把握……规划的重点是未来，而其他学科更多关注的是过去和现在。[⑧]"

1.2.4 控制性

"规划是一项预设目标并制导过程的工作"，规划的核心属性之一是"时间上的预测和控制"（吴志强，2000）。从其控制的时间范畴而言，城乡规划学主要是对未来的控制；从其控制的载体对象而言，既具有物质性的，又具有非物质性的；从其控制的内容与范围而言，要比建筑学专业大得多；从其控制的手段而言，不仅要利用刚性措施对城乡规划建设用地、空间、功能、规模、强度等进行控制，还要利用政策、博弈等手段对城乡关系发展及过程进行软性控制。由城乡规划学的控制性特征可见，城乡规划学的科学性至关重要，因为如果控制的"科学性"稍有差池,则其带来的负效应将"不可控制",遗患无穷。

2 基础研究:城乡规划学学科生命力的前提和支撑

基础研究属于学科的本体研究,是任何学科发展的基本前提和支撑,基础研究扎实才能提升应用研究的能力,才能奠定学科发展的坚实基础。从这个意义上而言,基础研究是城乡规划学学科生命力的重要保证之一。

2.1 当前城乡规划学在基础研究方面的问题简析

缺乏乡村规划的理论与实践、研究目标偏差、研究切入角度偏重实用是目前城乡规划学在基础研究方面存在的较为突出的问题。其原因包括:(1)城乡规划学的前身城市规划(学)长期以城市的规划与设计为对象,虽然也考虑乡村发展,但程度有限;在目前的新农村规划与建设中,就是沿用城市规划与设计的方法和思想(陈金泉,2012)。(2)以往城市(乡)规划研究忽视基础研究,存在着急功近利、为行政服务、研究实用化和功利化的倾向。一些研究对短、平、快的对策注解比较关注,具有"紧跟形势的政治宣传"的某些特征;不少研究者及其成果过多关注于政策阐释和政策论证;而一些研究则具有商业化倾向,为支付经费的阶层及团体提供他们急需的所谓学术成果。(3)大多数城(市)乡规划研究的共同特点之一是"解决某种具体问题"而并非"提出问题"。由于,"提出问题比解决问题更重要。因为解决问题仅仅是数学上或实验上的技能而已。而提出问题,新的可能性,从新的角度去看旧问题,却需要有创造性的想象力,它标志科学的真正进步⑨。"当城乡规划学的大多数研究没有提出新的问题,则其基础研究的特性基本不存,其科学性及对学科的发展后劲的支撑也将大打折扣。

2.2 城乡规划学基础研究的若干路径

2.2.1 研究价值观的惟学术性

学术(academic)是指"受过专业训练的人在具备专业条件的环境中进行

的非实用性探索"⑩。研究价值观惟学术性的突出特点是研究的非功利性，研究目标主要致力于对未知科学问题的某种程度的揭示，在于"使先前人所不知的东西变成人所共知"，在于"丰富人类的知识"，在于"发现"。（保继刚，2010）城乡规划学的基础研究要将探索和发现城乡人居环境发展规律及规划行为规律（何兴华，2003）作为其价值准则，摒弃功利主义、实用主义的价值导向。虽然，城乡规划学需要重视其被社会接受的"社会价值"。但同时，应认识到，学科的生命力在于其不断被推向进步，而非仅仅博取社会认同和获取应用价值（保继刚等，2004）。城乡规划学的"学术价值"可能是作为一个学科的生命力必须首先要重视的课题，因此，应注意避免过分地强调城乡规划学学术研究的社会服务功能（当然也不是完全忽视）。此外，致力于城乡规划学的理论研究也是研究价值观惟学术性的重要一环。"一个民族想达到科学的高峰，就不能没有理论的思维"（吴良镛，1990）。包括：明确的城乡规划学的"理论自觉"；相对独立的、具有内生性⑪的城乡规划学理论思想与理论内核；宏观、中观和微观的城乡规划学理论体系和理论内容；城乡关系（空间关系、生态关系等）理论体系，等。

2.2.2 研究目标的非自我性

城乡规划学基础研究目标当然与提升自身的生命力相关，但同时其研究目标的非自我性也应作为一个重要的方面。即，城乡规划学的基础研究既要为自身学科的发展服务，还要为相邻学科的发展，乃至对认识自然界的规律起较大作用。如果，城乡规划学对所有相邻的学科产生极大的积极影响与作用（包括理论、方法、体系、标准等方面），城乡规划学的理论是其他相邻科学领域求得新的知识的关键，并被其他学科所认可、接受和吸收，那么这种类型的研究目标对于确立城乡规划学的学术地位具有重要的意义，城乡规划学的生命力也将不言而喻地得到提高。

2.2.3 研究方式的坚韧性

坚韧性由顽强的毅力和持久的耐心所反映。城乡规划学的基础研究所包括的内容范畴广泛，在很多情况下需要耐得住寂寞，经得起冷遇，捱得起岁月。持之以恒、跟踪及对照研究可能是坚韧性的几个侧面。美国的 Lester Breslow 以其一生努力的研究成果改变了美国的公共健康观念，被誉为"公共健康先生"。

其研究的特点即为长年性、追踪性（对特定人群）、量化性，其中，由他主持的对将近 7000 位加州居民健康状况的细致追踪调查研究开始于 1950 年代。结束于 1970 年代。主要是考察在长时段内人们的行为如何影响到寿命，这一研究方式被称为"长年追踪式的量化经验调查"（薛涌，2012），其研究方式无疑具有强烈的坚韧性，值得进行城乡规划学的基础研究时予以借鉴。

2.2.4 研究思维的哲学导向

哲学是关于世界观与方法论的学问，是关于生活、思考、智慧的学问。它反思生活、求索智慧，使人们掌握一种慎思的理性思维习惯。哲学对城市规划学科的发展产生了重要的作用。如，乌托邦主义、极权主义、技术至上主义、理性主义、功利主义、社会主义、实证主义、无政府主义、实用主义等西方的哲学思潮，都对西方现代城市规划思想产生了重大影响（曹康等，2005）。现代城市规划在思想方法上从物质空间决定论、系统规划、理性规划、"形而下"实践观，直至对价值判断的注重和将城市规划作为公共政策理解的发展历程，无不包含了深刻的哲学内涵，都与哲学思想的变革密切相关（张文辉等，2008）。实证主义、马赫主义、生命哲学、实用主义、分析哲学、人类文化哲学、结构主义、社会批判哲学、多元方法论和相对主义，以及新实用主义对现代城市规划的影响和作用较为突出（程文等，2007）。发达国家将哲学作为城市规划教育的重要内容之一，英国的皇家城市规划协会认定城市规划的学生必须具备"哲学、科学和社会科学里的传统及它们对规划思想的影响"这方面的知识[⑫]。

现代城乡规划学的哲学思维是一个丰富的课题，它既需渊博的哲学知识，又需要扎实的规划专业知识，更需要两者的有机结合（周建军，1994）。吴良镛（1990）将集中与分散、控制与发展、建设与破坏、偶然与必然、理想与现实等作为"城市规划中若干问题的哲学思考"命题。周建军（1994）在时间、结构、系统、规律几方面提出了现代城市规划学的哲学思辨议题。

哲学思维将通过如下方面对城乡规划学的基础研究，并进而对其发展产生重要的作用：（1）作为一个可以借鉴各种理论并加以融贯的学科，城市（乡）规划学需要在正确的哲学思想指导下作统一的思考。哲学思维为这种统一的思考提供了可能（吴良镛，1990）；（2）哲学思维是进行城市（乡）整体研究、进行城市（乡）规划理论建设、探求规划哲理、提高规划师修养，以及克服困难、获取力量的途径（吴良镛，1990）。哲学思维有助于使人们对城市（乡）系统的认识具有科学性和辩证性，为建构学科和城市规划学奠定理论基础（周建军，1994）；（3）哲学思维将对城乡发展的科学化提供支持。吴良镛（1990）指出，要从哲学的高度来观察与思考城市规划及建设的决策，不仅要对各种事物各门学科的本身规律进行研究，还要有哲学的思考、辩证的逻辑思维；（4）哲学思维是城乡规划创新研究的指导思想与基本手段。在现代城市规划的发展历程中，一些重大的认识变革和思想创新，常常离不开哲学的启示与支持。哲学作为科学之根基，在我国目前城乡规划变革的关键时期，将帮助相关的创新研究活动摆脱思想局限、开拓思路，获得突破性进展。哲学可能引领城乡规划发展的方向和潮流，为其创新研究提供基本的指导思想与方法手段（程文等，2007）。

3　逻辑思维：城乡规划学科学性的必由之路

逻辑思维是人们在认识过程中借助于概念、判断、推理反映现实的过程；是用科学的抽象概念、范畴揭示事物的本质，表达认识现实的结果。逻辑思维是确定的、有条理的、有根据的、前后一贯的思维[13]；逻辑思维是城乡规划学确立其学科存在的必要支撑条件，也是提升其科学性和学科生命力的必由之路之一。

国际上已普遍认同将逻辑学作为最重要的基础科学之一，1974年联合国教科文组织颁布的基础学科分类目录中，将逻辑学列为七大基础学科的第二位（即数学、逻辑学、天文学和天体物理学、地球科学和空间科学、物理学、化学、生命科学）；1977年版英国大百科全书将逻辑学列为知识的五大分科之首（即逻辑学、数学、科学〈包括自然科学、社会科学和技术科学〉、历史学和人文学〈主要指语言文学〉、哲学）；联合国教科文组织的一份报告中指出，由50多个国家的500多位教育家列出的16项最重要的教育目标中，将发展学生的逻辑思维能力列为第二位[14]。《文明的解析》的作者查尔斯·默里将文明组成成分中影响人类最重要的"认知工具"定为14项，其中之一为逻辑[15]。爱因斯坦认为，西方科学的发展是以两个伟大的成就为基础，其一为希腊哲学家发明的形式逻辑体系，其二为通过系统的实验找出研究对象的因果关系[16]。

逻辑（学）对单个学科的科学化也具有重要意义，某学科的科学化水平及状况，取决于其能否按照科学逻辑提出其特有的学科范式，并且以这些范式为学科提供确定的理论框架[17]。

3.1 我国城乡规划领域的若干逻辑问题简析

逻辑问题（或称逻辑混乱）在社会生活中非常严重，2003 年 4 至 5 月间，首都 10 多家主流媒体在显著位置以醒目标题报道了 10 位著名逻辑学家和语言学家发出的强烈呼吁：社会生活中逻辑混乱和语言失范现象令人担忧[18]。

在城乡规划学领域不同程度地存在着逻辑问题。陈宏军等（2007）认为，深圳市近期建设各类规划定位和关系尚未理清是使相关规划的编制和实施出现逻辑混乱的原因。丁琪琳等（2005）认为，综合交通规划理论体系构建过程中，出现了逻辑问题，各种交通规划模型中包含的更多的是数学逻辑，而非交通系统各项规划内容如运输方式、线路空间布局等与产业结构与空间地理环境之间的内在逻辑联系。李允光（2010）指出了对"城市文化"界定所存在的逻辑缺陷[19]，包括：概念"狭义化"、概念"内涵扩大化"和"逻辑父子"并列化。余柏椿（2007）认为一些城市设计的名称存在着逻辑问题。欧阳君山（2012）指出了城市住房双轨制的逻辑问题[20]。吴志城等（2009）认为，城市规划理论研究存在着诸多问题的最根本的原因是城市规划理论研究的逻辑基础出现了问题，表现为研究活动缺乏共同遵循的逻辑起点、缺少达成共识的理论框架的逻辑约束以及缺乏规范系统的逻辑研究方法。

城市规划研究中存在的逻辑问题产生了诸多负面效应。魏广君（2011）基于逻辑关系，对当前中国城市规划的困境进行了分析。认为，当前中国城市规划面临理念的泛化、理论的淡化和实践的浮华等困境，与中国规划师在处理理念、理论、实践和体制之间的逻辑关系时出现偏差具有一定的关系；付宝华（2012）认为，逻辑性和整体性是现代城市规划最重要的思想基础之一，城市规划积极主动干预失败的原因之一是城市规划体系的内部逻辑缺失[21]。

城市（乡）规划学科学性的表现之一是解释和揭示自然、社会、环境等的发展所存在一定的逻辑联系和客观的规律[22]。从这个意义上而言，加强城乡规划学的逻辑性亟有必要。我国城乡规划学中的种种"反逻辑"现象与东方传统式思维方法的某些缺陷具有一定的关系（表1）。

东方思维及西方思维的比较　　　　　　　　　　　　　　　　　　表1

	东方思维	西方思维
系统性	较弱	较强
感性与理性的关系	较偏重感性，注重直觉意象	偏重理性
善与真的关系	注重求善	注重求真
研究方法与思维方式	敬畏自然、神灵和权威；注重整体思考、直觉体悟和直觉思维，从总体上模糊而直接地把握认识对象的内在本质和规律；通过静观、体认、灵感、顿悟，未经严密的逻辑程序，获得对事物的认识	习惯怀疑和求证，注重概念、定义、范畴、思辨、逻辑推理和理性，重视实验和实证、分析，借助逻辑，在论证、推演中认识事物的本质和规律。系统性、逻辑性是西方思维方式的特征
思维方式特征	广度优先，在看到少数几片树叶后，就开始演绎对树的看法	深度优先，在"看清"所有的树叶的基础上，发表对树的看法（基于大样本）
获得知识及真理的途径	靠冥想、思辨、经验、灵感、权威教诲、"神启"等	在观察的基础上提出假说并加以严格检验
对科学的态度	封建统治者崇拜治人之权术，鄙视及禁锢科学技术，轻视数学	重视科学，重视数学和逻辑

注：根据①"中西方思维方式之比较"（来源：http://blog.sina.com.cn/s/blog_5e2d172d0100ls73.html）②参考文献 [12] ③张能立，中西思维方式比较，https://xys.c6.ixwebhosting.com/xys/ebooks/others/science/misc/siwei.txt 归纳整理。

3.2 加强城乡规划学逻辑思维的若干途径

3.2.1 正确确定城乡规划学的逻辑起点

逻辑起点是指研究对象（思想、理论、学说、流派）中最简单、最一般的本质规定，是构成研究对象最直接和最基本的单位（易红郡等，2012）。每一门学科的知识体系都应该依据一定的逻辑关系形成一定的逻辑结构。一门学科知识体系的构建，就其逻辑顺序而言，首先应明确其逻辑起点，逻辑起点是该学科知识体系的"地基"。以逻辑起点为基础，借助于一系列概念、范畴、原理、理论观点等"建筑材料"，构建该学科知识体系的"大厦"。逻辑起点是特定学科知识体系系统性和内在关联性的初始保障（郝宏奎，2009）。逻辑起点的差异，决定了不同学科的发展方向，制约着科学领域的学术范围。选择了正确的逻辑起点，可以使学科更好地运行和正确地发展。一般认为，一门学科或科学的理论逻辑起点，必须具备如下条件：（1）应该是该学科研究对象整体中最简单抽象的、最基本的概念和最大量的存在，反映对象最一般的本质，如马克思《资本论》中"商品"这一概念；（2）必须包含着整体发展中一切矛盾的胚芽；（3）必须是历史上最初的东西，是历史和逻辑的统一（冯晓林，2009）。根据逻辑起点的一般涵义，选择逻辑起点的正确方法应该是将研究对象的本质属性作为构建理论体系的逻辑起点（杨清香，2010）。

城乡规划学逻辑起点的确定对于城乡规划学的生命力具有特殊的意义，可能需要另文专门探讨，此处仅提出初步设想。城乡人居环境演化规律与城乡规划的行为规律范畴及领域内的"问题"（城乡问题）可认为是城乡规划学的逻辑起点。因为，尽管概念、假说、理论的变化是一门学科研究中最活跃的部分，但问题却是导致理论生成的逻辑起点，而理论则只是关于问题的认知结果，它们并不处在同一个平行的演化水平上（孙兆刚等，2004）。爱因斯坦关于"提出问题比解决问题更重要"[9]的论述也说明了"提出问题"的重要性。在城乡规划学领域，通过不断地提出问题，才会产生概念、范畴与原理，才可能解释及解决问题，并因此使城乡规划学得到进步。

3.2.2 建立城乡规划学的逻辑及推理体系

在科学及学科的理论体系中，逻辑占有重要的地位。"科学理论的完整体系是由概念、与这些概念相应的基本定律，以及用逻辑推理得到的结论这三者所组成"；"列宁曾说过：'自然科学的成果是概念'。科学认识的成果都是通过形成各种概念来加以总结和概括的，而每一门学科中的原理、定理、定律、规律，以至整个理论体系，都是用概念进行逻辑推理所得的结果"（杨沛霆等，1983）。由此，可以得到一定的启发：如果要提高城乡规划学的生命力，除了明确给出城乡规划学特有的科学概念及命题以外，对于概念体系的逻辑界定、命题的演化及逻辑推理等也应该是城乡规划学需要重点考虑的问题之一。

当然，城乡规划学的逻辑思维应有逻辑自洽性；既要学习和应用逻辑学体系中的演绎逻辑、归纳逻辑、数理逻辑、辩证逻辑等基本逻辑工具解决城乡人居环境中的确定性问题，又要用概率逻辑、模态逻辑、模糊逻辑等解决城乡人居环境中的非确定性问题。

3.2.3 以逻辑思维提升研究方法的科学性

"最能体现科学的特征的，是它的研究方法"，"是科学方法让科学变成了一个神圣的事业，让科学知识成为人类所有知识中最可靠、最少争议的一种"（方舟子，2007）。而，逻辑思维在研究方法产生其积极效用时发挥了不可代替的作用。诸如判断某种研究方法的有效性和科学性时，以及在对某问题研究采取定性方法还是定量方法哪种更有必要、更为合理时，逻辑思维将有助于获得正确的结论。实际上，不管是定量还是定性方法，除了必须对研究意义和研究价值进行深入追问，任何研究结果及其解释在"逻辑上无漏洞"（保继刚等，2004）才是最关键的。

4 学术批评：城乡规划学自我完善的机制

学术批评是一个学科自我净化、自我完善的必要途径和机制，也是塑造健康的学术主体人格的需要，更是营建良好的学术规范，提升学术创新能力的必要条件，健康的、符合国际惯例的学术批评将有力地提升学科生命力。

4.1 学术批评的意义与价值

"批评（判）"概念是启蒙运动的产物，最早起缘于哲学批判的理性精神。康德哲学被称为"批判哲学"即因康德明确宣称"我们的时代是批判的时代，一切东西都必须经受批判"。没有批判精神，科学就不成为科学；批判精神的提出是西方理性思维的一次飞跃（赵平垣，2008）。批评（判）在现代学术发展中具有积极的作用，西方的学术发展行之有效的制度之一即为完善的学术批评风气（王笛，2001）。发达国家将批评（判）能力作为学生培养的重要目标之一[23]。学术研究的外在表现是智力劳动，内在特点则是发现之旅——或发现迄今研究结论的正确，继而在此基础上继续前进；或发现迄今研究的谬误，从而改正谬误，走向真理。前者与后者一样，都需要理智的学术批评。而落实学术批评的立足点是批判性精神与批判性思维（韩瑞芳，2007）。

学术批评的意义与价值主要体现在：（1）研究思想自由的体现[24]、科研的惯例[25]；（2）构建良性学科文化的需要。良性学科文化的要素之一为学科内部的自我反省、自我怀疑、自我批判精神，这样一种自我纠正、自我完善的机制对学科创新有积极的作用；（3）科研工作的必要组成部分。没有学术评比，科研活动照常进行；而没有学术批评，科研就是一潭死水（邢东田，2009）。只有在充分批评的基础上，才有可能进行学术建设。完善的学术批评是学术共同体顺畅运作的保证。

4.2 城乡规划学学术批评良性发展的途径
4.2.1 确立正确的城乡规划学术批评观

学术批评是城乡规划学生命力的重要方面之一。对城乡规划学发展中的任何问题都应该鼓励、包容批评。在学术批评这一领域，应该与国际学术界的惯例"接轨"——即，鼓励质疑、鼓励争论、鼓励批评。而要做到这一点，需要确立正确的城乡规划学术批评观。包括：（1）学术批评常态化。批评的常态化建立在这样的事实基础上：只要从事真正的学术研究，差错总是难免的，有错就必然会"被批"，因此学界对这种批评应有正常心态，对批人和被批都不要太过于敏感，要视其"习以为常"；（2）学术批评对事不对人。"学术批评"具有中性概念的特征，它不是单纯的价值判断，它指向的是学术思想而非人身，除非被确凿地指证涉及欺骗和剽窃等关乎科学家诚实性的越轨行为，学术批评一般不应（会）给被批评者带来声誉上或其他方面的损失。因此，从本质上讲，学术批评是一种学术交流与对话形式（王艳玉等，2003）。（3）提高学术批评的实效。学术批评的目的是学术进步，不是"摆样子"[26]。应摒弃学术批评中"你好我好大家好"、"左右逢源"的圆滑态度；杜绝学术批评中过分倚重专家和权威学者的意见，杜绝仅仅是顺着说和照着说，缺乏接着说、另外说甚至反着说的勇气与自信（张岩泉等，2010）；主动避免学术批评中可能的潜规则的作用，诸如：级别、地域、人情、经营等[27]。（4）提升学术批评的伦理性。"我不同意你的意见，但是我维护你发表意见的权力"可能是学术批评伦理性的恰当反映之一，包含着学术平等的深刻内涵。要摒弃学术批评对话方式中的调侃式及审判式（王雨吟，2001），杜绝将学术对手从对话批评领域逐出（周永坤，2007），采取学理以外的方式强迫被批评对象就范（詹先明，2009）等现象的发生。

4.2.2 建立恰当的学术批评制度

城乡规划学学术批评良性发展的途径除了需要正确的批评观念，也要有恰当的批评制度。所谓批评制度，既包含一套行之有效的、共同遵守的批评规范，也包含学术界对批评活动的约定（朱中原，2009）。批评制度的恰当性和具体化，应是使学术批评达成其目标的重要因素之一。

（1）建立相对专业化的"学术批评人"制度

批评制度是人类文明的精华之一，良好政体的反贪制度、民主监督制度、舆论监督制度（严秀，2001）等皆与批评密不可分。政治文明的达成也需要开展健康的政治批评。政治批评的深度、广度、力度和水平成为衡量社会政治文明发展程度的重要标志（谢维营，2004）。古代言官的主要职责即是对政府各项施政行为进行批评，从而有利于政权的维系。国际上，存在着较多的督察制度，诸如：土地、法院、检察院、警务督察制度等。我国的城乡规划督察员制度，是中央政府对地方政府在城乡建设开发领域实施的层级监督，各派驻城市督察员以提出批评意见的形式，将违规行为消灭在萌芽状态，维护了公众利益，树立了规划权威，强化了政府规划实施的公信力，提高了规划部门的执法效能（仇保兴，2010）。

督察与批评作用的发挥，离不开保证督察者与批评者行为不受诸多因素影响的制度设计，要点包括独立性（身份与经济）、专职（任）性等。一些学者认为，中国的艺术批评，由于缺乏一种稳定的批评制度支撑而处于不稳定状态，批评家无法获得来自于制度的稳定的经济收入和保障，将因此丧失其批评的学术独立性，批评家实质上沦为了一个寄生于艺术家身上的寄生阶层，其身份与地位的尴尬，决定了批评的独立性很难持守（金华，2007）。这一现象具有一定的普遍性，由此可以得到启发，有必要在城乡规划学的各级学术机构中，成立专职的、独立的学术批评委员会，从而使一些"学术批评人"专门或主要精力用于批评监督，且并不与城乡规划学的其他部门有利益重叠，这一制度设计，对充分发挥学术批评的积极效应将有重要的作用。当然，独立性与专职（任）性结合的批评队伍还需要与业界专业人才的批评行为实现最大限度的结合。

（2）制定学术批评规则

学术批评规则应该吸收国际学术界成熟的规则为我所用。表2整理了较为成熟的学术批评规则，具有一定的参考价值。

若干学术批评规则　　　　　　　　　　　　　　　　　　表2

来源	批评规则	批评规则释义
萧瀚 （2006）	就事论事	要求批评者不猜测对手动机、不评价对手学术以外的私德（学术内品德是可以评价的）
	平等	① 要求不贬低论敌（被批评者）的知识水平；② 公开、同时发表批评文章与答辩文章。发达国家的学术刊物、报刊有一条不成文法：编辑部收到任何争议、批评的文字，都必须找来被批评的原书籍、论文，认真研究，同时请几位第三方学者审读，并郑重知会被批评方，征询被批评者的意见，让对方答辩；并同时发表批评者的论文与被批评者的答辩；这充分体现了学术批评的"人本"、"文明"与"平等"
王艳玉等 （2003）	对话双方或各方是平等的	保证了批评者与被批评者具有平等的发言权和机会
	对话双方或各方对批评与被批评文本或话语具有一致的概念体系	保证了对批评对象及其具体内容的准确界定与描述
	对话双方或各方本着诚恳的相互吸纳与互补而非有意无意地压制或排斥的意向	保证了学术批评各方在批评过程中采取正确的态度和行为
	对话双方或各方共同使用一种可通约的思维框架和规范的话语系统	保证了学术批评中的逻辑一致性并使学术批评成果可以成为一种可积累的知识
哈贝马斯[28]	① 任何可言说者均可参加论辩	规定了潜在的言谈者（发表批评者）的普遍性
	② 任何人可以质疑任何主张；任何人均可在论辩中提出任何主张；任何人均可表达其态度、愿望和需求	保证了所有的参与者在论辩中的平等机遇和程序性权利
	③ 任何言说者均不应受到论辩内或论辩外的某种强制的阻碍而无法行使其在①和②中所规定的权利	保证普遍进入商谈的权利和平等参与论辩的权利所必须具备的条件，是理性论辩的程序性要件

4.2.3 建立规划批评制度

城乡规划耗用大量的人力、物力和财力，对资源环境有着巨大的影响，同时城乡规划还对社会发展产生深远的影响，因此，对城乡规划的目标、政策、规范、标准乃至方案进行批评是维护其科学性、可靠性的不可缺少的环节。规划批评是城乡规划学学术批评的特殊类型，对于城乡规划的科学性及可实施性具有重要的意义，并能对城乡规划学的发展产生较强大的反馈力。

（1）规划批评的价值标准

从规划与人类发展关系、规划发展的历史变迁轨迹、规划标准等层面，可以初步提出规划批评的价值标准。包括：1）和谐标准。规划批评应立足于人与自然的和谐、可持续存在及发展；人与生态环境的和谐度应该是规划批评价值的来源之一；2）历史标准。规划批评应从历史层面和角度提出批评原则或标准；3）伦理与道德标准。规划批评应弘扬反映人类社会积极层面的伦理和道德价值。

（2）规划批评的科学属性

规划批评需强调其科学属性，包括：1）规划批评的技术属性。如规划方案优选方法、评价指标体系等；2）规划批评的人文、历史、经济、生态等属性。这与人和自然环境关系发展的日益对立状态有密切关系；3）规划批评的数据属性。即，规划批评要建立在数据及数据分析的基础上，而不是仅凭感觉对对象进行批评。

（3）公众批评

公众批评是规划批评的重要发展方向之一，公民建议批评制度是与信息公开制度、听证制度并列的我国公民参与公共政策的制度建设内容之一（侯晓雪，2010），是体现和实施城乡规划公众参与的具体举措之一。公众的规划批评具有必要性，因为在城乡规划中，公众是使用者，又是建造者，天然地具有批评者的身份和批评的权力。公众的规划批评范围较广，既可以对规划师的职业道德、服务行为、对百姓利益的维护进行批评，也可以对"规划太过集权、官僚主义、高人一等和排斥分享"[29]提出批评；既可以对规划对城市经济的影响进行批评，也可以对政府的规划政策、规划条例的合理性进行批评。公众的规划批评信息需要常态化和系统化的收集，进行精心的分析和处理，可能的方案之一是将其与盖洛普的民意调查技术体系[30]相结合。该调查既具有广泛性和公众性，也具有一定的科学属性，对用于收集公众的规划批评信息具有一定的可行性。

5 结语

城乡规划学学科生命力是其内生增长力的集中体现，对于城乡规划学的生存、发展具有重要的意义。在城乡规划学被定为一级学科的背景下，在我国城乡人居环境规划建设实践活动方兴未艾的情势下，探讨城乡规划学学科生命力问题具有必要性及紧迫性。

本体认识是城乡规划学的立身之本，基础研究是城乡规划学的必要条件，逻辑思维是城乡规划学存在的必要支撑，学术批评是城乡规划学自我完善的途径和机制。以上各方面对于城乡规划学的学科生命力均具有不可忽视的作用。

参考文献

[1] 曹康，吴丽娅.西方现代城市规划思想的哲学传统 [J].城市规划学刊，2005（2）：65–69.

[2] 陈宏军，施 源.城市规划实施机制的逻辑自洽与制度保证——深圳市近期建设规划年度实施计划的实践 [J]，城市规划，2007（4）：20–25.

[3] 陈金泉.城乡规划专业教育课程体系构建 [J].教育教学论坛，2012（10）：240–241.

[4] 程文，邹广天.影响城市规划创新的十大哲学思想及方法 [J].华中建筑，2007(9)：7–8.

[5] 白千文.转型经济学行将消失、暂时存在还是具有持久的生命力——转型经济研究新进展与学科建设研讨会综述 [J].经济社会体制比较，2010（2）：195–197.

[6] 保继刚，张晓鸣.1978 年以来中国旅游地理学的检讨与反思 [J].地理学报，2004（S）：132–138.

[7] 保继刚.中国旅游地理学研究问题缺失的现状与反思 [J].旅游学刊，2010（10）：13–17.

[8] 丁琪琳，匡旭娟.综合交通规划理论体系的构建.可持续发展的中国交通——2005 全国博士生学术论坛（交通运输工程学科）论文集（上册），2005：8–12.

[9] 段京肃.传播学基础研究和学科生命力 [J].国际新闻界，2009（1）：28–32.

[10] 董鉴泓.城市规划学科的动态和展望 [J].同济大学学报（人文、社会科学版），1990（1）：66–68.

[11] 董鉴泓、孙施文.关于城市规划专业的作用与地位的一些思考 [J].城市规划汇刊，1997（4）：32–34.

[12] 方舟子.科学研究是这么做的 [N].《中国青年报》，2007–09–05.

[13] 冯晓林.儒家教育学说的逻辑起点试探 [J].纪念《教育史研究》创刊二十周年论文集（2），2009：638–645.

[14] 韩瑞芳.关于批判思维在学术研究中的几个问题——演绎在批判性学术中的功能 [J].法律逻辑与法学教育——第十五届全国法律逻辑学术讨论会论文集，2007（7）：267–271.

[15] 郝宏奎.侦查学逻辑起点探析 [J].中国人民公安大学学报（社会科学版），2009(3)：1–8.

[16] 何兴华.关于城市规划科学化的若干问题 [J].城市规划，2003（6）：25–29.

[17] 侯晓雪.公民参与公共政策的制度化分析 [J].齐齐哈尔大学学报（哲学社会科学版），2010（1）：77–79.

[18] 扈万泰，宋思曼.城市规划科学化的若干思考 [J].城市规划学刊，2010（3）：51–55.

[19] 金华.我国公民参与公共政策制定的制度障碍及其对策分析 [J].行政论坛，2007(6)：35–39.

[20] 李志红.工程哲学：一个充满生命力的新兴学科——2003 年中国自然辩证法学术发展年会概述 [J]，自然辩证法通讯，2004（1）：109.

[21] 刘俊清.赋予科学学研究以新的生命力——"科学学学科发展座谈会"发言选登 [J]，科学学研究，1987（3）：1–25.

[22] 罗震东 . 科学转型视角下的中国城乡规划学科建设元思考 [J]. 城市规划学刊，2012（2）：54-60.

[23] 仇保兴 . 强化城乡规划督查制度，履行好督察员职责 [J]. 城乡建设，2010（11）:6-13.

[24] 孙兆刚，刘则渊 . 科学学成为成熟学科的探讨 [J]. 科学学研究，2004（3）:254-257.

[25] 王笛 . 学术规范与学术批评——谈谈中国问题与西方经验 [J]. 开放时代，2001（12）:56-65.

[26] 王淑华 . 试论图书馆的本质与定义方法——兼评图书馆学研究对象某些定义的不足 [J]，图书馆杂志，2008（11）:6-9.

[27] 汪光焘 . 认真学习《城乡规划法》重新认识城乡规划学科 [J]. 中华建设，2009（1）：14-15.

[28] 王艳玉，谷冠鹏，张社列 . 学术批评制度及其内部化 [J]. 河北农业大学学报（农林教育版），2003（4）：1-3.

[29] 王雨吟 . 文艺批评需要风度和规则吗 [N]，文汇报 / 2001-12-08 日 / 第 08 版 /

[30] 魏广君 . 当前中国城市规划的困境及思考——一个逻辑分析的框架 [J]. 规划师，2011（8）:82-87.

[31] 吴良镛 . 论城市规划的哲学 [J]. 城市规划，1990（1）：3-6.

[32] 吴志城，钱晨佳 . 城市规划研究中的范式理论探讨 [J]. 城市规划学刊，2009（5）：28-35.

[33] 吴志强 .《百年西方城市规划理论史纲》导论 [J]. 城市规划汇刊，2000（2）：9-18.

[34] 萧瀚 . 网名的限度——谈学术批评规则 [J]. 社会科学论坛，2006（2）：61-63.

[35] 谢维营 . 政治文明与政治批评 [J]. 上海市经济管理干部学院学报，2004（4）：1-6.

[36] 邢东田 . 学术评价：亟待建立科学的评价体系 [J]. 中国经贸导刊，2009（18）：18-20.

[37] 徐国洪 . 农业技术经济学科具有旺盛的生命力 [J]. 农业技术经济，1993（6）：2.

[38] 薛涌 . "公共健康先生"不应被遗忘 [N]. 新闻晨报，2012 年 4 月 18 日

[39] 严秀 . 李光耀净言可师 [J]. 北京观察，2001（1）：40-42.

[40] 杨沛霆，徐纪敏 . 关于自然科学学科相关生长规律的探讨 [J]. 科学管理研究，1983（4）:69-74.

[41] 杨清香 . 试论内部控制概念框架的构建 [J]. 会计研究，2010（11）：29-32.

[42] 易红郡，缪学超 . 论杜威课程与教材观的逻辑起点 [J]. 贵州师范大学学报（社会科学版），2012（1）:120-125.

[43] 余柏椿 . 城市设计与修建性详细规划的探讨 [J]. 城市建筑，2007（2）：53-54.

[44] 詹先明 . "学术共同体"建设：学术规范、学术批评与学术创新 [J]. 江苏高教，2009（3）:13-16.

[45] 张文辉，张琳 . 现代性转向——西方现代城市规划思想转变的哲学背景 [J]. 城市规划，2008（2）:66-70.

[46] 张岩泉，张艳红 . 在探索中走向成熟——中国现当代文学学科研究方法论 [J]. 长治学

院学报，2010（1）:18-24.

[47] 赵平垣 . 关于建构设计批评学复杂性的文化思考 [J]. 艺术百家，2008（1）：6-9.

[48] 赵万民，赵民，毛其智等 . 关于"城乡规划学"作为一级学科建设的学术思考 [J]. 城市规划，2010（6）:46-53.

[49] 周建军 . 现代城市规划学的哲学思辨 [J]. 城市规划汇刊，1994（5）:39-42.

[50] 周永坤 . 追求理性的学术论辩 [J]. 法学，2007（10）：7-15.

[51] 中国社会科学院语言研究所词典编辑室编 . 现代汉语词典 [M]. 北京：人民出版社，2002（增补版）.

[52] 朱建平，范霄文，王桂花 . 中国统计学科问题研究（四）：从学科建设看统计学科的生命力 [J]. 山西统计，1999（2）：8.

[53] 祝敏青，林钰婷，建树富有生命力的新学科——郑颐寿与同仁的辞章学新学科建设 [J]. 阜阳师范学院学报（社会科学版），2011（5）:11-15.

[54] 朱中原 . 困境与抉择：关于当代艺术批评制度的批评与反思 [J]. 中央美术学院青年艺术批评奖获奖论文集 , 2009：122-133.

注释

① 引自：赵民、何志方在"着力构建'城乡规划学'学科体系——城乡规划一级学科建设学术研讨会"上的发言，城市规划，2011（6）.

② 引自：何志方在"着力构建'城乡规划学'学科体系——城乡规划一级学科建设学术研讨会"上的发言，城市规划，2011（6）.

③ 引自：石楠在"着力构建'城乡规划学'学科体系——城乡规划一级学科建设学术研讨会"上的发言，城市规划，2011（6）.

④ 这一判断是基于对相关数据库的检索结果。

⑤ 引自：袁奇峰在"着力构建'城乡规划学'学科体系——城乡规划一级学科建设学术研讨会"上的发言，城市规划，2011（6）.

⑥ 维罗妮卡·B·曼斯拉认为，学科互涉具有从两个或更多的学科中整合知识和思维模式的能力，从而形成认知性的发展。例如，解释现象、解决问题，创造成果或是提出新的问题，见: Veronica B. Mansilla. Assessing student work　disciplinary crossroads[J]. Journal of Educational Thought, 2005：16. 转引自欧阳忠明，2010。欧阳忠明认为，学科互涉其本质是整合。对现象的阐释、问题的解决、产品的创造和新问题的引入具有重要意义。学科互涉可以拓宽原有学科的知识领域，形成新的范式，并产生新兴学科和发展新型的学科理论框架。见：欧阳忠明，基于学科互涉视野下的人力资源开发学科，武汉理工大学学报（社会科学版），2010（5）.

⑦ 石楠指出："很多项目从技术角度来看都是可以做的，但从价值观和道德标准来讲却不能。这是规划有别于其他很多工科门类学科的地方，需要在学科建设和发展中给予足够的重视"。见：兰海笑. 关注规划，从学科建设开始——中国城市规划学会秘书长石楠谈城乡规划学升级，中国建设报 /2011–05–10，第 003 版.

⑧ 引自：翟国方在"着力构建'城乡规划学'学科体系——城乡规划一级学科建设学术研讨会"上的发言，城市规划，2011（6）.

⑨ 见: 苏牧. 荣誉（修订版），人民文学出版社，2007 年，第 570 页，转引自参考文献 [9]。

⑩ 见：Elias N. Introduction[A]. Elias N，Dunning. Quest for Excitement: Sport and Leisure in the Civilizing Process［C］.Oxford: Basil Blackwell，1986. 20. 转引自参考文献 [7]。

⑪ 规划没有内生性（endogenous）的理论（Sorensen，1982；Reade，1987），这决定了规划思想必须借助或引申其他学科领域的理论建造自己的理论架构，这在以往的规划思潮发展过程中是屡见不鲜的。见参考文献 [1]。但笔者认为，规划目前缺乏内生型理论不等于今后永远缺乏。

⑫ 见：Royal Town Planning Institute，1996：2，转引自参考文献 [1]。

⑬ 见："政府职能转变"应先"厘清政府职能"，2012–01–31，半月谈网，http://www.rmlt.com.cn/News/201201/201201310930508038.html

⑭ 见：http://phil.nankai.edu.cn/phil/lggl/index.htm。

⑮ 见：对比中国人与犹太人：为何中国难出科学成就，2010–06–26，http://news.ifeng.com/history/shixueyuan/detail_2010_06/26/1675416_0.shtml。

⑯ 见:《爱因斯坦文集》第 1 卷，p574。转引自：唐吉珂德，江湖夜雨遮酒痕: http://xys6.dxiong.com/xys/ebooks/others/science/dajia13/hanhan69.txt。

⑰ 见 : Kochen M. Toward a paradigm for information science: the influence of derek de solla price [J]. Journal of the American Society for Information Science, 2007, 35（3）：147–148，转引自: 陈文勇，邱石. 学科性质、学科体系抑或学科功能——理性审思情报学学科地位的独立原点 [J]. 情报理论与实践，2008（2）

⑱ 见：中国人思维的逻辑缺陷，http://big5.china.com.cn/gate/big5/blog.china.com.cn/maoyushi/art/7217895.html。

⑲ 见：李允光. 关于城市主题化建设理论的几个基本问题——兼与付宝华先生商榷，http://theory.nmgnews.com.cn/system/2010/07/15/010470750.shtml。

⑳ 见：欧阳君山. 保障房建设是市场不义之果，http://news.800j.com.cn/2012/zcf_0406/137928_all.html。

㉑ 见：付宝华. 城市规划设计缺少整体性、逻辑性，www.citysuc.com/wzny.asp?id=4133，2012–4–12。

㉒ 见：张小莉. 关于规划的思考，http://www.czghj.gov.cn/ghqn/ghqnqk/002010.htm。

㉓ 2010 年，耶鲁大学校长理查德·C·莱文的毕业典礼演讲强调了耶鲁对培养学生的批

判性思考能力、批判的洞察力，以及批判能力的重视，希望学生"运用这些批判的洞察力，去实现个人的抱负，但同时也要为公共生活作出贡献。"在莱文看来，这才是深深地植根于耶鲁的使命和传统中的东西，也正是耶鲁这所学校想传递给学生的东西。见：张生.耶鲁校长如何说毕业演讲辞.上海商报，2010-07-12。

㉔ 学术探讨的前提是思想自由和科研自由。对于后者，美国教授协会认为："科研自由是探索真理的基本前提。"对于前者，其表现之一为可以对学术成果进行批评和争论，如果无法批评、无法争论，以某种理论或学说作为"最终"、"最权威"的定见，那么学术的生命力也就没有了。见：John S. Brubacher & Willis Rudy.   Higher Education Transition[M].New York: Harper & Rowpublishers，1976:321—322. 转引自：刘志凤，我国研究型大学重点学科发展路径：由比较优势到竞争优势 [D]，中南大学，2009。

㉕ 按照科研惯例，科学家一旦完成了一项科学研究，就应该写成论文发表，接受同行的评议。同行可能会对成果提出批评，并试图重复研究；同行无法重复做出的研究结果是没有价值的。越是重大的成果，受到的关注、质疑和批评就会越多。与其他领域的批评和争论不同的是，科学的批评和争论往往能够通过进一步的研究获得解决，最终达成共识。见参考文献 [12]。在这整个过程中，学术批评起着关键的作用。

㉖ 在这方面，"天则"经济研究所学术讨论会的批评机制所具有的实效可作参考。"天则"是经济学家茅于轼等创建的民间学术机构。"天则"学术研讨会与我国目前通用的研讨会规则完全不同，其特点是在研讨中引入学术批评。采取的是国际上学术研讨会的通行办法：在研讨会上，先由报告完成人发言，接着由主评人进行评议，然后大会讨论，最后由报告人答辩。在研讨中有质疑和批评，有答辩和争鸣，参与者没有尊卑长幼之分，都以平等的学人身份进行认真切实的讨论。从管理学角度而言，"天则"的学术批评制度具有实效，构成了其学科组织的核心竞争力。见参考文献 [28]。

㉗ 指利用批评赚取经济利益。

㉘ 见: [荷] 伊芙琳・T・菲特丽丝:《法律论证原理——司法裁决之证立理论概览》，商务印书馆 2005 年版，转引自参考文献 [50]。

㉙ 见: Bishwapriya Sanyal 著，刘文生译，在对阻力的预期判断中进行规划，国外城市规划，2006（6）.

㉚ 盖洛普公司在创立之初是一家非营利性的研究机构，它完全独立于党派、政府和利益集团，其最初的动机是一种民主性的价值诉求，其宗旨和追求是："倾听美国人民的呼声"。盖洛普希望通过一个科学的方法测算民意，实践美国的民主，让来自老百姓的声音能够通过科学的方法表达出来。见参考文献 [47]。

（原文曾发表于《城市规划学刊》2012 年第 4 期，获"中国城市规划学会、金经昌城市规划教育基金会 2013 金经昌中国城市规划优秀论文奖三等奖"。）

孙施文：

同济大学建筑与城市规划学院教授、博士生导师。兼任上海同济城市规划设计研究院总规划师、空间规划研究院院长；中国城市规划学会常务理事，中国城市规划学会学术工作委员会主任委员；全国高等学校城乡规划学科专业指导委员会委员；全国城市规划师执业资格考试专家组成员。主要研究领域包括城市规划与设计、现代城市规划理论、城市规划实施等。出版《现代城市规划理论》《城市规划哲学》等专著，主编出版《中国城镇化三十年》《理性规划》等，在国内外学术期刊发表论文近百篇。

中国城乡规划学科发展的历史与展望 ❶

孙施文

1 学科与学科发展研究

学科和社会实践关系密切，但两者分属不同的范畴。就城乡规划 ① 而言，作为社会实践的城乡规划具有非常悠久的历史，应当起自于人类有意识建设和管理家园的初期。但作为学科，则是非常晚近的事，这一方面是由于"学科"的概念及由此带来的分科制源自于西方，是"西学东渐"而来的成果 [1]；另一方面，即使在西方，城乡规划学科也被公认为始自 1909 年，即英国利物浦大学设立城市规划专业和美国哈佛大学设立城市规划研究生培养大纲和规划教授职位之时 [2]。

依据学科史研究的历史分期准则，中国城乡规划学科的形成时间可以确定在 1950 年代中期，其标志性的事件主要有：经国家教育主管部门批准，"城市规划"专业于 1956 年正式开始招生，标志着大学城乡规划专业教育的确立；中国城市规划学会前身"中国建筑学会城乡规划学术委员会"于 1956 年成立，标志着中国城乡规划专业学术团体的形成；《城市规划学刊》的前身《城市建设资料汇编》于 1957 年创刊，这是中国最早的城乡规划专业学术期刊。

中国城乡规划学科的发展，按大的历史时期可以划分成这样几个阶段：一是现代学科形成前的阶段，主要指中国本土与城乡规划有关的文化和知识传统；二是学科形成的过程，即在"西学东渐"过程中，西方规划知识不断传入、

❶ 本文有关中国城乡规划学科发展历程的总结，基于对中国科学技术协会研究课题《中国城乡规划学科史》成果的提炼。本文作者为该课题的首席科学家。

重新组合及至中国规划学科形成的过程；三是在学科成立后的演进、发展过程，期间尽管有调整甚至再构，但知识体系仍具有非常明显的延续性。在这三个阶段中，由于知识结构和体系特征的不同，可以划分成多个时间段，这将在下文中结合内容予以阐述。

2 中国城乡规划学科发展的历程

2.1 中国古代城乡规划的知识传统

中国古代知识体系都是以"学在官府"、"学术专守"的方式建立的，而现代城乡规划所涉及的工作内容在古代则遍布于国家执行统治和管理职能的各个方面（部门）[3]，因此，与城乡规划有关的各类知识也散播在各个领域之中，并依此而被传承。如果对这些知识内容进行整理，大致可以包括这样四个方面：

一是以城乡居民点的规模分布、城市形制和城市内各类设施尤其是礼制建筑的布局关系为核心内容，以服务于社会秩序和有序运行为目的的"礼制"知识，主要依托于儒学而传承，并为各个朝代的律法所强化。

二是以城市（尤其都城）城址选择以及城市内部布局关系为主要内容，融合了自然地理、人文习俗、兵学、交通等要素并与道德论述和政府管理要求等内容相交融的堪舆或舆地学的知识。这类知识在儒家经学体系的道统之中延续，有大量的文献和著述传世，此外还有专门的阴阳学家、风水学家等通过师徒传授等方式相流传。

三是与城乡治理、人口分布等社会组织与统治方式相关的知识。先秦时期建立的邦国都鄙制和从人口（家庭）数量出发的社会管制网络②；秦始皇统一中国后施行郡县制而确立起来的自上而下设置行政建制，从一方行政统治中心的需要出发建城，以及从政府管理和城防制度需要出发组织城市内部各项设施。

四是有关城市营建和营城制度方面的知识，这在《周礼》等典籍中有详尽记载，并一直是后世城市营建的指针。对于士大夫与官僚决策者而言，他们对城市营建的知识更多基于"道"的通识（即所谓"六艺虽殊，其道则一，名专而内通"），因此典籍和纪述前朝事例的"类书"等是相关知识传统的重要途径。

对具体参与的营建者，除了都城和少数皇家工程由专门负责设计的打样机构外，绝大部分的建设都是由水木工匠依据官府和官员的统一安排组织、按照世代形成的固定法式估工建造，这些法式既有政府的规制，也有相当部分是依循着家族传承、师徒传承的方式传承下来的。

2.2 中国城乡规划学科的形成阶段

（1）西方规划知识的零星分散引入

西方现代城乡规划在 19 世纪末、20 世纪初开始传入中国。但很显然，由于这个时期西方现代城乡规划也还处于形成时期，因此，其传入的过程和方式与其他学科有着较大的差异。就整体而言，早期有关城乡规划相关联的知识是裹挟在其他相关学科中分散地传入进来的，其中最主要的两个途径：一是以道路工程、市政工程为主的土木工程类学科，因其内容的相关性而涉及到城乡规划的内容。在大学教育中，1910 年代末即已出现了名为"城市工程学"、"市政工程"等课程；一些工程学专家在土木工程类杂志（如《中国工程师学报》《道路月刊》等）上发表与城乡规划相关问题的文章。二是有关城市管理的讨论，这是因应地方自治运动的兴起，伴随着对城市公共管理的讨论引入了德、美、法、英等国有关城乡规划等知识和理论，这类知识主要通过社会类的刊物（如《科学》《进步》《东方杂志》等）的文章而得到传播，撰稿人多为政府官员或社会科学学者。

（2）规划知识向建筑学领域的初步整合

从 1920 年代中期开始，广州、武汉、南京、上海、天津等城市开始先后开始了城市政府主导的规划实务工作，其中以《首都计划》和《大上海计划》为代表。这一时期的城市规划，受德国城市拓展规划和美国城市美化运动的影响明显，国民政府后来颁布的《都市计划法》（1939）也是这时期规划实践的提炼。通过这些实务活动，"都市计划"的范畴和领域得到了界定，之前在各学科领域发展的城乡规划内容被统归到建筑学范畴中，并直接决定了学界和社会对城乡规划的理解。

"都市计划"类的课程也开始在建筑类专业教育中出现，如苏州工业专门学校（1924）、中央大学建筑工程系（1928）等。这些课程均以理论讲课为主，专门的规划设计类课程要迟至1937年才出现在天津工商学院建筑工程系的课表上。到抗战结束，城乡规划教育更为明显地脱离土木工程学而集聚到建筑学领域，不仅开设城乡规划课程的院校数量增加，而且教学内容也从理论教育为主发展为理论教育与设计教育并重。与此同时，一些建筑学院校中设置规划教授职位，在学生培养中出现了城乡规划专门化的培养方案，并出现以"都市计划"为论题的学位论文。

围绕着战争时期和战后建设，出现了相当数量从中国实际需要和具体问题出发开展的应用性研究，如卢毓骏于1939年出版的《防空城市计划与研究》，被迅速地运用到《都市营建计划纲要》等国家政策中；而成立于1941年的"国父实业计划研究会"（成员包括了梁思成、鲍鼎、赵祖康、朱皆平等），于1943–1945年间发布了《国父实业计划研究报告》和一系列专题报告，如"全国都市建设问题研究大纲""全国城市建设方案""国都问题研究之初步结论"等，则对战后城市建设政策和规划实务工作开展产生了重要影响。

（3）城乡规划专业的确立

1949年中华人民共和国成立后，伴随着苏联专家应邀前来帮助指导，尤其是伴随着苏联援助的工业项目建设的开展，城乡规划实务开展和相关制度建设快速发展。这时期的中国城乡规划，以苏联模式为基本参照，被认为是国民经济计划的延续，是实施国民经济计划的手段，即在计划、规划两分的状态下，城市规划被定位于"建设规划"的范畴，是对由计划确定的具体建设内容进行空间安排。

对于城乡规划的学科地位，梁思成1949年在《文汇报》撰文，介绍了其对清华大学营建学系教育建制的设想：应包括建筑学、市乡计划学、造园学、工业艺术学和建筑工程学五大专业方向。尽管这一设想并未直接付诸实施，但显见其已经注意到城乡规划作为独立专业领域的地位。1952年院校调整后，同济大学开始筹划在建筑系内设置城市规划专业，但由于苏联并无名为"城市规划"的专业，在当时形势下只能选择最为接近的"城市建设与经营"作为专业名称，并经国家教育部批准自1952年起开始正式招生，直至1956年国家教育部才将该专业更名为"城市规划"列入招生目录。但在专业名称更改前后,其培养科目并未有大的改变,课程设置也未有调整,前后都包括了城市规划原理、城市规划设计、城市建设史、建筑学基础、建筑工程、绿地布置、城市道路、城市给排水等。从这些课程设置以及举办机构来看,"城市规划"专业仍然是以建筑学、市政工程等为核心的,具有较强的设计和工程学科导向。此后不久,重庆建工学院等院校逐步开设城市规划专业,另有一些院校在建筑学专业设立城市规划专门化方向[4]。

2.3 中国城乡规划学科的知识体系演进

（1）规划学科领域的扩展

在城市规划专业确立后,在同一框架体系下经历了几个阶段的扩展:

首先是在 1950 年代的后期,以批判"形式主义"的苏联规划模式为先导开始强调功能布局,以人民公社规划而探究将发展计划和空间规划相结合并且融为一体的规划方式,这部分知识内容与 1949 年前传播进来的西方现代规划思想有关,而且对改革开放后的城市规划有重大影响。

其次是 1970 年代中期,以南京大学、中山大学等地理学类院系参与城市规划专业教育,由此将原先分离在两个学科领域的生产力布局、区域规划与城市规划结合在一起,从而充实了城市规划学科领域。到"文革"结束后的第一批大学招生时,已有 4 所大学开办经济地理方向的城市规划专业。而更为重要的是,两个学科方向的教育内容也同时得到充实完善,工科院校的城市规划专业教育增设了"区域规划""城市工业布局""城市对外交通"等核心课程,地理院校的城市规划教育中增加了建筑学、工程学的内容。

改革开放后,规划学科也进入到广泛而快速的领域扩展时期。一是随着各类城市编制和修订城市规划工作开展,西方现代城市规划的内容和工作方法及其知识基础被逐步运用到实务工作中,相应的规划研究逐渐开展,其中现代建筑运动主导下的新城建设规划是最为重要的载体。二是由不同学科领域发起的有关城市问题和城市发展的讨论,形成了多学科共同研究的局面,各相关学科的内容和成果大量引入规划学科领域,并直接运用到对城市问题解决和城市发展规划的对策和过程中。这些讨论中影响最大的当属由中国自然辩证法研究会发起的全国城市发展战略思想学术讨论会（1982年），其覆盖的学科领域最为广泛，社会影响力也最大，其倡议建立的中国城市科学研究会（正式成立于1984年）至今仍是城市研究的重要学术团体。三是在国际交流中关注西方规划学科的发展，从而将实务工作开展和相关学科介入所带来的领域性扩展进行了整合，并以此来改造我国规划学科体系的架构。其中以时任香港大学教授郭彦弘和美国波士顿大学教授华昌宜的讲座以及据此整理发表的文章影响最大，而由中山大学地理系与香港大学城市研究及城市规划中心联合举办城市规划教育研讨会（1983年），则以另一种方式推动了这样一个过程。在1980年代中期，各规划院校在教学过程中开设了有关城市经济学、城市社会学、城市地理学、城市生态学等方面的课程，这些知识内容逐步成为城乡规划学科知识体系的重要组成部分。

（2）规划学科领域和知识结构的重构

与国家经济体制改革相适应，城乡规划学科在前期不断引入国外和相关学科知识、充实完善规划知识体系的基础上，开始进入整合式的整体改造阶段，这一改造的核心在于从原先的计划经济体制下建立起来的城乡规划体系向市场经济体制下的转型，并在改革开放初期大量学科知识引入的基础上实现由建设规划向发展规划的转型。就学科发展而言，这种重构的形成主要体现在这样几个方面：

一是新规划类型的创设和规划体系的再构。中国城市规划体系中的控制性详细规划和城镇体系规划，是在学习、借鉴西方经验的基础上，为适应市场经济体制运行和行政放权后的地区间协调发展管制的需要，而由中国规划界创制形成的。相对而言，控制性详细规划更多是在实务工作过程逐渐形成的，但在形成过程中所引发的一系列学术讨论，如有关城市规划在市场经济中的作用、城市规划体系、城市规划法规与管理、开发控制手段以及由此推动与土地经济学、城市设计、规划方法论、计算机等新技术运用等的关系，在控规形成和学科发展方面起到了相辅相成的作用。而城镇体系规划则是起始于学术探讨，将西方地理学实证研究的内容转化为指导城市和区域未来发展的规划类型，由认识世界的工具转变为对改造世界行动的指导，并将城市化、城市经济、城市职能、城市人口发展、城市规模、城镇空间关系以及区域基础设施工程等综合为一体，经济学、地理学、社会学、行政管理学和城乡规划学等多学科相互交汇融合。

二是在规划领域不断拓展的同时，新知识内容不断引入，促进学科知识结构的不断调整。无论在已经相对成熟的实务工作及其研究方面，如总体规划、居住区规划、分区规划、历史文化名城保护等，还是在相对新兴的研究和工作方面，如各种类型的开发区规划以及生态城市、旧城更新、中心商务区发展研究等，结合新的社会经济发展条件和体制转型，在市场与规划、发展与保护、社会需求和规划方式、规划手段和制度架构等之间寻找融合和拓展，融会贯通各类相关知识，进而对规划的核心内容、工作方式等进行不断调整和完善。在此过程中，社会学、经济学、心理学、行为学、系统工程、行政管理学、房地产开发等相关知识在城乡规划研究和实务工作中广泛运用，并成为规划应对的重要组成内容和方法手段，从而实现了从学科知识的引入到实务运用的整合。与此同时，到 1990 年代末，城市规划专业核心课程大都已有新版统编教材出版，从而确立了城乡规划学科在市场经济体制下的基本知识结构。

三是学科建制初步完善。从 1980 年代中期开始，城市规划教育管理制度建设在不断开展中。城市规划作为建筑学的二级学科，在 1989 年成立的高等学校建筑学学科专业指导委员会下设专业指导小组，并参加了 1990 年成立的全国高等学校建筑学专业教育评估委员会组织的专业评估。随着城乡规划学科的发展需要，1997 年和 1998 年，全国高等学校城市规划专业教育评估委员会和全国高等学校城市规划学科专业指导委员会相继成立，独立的学科教育管理制度确立。专业指导委员会和评估委员会所确立的专业设置基本条件、教育方案和核心课程目录等，对全国城市规划院校的学科建设和发展起到了规范的作用。从 1990 年代中期开始，中国城市规划师职业制度的建设所确立的执业资格考试科目及其内容，尤其是《城市规划管理与法规》和《城市规划实务》等科目内容，对此后的专业教育产生了重要影响[5]。

（3）规划学科体系的提升与成熟

2001 年，以"21 世纪的城市规划：机遇与挑战"为主题的首届世界规划院校大会在同济大学召开。这次会议由北美、欧洲、亚洲和大洋洲四个地区性的规划院校联合会共同发起举办，6大洲60多个国家近千人参加了此次会议。本次会议加强了世界城市规划教育跨地区间的交流，并为推进交流而成立了全球规划教育联合会网络组织。此次会议在中国召开，标志着中国城市规划学科发展所取得的成绩得到了世界性的认同，同时也是中国城市规划学科与国际城市规划学科的一次重要对接。这次会议对中国城市规划学科的发展还发挥了两方面的作用，一是国际学科研究热点也逐渐成为中国城市规划研究的重点，为中国规划学科研究融入国际学科发展搭建了重要平台；二是国内的学者和院校积极加入和参加这些联合会的组织和会议，使中国话题、中国经验以及中国的研究成果更多地出现在世界舞台之上。

　　学术研究的广度和深度得到拓展，这不仅体现在一些学术议题的发展中，而且也显现在主要的学科领域的发展中。就整体而言，这些学术领域的发展大致经历了这样三个阶段，第一阶段以引进其他学科概念理论或其他国家经验为主，强调在中国运用或探究的重要性和迫切性；第二阶段以多学科在各自学科背景下的理论性探讨和单方面目标下的策略性研究为主；第三阶段出现多学科交叉的、在地化或问题导向的综合性研究，并形成复合的外部影响，对各相关学科、政府政策的发展发挥作用，有些对国际学界和其他国家的实践产生影响。这其中最具典型意义的是当今国际研究热点——中国城镇化研究和中国向世界输出规划经验最多的历史文化名城保护规划等的发展演变。吴良镛先生从"建筑必须走向科学，要面向中国和世界"的命题出发，于1987年提出"广义建筑学"，希望将建筑与社会研究结合起来，并更好地实践专业科学化。之后，进一步拓展理论思考和学术研究，希望能够建立和发展以环境和人的生产与生活活动为基点，研究从建筑到城镇的人工与自然环境的"保护与发展"的学科，由此，于1993年提出"人居环境科学"的概念，并于2001年出版《人居环境科学导论》，提出以建筑、园林、城市规划为核心学科，把人类聚居作为一个整体，从社会、经济、工程技术等多个方面，较为全面、系统、综合地加以研究，集中体现整体、统筹的思想。吴先生在此思想下开展了大量的科学研究和实践工作，将古今中外的学术经验结合了起来，获得了大量理论和实践成果，在国内外获得广泛赞誉，并由此获得 2011 年度国家最高科学技术奖。

中国城市规划学科经过几十年的建设培育，工程技术、社会科学研究和公共政策有机相融，已经形成了相对独立的理论和方法体系，专业知识结构日趋完整，国务院学位委员会和国家教育部于 2011 年公布的新版《学位授予和人才培养学科目录》中，将城乡规划学列为一级学科，与建筑学、土木工程等平行列于工学门类下。这也标志着城乡规划学科的发展进入到一个新的阶段 [6]。此后，高等学校城乡规划学科专业指导委员会编定了《高等学校城乡规划本科指导性专业规范》（2013），明确提出，城乡规划是以可持续发展思想为理念，以城乡社会、经济、环境的和谐发展为目标，以城乡物质空间为核心，以城乡土地使用为对象，通过城乡规划的编制、公共政策的制定和建设实施的管理，实现城乡发展的空间资源合理配置和动态引导控制的多学科复合型专业。根据国务院学位委员会审定的学科方案，城乡规划学下设六个二级学科，分别是：城乡与区域规划理论和方法，城乡规划与设计，城乡规划技术科学，社区与住房规划，城乡历史遗产保护规划和城乡规划管理。

3 中国城乡规划学科发展的特征

城乡规划学科在过去的一百多年时间中，从无到有，逐步发展，在 1950 年代中期形成独立的专业领域。经过六十年的发展，学科的知识结构和知识体系、相应的学科建制逐步完善，形成了独具特色的中国城乡规划学科体系。回顾这六十多年的学科发展历程，大致可以看到以下特征：

3.1　中国城乡规划学科的形成和发展，与城乡规划作为实务工作开展的社会实践及其需要密切相关，在相当程度上是由实务工作所推动的。而作为实务工作的城乡规划的开展，是国家社会经济体制和管理制度的重要组成部分，因此在城乡规划学科的发展历程中，存在着非常明显的制度羁束，整体制度框架对城乡规划学科领域及其知识结构的演进具有较强的外部规定性。

3.2　规划学科的知识内容及其基础的发展，呈现出从工程技术到与社会活动和制度建设相结合，知识体系愈加综合，并有不断强化社会科学内涵的趋势。

这个过程有国际城乡规划学科发展推动的作用，但中国城乡规划学界结合社会实践的需要、追求知识领域完整性的意识在其中发挥了主导性的作用。

3.3　中国城乡规划学科体系的建立与完善，基本上以引进国外城乡规划知识内容及其结构为基础，并且具有不断学习、持续引入的长久性机制。就城乡规划的整体而言，中国城乡规划能够从西方各国的规划体系和学科体系中吸取其最为精华的部分为我所用，并且能够较快地将其先进的知识内容、实践成果和经验融入进现有的知识体系之中，从而形成最为包容、相对较为庞大而复杂的架构。

3.4　中国城乡规划学科及其知识体系的发展演变，经历了从简单到复杂、从单一到复合的历程，在最近一段时期已经出现内部分化和重新集结的趋向。这既是规划学科涉及领域和知识内容不断扩张、知识体系寻求逻辑内洽的结果，同时也是城乡规划学科从专业到二级学科再到一级学科发展的内在特性所决定的，知识领域的进一步区分以及内部结构的再组织并在此基础上的再完善将成为当今乃至今后一段时期学科发展的关键 [7]。

3.5　中国城乡规划学科发展具有鲜明的实用性导向，自身的学理基础及研究较为薄弱。中国城乡规划学科的专业知识及其基础，主要源自西方，有相当部分是借助于其他相关学科作为桥梁，因此强调从国外、其他学科学习和引入，这与中国城乡规划学科相对后发有关，同时也与中国传统文化和知识演进传统的影响有关。近年来，中国城乡规划领域内的研究性内容有较大的增长和发展，但就整体而言，学科研究与应用研究、基础研究与对策研究、在研究内容上城市研究与规划研究不分的现象仍较明显，由此对推动学科领域研究深化以及城乡规划知识增长的作用不足。

3.6　中国城乡规划学科经过 60 年尤其是改革开放后 30 多年的发展，已经形成了相对比较明确的学科领域，整合了相当庞大的知识内容，建立了初步的知识体系，但很显然，由于这些知识源自不同国家和学科，社会背景和概念基础、知识语境存在较大的差异，在中国城乡规划学科尚缺少广泛而深入的学理研究的状况下，所形成的知识体系和结构中的各类知识融贯性较弱，拼贴特征明显，这直接影响了中国城乡规划学科体系的进一步发展。

4 中国城乡规划学科发展的未来努力方向

中国城乡规划学科经过 60 年的发展，已经形成了基本的知识体系框架和学科建制，并且在中国城镇化快速发展和国家社会经济建设中发挥了重要作用，在国际学术界也具有了一定的影响力。从前面的分析和其他的研究中，我们也可以看到，在中国的城乡规划学科发展中还存在着许多问题，需要进行调整和完善，但这不应该是重新开始建构，而是在现有的基础上进行改进，是优化既有的基础，这也是研究中国城乡规划学科发展历史的意义所在。就此而论，中国城乡规划学科的发展尤其需要关注这样一些问题：

4.1 城乡规划是一门应用性学科，这是规划学科的基本属性，因此，围绕着规划领域的核心问题组合各类知识用于实践，是规划学科的核心工作内容，所有的规划研究都应为此服务。从另一个角度讲，城乡规划过程中涉及的相关知识领域非常广泛，比如社会学、经济学、法学、公共管理学等等，但这些知识内容的运用通常都不是这些学科领域内容的整体运用，而是针对具体的规划内容和要求，分散的、点滴的具体运用。比如城市中的任何一块用地，其使用涉及到基本功能，不同的功能类型要求有不同的建筑物和市政设施，同时也涉及到该用地的工程技术、经济、法律等等方面的属性，也会涉及到在城市中以及与周边地区的关系，涉及到该类使用在城市中的数量及其空间关系，涉及到该土地使用与周边在卫生、安全、社会组织、景观、场所等方面的相互关系。而在规划中还会涉及对该地址历史、发展以及城市在社会、经济、生态环境等方面需要，会涉及到城市发展目标、规划组织安排的价值取向、法规与政策以及规划组织方法和手段、涉及到规划过程的组织方式等，同样在规划中还需要考虑规划实施组织与管理的方式与可能等等。在这其中，每一个环节都会运用到各类相关学科的知识。而这些相关学科中的知识绝大部分源自于对过去和现在的研究，因此，作为一门运用性的学科，城乡规划学科研究的关键点在于针对具体的研究问题，将源自各类学科的理论化的知识进行转化可运用的知识，并且经过全面整合、融贯而去解决具体的问题，这也就是 John Friedmann（1987）所说的"从知识到行动"的含义所在 [8]。

4.2   知识生产是学科发展的关键，但正如前面所说，城乡规划中运用的知识大量源自于社会学、经济学等相关学科，尽管这些知识同样可以促进规划学科的发展，但终究是其他学科的知识，而对于城乡规划学科而言，既要把这些知识转化为本学科的知识，以运用为方向的创造性转化本身以及在此基础上的对各类知识的整合就是对这些知识的再扩展，这是规划学科知识生产的一个方面。而更为重要的是规划学科自身的知识生产，这主要集中在规划原理、制度建设、空间效应等方面，以及针对规划问题解决的过程之中。由此而论，城市研究确实重要，但规划研究则是城乡规划学科发展的关键。

4.3   在学术研究中，应当首先明辨中国问题的构成及其真实含义，甚至对中国话语也进行认真清理，这是所有研究必须首先进行的工作。由于中国的许多学科知识源自于西方，因此相应的问题意识、学术基础甚至基本概念绝大部分都来自西方的学术体系，而它们在中国语境和中国文化中却有可能蕴含着不同的意义。比如在城乡规划领域，两个最为基本的概念就存在着这样的问题。一个是"城市"，在中国的语境中，"城市"与"市"有着不同的内涵，尽管它们经常被混用，但一个是指城市的特质，一个是指行政建制。即使同样是"市"的建制，也与西方的概念差距甚大[9]。另一个是"城市规划"或"城乡规划"，在概念的含义、领域范畴以及在社会建制中的地位和作用等诸多方面，西方各国以及中国和西方国家之间，也都存在着不同。因此，当我们在使用这些概念时，我们是否在说着同一件事？语言学上或许是，但其本质则南辕北辙了。所以，学术研究应当首先明晰所运用的概念，重视概念背后的中西方社会文化语境的差异，才能真正揭示由这些概念所组合而成的知识内容，从而达到知识生产的目的。

4.4   世界各国对城乡规划的概念理解不同，再加上历史文化、社会制度等等方面的影响，各国的城乡规划体制不同，学科体系也存在差异，任何的借鉴和学习都应当进行转换与整合。发展规划、建设规划、开发控制等内容，是各国城乡规划历时或同时所包含的，但在各个国家制度框架下其实质性的含义是完全不同的。比如，英国的发展规划体系，是以基于未来预测的政策性导向为主体，法定规划在开发控制（规划许可）中只是作出决定的依据之一。因此，相对于法定规划内容，规划许可有较大的自由裁量权，而对自由裁量权运用的管控则由其他行政管理程序进行。在美国，尽管没有国家统一的规划体系，但在绝大部分城市中则采用发展规划与开发控制并列的体制，即政府事务和公共建设受发展规划约束，私人土地开发则由区划法规控制，这是两个完全不同的体系、遵循不同的逻辑。因此，在美国的规划院校中主要讨论发展规划，而大量有关开发管制、土地使用控制及其技术的研究则主要在法学专业中出现。正是由于这样的差异存在，我们必须紧紧围绕规划的核心工作整合各相关领域的知识内容，发展出适应于中国规划体系的知识体系框架，促进中国规划学科的进一步发展[10]。

4.5　强化城乡规划实施评价的研究，这是有关规划内容、方法、研究、实施、制度等所涉及的知识内容发展的重要途径。中国城乡规划发展经过几十年的发展，积累了大量的实践性经验，过去我们更注重推想、预测性的研究，缺少回溯性的研究，对取得的经验教训也乏有深入探究，而这些恰恰是知识积累的关键。所有的知识进步，都是在发现既有知识的不足和不充分的基础上发展起来的。规划实施评价，不仅在于了解或知道规划实施得怎样，更重要的在于为什么有的能实施、有的不能实施，实施后有的被很好地使用、有的却被弃置或改动，产生这种种结果的原因是什么，是什么样的因素和力量在其中起作用。这其中所提炼出来的结果，无论是技术方法、规划内容方面的，还是组织实施、制度等方面的，都可以为未来的规划制定、规划实施以及各类制度设计提供基础，是规划知识生产的重要通途。因此，城市规划实施评价不仅仅是实务工作的重要组成部分，同样也是学术研究和学科发展的重要基础。

4.6　加强规划学科知识和成果输出，是中国城乡规划学科提升和发展的基础工作。过去几十年中国城乡规划学科发展，基本上是建立在向其他国家、其他学科学习，并不断引入其成果和知识的基础上的。尽管中国的城乡发展和建设都受到城乡规划的规约，但城乡规划的知识内容和话语并不为相关学科接纳和运用，规划的话题和产生的结果也未被深入研究。近年来，中国城镇化发展所取得的成就为国际社会所关注，中国也开始进入到城市社会，许多国家以及各相关学科也开始更多地关注中国城乡规划领域，但规划学科的输出仍然有限。

而对于中国城乡规划学科而言，只有通过国际和学科间的输出，才能检验已经取得的成果，融贯规划知识的各个方面，并且在不同体制和学科领域的碰撞中推动和深化规划知识生产[11]。当然，正如前面已经提到的，由于各国体制不同、各学科有自身的学理基础与知识传统，因此，从传播的基本要求出发，在城乡规划学科知识的生产中，在明晰概念的基础上，遵守普遍的学理逻辑和学术规范当为基本条件。

参考文献

[1] 左玉河 . 从四部之学到七科之学——学术分科与近代中国知识系统之创建，上海：上海书店出版社 . 2004.

[2] E. RELPH, 1987, The Modern Urban Landscape, Croom Helm

[3] 孙施文 .《周礼》中的中国古代城市规划制度 [J]. 城市规划，2012，8.

[4] 赵万民 . 城乡规划学科的建设与发展过程 [J]. 西部人居环境学刊，2013，2.

[5] 罗震东，何鹤鸣，张京祥 . 改革开放以来中国城乡规划学科知识的演进 [J]. 城市规划学刊，2015，5.

[6] 赵万民，赵民，毛其智 . 关于"城乡规划学"作为一级学科建设的学术思考 [J]. 城市规划，2010，6.

[7] 石楠等 . 着力构建"城乡规划学"学科体系——城乡规划以及学科建设学术研讨会发言摘登 [J]. 城市规划，2011，6.

[8] John Friedmann, 1987, Planning in the Public Domain: From Knowledge to Action, Princeton University Press

[9] 周一星 . 城市研究的第一科学问题是基本概念的正确性 [J]. 城市规划学刊，2006，1.

[10] 罗震东 . 科学转型视角下的中国城乡规划学科建设元思考 [J]. 城市规划学刊，2012，2.

[11] 托尼·比彻和保罗·特罗勒尔，学术部落及其领地：知识探索与学科文化 [M]. 北京：北京大学出版社，2008.

注释

① "城乡规划"作为学科和社会实践的名称，在历史进程中有不同的表达，如"城市规划"、"都市计划"、"都市规划"、"都市计画"、"市镇设计"或"市乡计划"等，但其基本内涵都是对应于英文的"urban planning"和"city planning"发展而来。这种现象在西方语言中也同样存在，除了以上两词外，"town planning"、"town and country planning"、"urban and regional planning"、"urban and rural planning"等也常被不同国家和学科在不同时期所选用。

② 如《尚书大传》记载的："古之处师，八家而为邻，三邻而为朋，三朋而为里，五里而为邑，十邑而为都，十都而为师，州有十师焉。"《周礼·地官》所记载的："九夫为井，四井为邑，四邑为丘，四丘为甸，四甸为县，四县为都……"等。

（原文曾发表于《城市规划》2016 年第 12 期）

侯 丽：

同济大学建筑与城市规划学院城市规划系副教授、博导。在同济大学接受城市规划专业本科及硕士教育，1997年留校任教。2004年初赴美留学，先后获哈佛大学设计研究生院设计学硕士及博士学位，2010年回到同济继续执教。2012年至2013年在上海市虹口区发改委挂职副主任；2014年9月到2015年6月在哈佛燕京学社作为高级研究学者访问一年。近期研究兴趣集中在规划历史与理论领域，包括中美规划教育比较、苏联模式影响下的中国城市规划体系建构、包豪斯学派与现代主义运动在中国、中国城乡规划学科史等。讲授课程有城市经济学（本科）、近现代中国城市规划发展史（研究生）、城市设计等。

中国城市规划专业教育的回溯与思考 ①

侯 丽 赵 民 ❶

1 前言

　　现代城市规划自诞生以来对世界城市的发展和城市化进程产生着持续而重要的影响，当代中国的城市规划不能说是一个个案，但可以说是个特例。它对于中国城市发展的影响，对城乡人居环境的塑造、日常生活的干预是全方位的。规划教育是这一行业的培育者，与学科的发展相辅相成。站在新世纪的起点上，回溯我国规划教育事业的发展历程，总结历史经验和展望未来，显然是很有意义的。在理解过去的基础上实现自我创新、自我完善是本研究最终的目标，是一个学科走向成熟、独立的必要前提。

　　欧美城市规划教育诞生于工业革命时期，与社会改良运动及学科发展同步，体现了社会和知识阶层对当时暴露出来的种种城市问题的反思和对理想城市的追求。中国的城市规划教育发展则具有较为浓厚的自上而下的特征，受到国家意识形态变迁和政策调控的直接影响，在外来的规划学科引入与国内实践土壤的撞击和磨合中成长，在批判和改良中调整进步。近代中国，现代城市规划被学者和政府作为推进国家现代化发展的"科学技术"手段而引入，先于学科在本土的自我孕育；在启动国家工业化和现代化进程的计划经济时期，城市规划作为"国民经济计划的延续和具体化"，规划教育的提供受国家建设计划约束及指导，曾经的苏联模式对于规划教学计划和内容的影响是全方位的，但不

---

❶ 赵　民（1952-），男，同济大学建筑与城市规划学院教授、博士生导师。

乏自我调整和反思；进入社会主义市场经济阶段，规划教育日趋多元，与实践紧密结合仍然是中国规划教育最重要的特征之一。当然，我国城市规划教育的诞生既有国家需求的推动，也来自于大学和学者的主动，来自对规划学科发展前景的积极预期。

如果从1952年全国性高校院系调整时同济大学创办城市规划专业算起，新中国的城市规划教育刚好走过第一个甲子；如果进一步追溯中国的土木及建筑院校开设城市规划的相关讲座课程，这一历程几近百年。中国规划教育经历数十年风风雨雨，其发展历程是一条"未经规划"的坎坷路途，呈现出明显的阶段性特征，与学科发展、国家命运息息相关。本文在自然科学基金课题"新中国城市规划史"教育专题研究基础上，试图尽可能客观地勾勒出一个中国规划教育发展历程的轮廓，给出一个较为全面和综合的描述，从而为进一步的研究提供基础。

总体而言，新中国的城市规划专业教育经历了6个重要的发展阶段：

首先是1952年之前的孕育阶段，在土木类院校和建筑类院校中，个别高校开设以讲座为主的现代城市规划课程，或是在高年级设置专门化教育方向，有了城市规划教育的系统设想；

第二个阶段是1952年至1960年代中期，通过全国高等院校院系调整，在国家大规模建设的人才需求背景下，城市规划专业创办，城市规划教育开始独立存在于建筑或建筑工程类院校，规划设计课成为专业的核心课程；

第三个阶段是1960年代末至1970年代中期，由于国民经济困难以及意识形态因素，规划专业逐步停止招生，教师队伍被解散或下放，城市规划高等教育进入"冬眠"期；

第四个阶段是1970年代中期至1980年代的缓慢复苏期，老的规划院校逐步恢复招生，规划院校数量和学生规模缓慢扩大，教学基本延续"文革"前的体系内容，但开始逐步充实和改革；

第五个阶段是1990年代，伴随着经济体制转型和快速城镇化发展，城市规划教育向社会人文学科和国际规划学界汲取养分，与规划行业发展相互推动。这一时期，设立规划专业的院校数量稳步上升，师资更新换代，规划教育体系全面革新，呈现出新一代学科教育特征；

　　第六个阶段是进入 21 世纪，在国家引导和市场驱动下，院校规划专业的数量和办学规模呈现出爆炸式增长，年均新办规划院校数量达两位数，研究生教育快速扩展。年毕业学生由不足千人到接近万人，中国高等城市规划教育的师生规模已经超越世界上任何一个国家（图 1）。

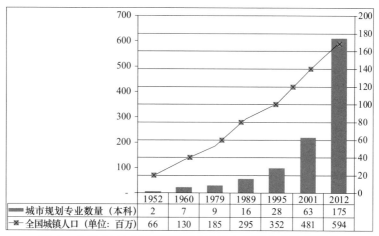

	1952	1960	1979	1989	1995	2001	2012
城市规划专业数量（本科）	2	7	9	16	28	63	175
全国城镇人口（单位：百万）	66	130	185	295	352	481	594

图 1　1952-2012 年全国工科院校城市规划专业数量增长

注：全国规划院校的数据不包含港澳和台湾地区。其中：（1）1952-1989 年数据根据各规划院校提交的本科教育自评报告和校史介绍的创办时间整理，包含了建筑学下的规划专门化和地理学科下的规划专业；（2）1995 年数据根据赵民、钟声当年的问卷调查结果得出；（3）2001 和 2012 数据由教育部教育管理信息中心提供，仅包含在教育部登记在册的工科门类的"城市规划专业"数量，不包含理科院校数据。

2　中国城市规划教育的萌芽（1952 年之前）

　　中国的现代城市规划教育始于 20 世纪初叶。世界上第一个市政设计（civic design）专业在 1909 年出现于英国利物浦大学。在美国，1913 年伊利诺大学香槟分校（UIUC）率先设立了市政设计方向。1923 年，哈佛大学在景观建筑学院下创办了美国第一个城市规划硕士专业（MLACP），随后麻省理工学院（1935）、康奈尔大学（1935）和哥伦比亚大学（1937）也相继开设了规划专业研究生学位教育。至 1955 年，美国共有 16 所大学提供规划专业研究生教育，另有 22 所提供本科教育的规划院校。这些院校的规划教育大多缘于建筑学或是景观（园艺）设计，具有很强的物质空间设计背景，对规划师的培养以研究生为主[1]。

　　中国的城市规划教育起源于土木工程和建筑学院校，其教学内容和师资与上述欧美院校有着直接或间接的联系，同时也有来自日本和欧洲大陆的影响。在激烈的东西方冲突之下，（西方的）科学技术被视为促进国家现代化的重要工具，自 1920 年代起，城市规划类课程，当时大多以"都市计画（划）"或"市政设计""城市计划"的形式，作为向西方学习的一个重要的"科学技术"被逐步引入到土木工程和建筑学科的教学中，也逐步成为当时新设立的南京、上海、广州等市政府的重要政务内容 ②。囿于战乱频繁、资金匮乏，加上学科发展本身的稚嫩，城市规划在各地仅是零星的、实验性行为。1940 年代南京国民政府公布系列相关法规 ③，对战后重建的憧憬进一步推动了城市规划思想的传播 [2]，"都市计划"逐步成为土木和建筑类高校的常设课程，屈指可数的一些拥有欧美规划专业教育背景的专家学者往往既是教授，又积极参与地方都市计划实践，成为中国规划教育与实践紧密结合的先行者。

土木工程（civil engineering）是中国大学教育中最早设立的学科之一 ④。在近代中国从事城市规划的专业技术人才，多毕业于土木工程院校 ⑤。中国土木工程高等院校的设立最早可以追溯至 1896 年——由北洋铁路总局创办的山海关铁路官学堂 ⑥。当时路矿学院的课程表与西方同类院校基本一致，至 1921 年与其他院校合并成立交通大学土木科后，教材则直接采用康奈尔大学的书目。根据 1907 年的《山海关内外路矿学堂章程》和 1910 年《唐山路矿学堂设学总纲》，当时的"路"（铁路工程）科在高年级即讲授"建筑之经营布置""建筑工程""道路工程"等课目。1925 年改为唐山交大后，在土木工程科下设"市政工程门"，在此方向下开设如城市卫生工程、给水工程，以及市政工程计划等课程。根据 1930 年《交通大学唐山土木工程学院专章》，"都市计划""都市行政及公共事业"第一次被正式列入课程计划。从英国伦敦大学学院（UCL）市政卫生系留学归国的朱泰信 ⑦ 是有记载负责教授该类课程的教师之一 [3]。1932 年，唐山交大土木学院申请增设建筑科未准，改在土木工程科下增设建筑工程门，从 1932 学年度起供四年级学生选修，也设有相关都市计划课程。上海交通大学在 1921 年土木科被调整至唐山后经多次努力，1928 年恢复土木科，1929 年扩充为土木工程学院时亦设有市政组方向，同样开设有都市计划课程 [4]。

同济工学堂土木科（1914 年创办）是另一所较早设立土木工程类高等教育

的院校。根据同济校史记载，1922 年同济收归国有、土木科改为五年制后，建筑学和"城市工程学"⑧成为三年级至五年级的必修课，其中城市的计划和管理是城市工程学的重要教学内容之一，同济土木科早期毕业生、水利大师郑肇经就曾应商务印书馆邀于 1934 年出版"工学小丛书"《城市计划学》⑨。1942年起，"都市设计"（包括授课和练习）被列入土木系学生第三学年必修课，"都市计划"（授课）为高年级选修课。这些课程最初由德裔教授上课。博士毕业于德国达姆斯塔特工业大学的金经昌于 1947 年起成为授课人。1950 年起，同济土木系在四年级设立市政工程方向，与其他大学的市政组不同，该培养计划中加入了美术、建筑设计和市镇计划的教学内容⑩。这批市政组学生在接受一年的专门化训练后毕业，可以说这是同济建立城市规划专业之前的实验班 [5-6]。

　　建筑学科方面，1924 年起，苏州工业专门学校建筑科创办人柳士英为建筑科学生开设了"都市计画"课程，是中国的现代建筑教育中首次正式设立该类课程。柳士英 1914 至 1920 年留学日本东京高等工业学校建筑学专业时，该校并未开设类似课程，但其建筑系系主任滋贺重列毕业于 UIUC⑪；另一位主要教员前田松韵⑫是日本 1912 至 1926 年间大正时期城市规划的先驱。这两人的教学思想对柳士英的影响很深，由此推测这对于柳归国后在苏州工专开设该课程有一定的关系。苏州工专建筑科后期被并入南京的第四中山大学建筑系，再后来改名中央大学建筑系，虽然师资队伍有所变化，但"都市计画"课程被继续，据回忆授课教师为鲍鼎⑬[7-8]。1942 年圣约翰大学（上海）成立建筑工程系，当年来自德骚包豪斯的理查德·鲍立克（Richard Paulick）博士被聘为市镇规划教授（professor of town planning）⑭，负责教授规划原理和高年级规划设计课，陈占祥自利物浦大学学成归国后也曾在此短期参与教学 [9]。1946 年清华大学成立建筑系，其创办人梁思成拟在"营建学系"下设立"市乡计划学"专业，然而该计划未能付诸实施⑮。1950 年清华建筑工程学系设立过市镇教研组，并开设了专门的城市规划概论课程。清华和圣约翰大学的教授都同时在战后的都市计划委员会任职，学生设计、实习内容与战后重建的各地都市计划有着直接联系。

　　大体而言，萌芽时期的中国城市规划教育以讲座课程为主，几所土木或建筑院校在高年级有选择以都市计划或城市设计题目作为毕业设计内容。师资来自于

英、美、日、德等国早期即设立城市规划或相关专业的几所重要种子院校的外籍
或留学归国人士；授课多直接采用外文教材，尤其是第二次世界大战前大多数院
校直接以外语授课。从 1920 年代以来出版的有关城市规划书目来看，内容涉及
市政工程和管理、田园城市、区划理论，柯布西耶的明日城市、欧洲的带状城市
等，可谓及时引进和介绍了当时西方城市规划学科发展的最新理论动态[7]146～148。
那个时期中国本土的城市规划实践不但稀少，而且处于实验性阶段，无论是理论
还是方法都属舶来品，规划教育的萌芽和实验与之相同步（图 2）。

图 2　中国规划教育四位重要的先驱（从左至右：柳士英、朱泰信、金经昌、梁思成）
资料来源：金经昌来自本人自摄像，其他均来自百度百科。

3 中国城市规划教育的起步和断裂（1952 年 -20 世纪 60 年代）

1950 年代是新中国国家建设的开端，国家"一五"计划的全面启动亟须规划和建设方面的专门人才。1952 年，中国的高校教育资源按照苏联模式全面整合。在这股全国高等教育资源重组的浪潮中，各地相继成立了整合建筑与土木专业的建筑工程类院校，对应由同年新成立的建筑工程部和高等教育部共同管理。同济大学集中了华东地区土木和建筑类的高校师资和生源，独立的城市规划专业教育——作为建筑与土木两个学科之间交叉的新兴学科——因此而诞生。1952 年同济大学率先在建筑系下开设了"建筑学"和"都市计划与经营"两个专业，当年开始招生和教学。为了回避"都市计划"带有"旧社会"阴影的指责，后来依照苏联专科院校的专业目录改名为"城市建设与经营"（简称"城建"专业）[⑯]。清华大学（1953 年）和天津大学（1955 年）随后也借院校整合之际在建筑系高年级设立了城市规划专门化方向。

从 1954 年教育部批复的《同济大学城市建设与经营专业教学大纲（四年制）》看，该专业的教学计划在遵从苏联同专业教学内容的基础上，增强了建筑设计和"城市计划"方面的培养，包括造园。专业课程包括建筑学、城市计划与设备、建筑结构与城市工程建筑物、城市力源供应四大板块；设计课程除了工程设计内容，如道路设计、城市运输设计、城市用地准备工程设计、给水排水计算绘图、公用设备设计等，还引入了建筑设计、工人住宅区设计、城市设计，此外增加了前期的美术和色彩训练等。同济第一批城建专业学生于 1955 年毕业，成为了"一五"时期以后规划建设行业中的骨干力量[⑰]。之后由于苏联市政专家的加入，城建专业一度独立设置为城建系，与同济建筑系、建筑工程系几度分合。

1955 年在国家对全盘照搬苏联模式开始进行反思之际，同济申报在建筑学下设"城市规划"专业得到教育部批复，1956 年正式以"城市规划"专业目录和新的教学大纲进行招生。城市规划专业对原城建专业的教学大纲进行了全面调整，基本奠定了今日规划专业教育的雏形：工程类课目大幅度减少，新设了规划初步和详细规划、总体规划等规划设计课程；增加了美术、建筑学的课程时数；将原学苏联的施工实习改为城市现状调查和规划实践；此外还开设了"城市建设经济"课程⑱。

随着国家"一五"计划的顺利实施，大规模的工厂和城市建设带来了对于城市规划人才需求的激增。尤其是 1957 年以后，"大跃进"使得全国各地的城市规划与建设进入了白热化阶段，3 年间全国市镇总人口增加 5000 多万人。许多城市为适应工业发展的需要，开展了"快速规划"和"快速建设"，对于城市规划专业人才的需求显得格外迫切。与 1950 年代初期相比，这一时期规划专业师生的实践机会较多。由于充分接触到了实际建设和规划需求，后期的总结和反思也就有了更好的基础。

"大跃进"期间，在建工部的大力督办下，哈尔滨工业大学⑲（1958 年）、华南工学院（1958 年）、南京工学院⑳（1958 年）的建筑系在高年级阶段设立城市规划专门化方向；另外两所建工学院，重庆建筑工程学院㉑和济南城建工程学校㉒，在 1959 年新增了城市规划专业。同一时期，武汉（测绘）和西安（建工）等地的规划专业也在筹备之中，后随着形势的变化而取消。

至 1950 年代末，全国 3 所高校独立设置了城市规划专业，5 所院校在建筑学内设置了规划专门化，均是整合建筑学和土木工程学科发展而来。1950 年代的规划专业教育没有统一的教材，教学内容多为教师在原有专业知识积累的基础上结合苏联经验而自编讲义；引入了大量向苏联学习的适用于计划经济国家的城市规划理论和方法，如对于人口规模的测算（工人带眷系数），技术经济指标尤其是人均居住面积、公共建筑配套千人指标、生产生活用地比例关系等规划定额指标的核定等。当时翻译的苏联规划专业教材，如《城市规划》《公共卫生学》《城市规划工程经济基础》《城市规划定额指标》等，成为了 1950 年代后期教学的重要依据。第一代规划教育工作者较多是第二次世界大战前在西方受教育的留学生，还有一些是早期几届自我培养的毕业生。至 1950 年代中后期，一些接受过苏联专家援华培训和被选送至苏联、东欧等国留学的人才加入了规划教师队伍。苏联经验嫁接于西方理论，在现实的中国土壤中得以应用。

1959 年国庆 10 周年过后，中央书记处提出整顿全国教学秩序，要求各校编写教材，全国高校着手本土教材的编写，以油印或内部出版方式发行。1960
年，时任国务院副总理李富春宣布"三年不搞城市规划"之后，特别要求建工
部总结经验，编写一部适合中国国情的城市规划原理教材。建工部组织清华、
同济、南京工学院、重建工四校共同编写，国家计委城市设计院（今中规院）
参与审查修订，于1961年由中国建筑工业出版社作为内部使用教材出版。这是
新中国高校正式出版的第一本全国性规划教材。全书共21章，包括总论、城
市总体规划、城市详细规划设计及农村人民公社规划等4大部分。教材的编写
正值"三年困难时期"，对全面学习苏联经验进行了反思；总结社会主义国家和
新中国建国10年的城市建设经验和教训，试图提出体现中国特色的规划理论。
这是一部"从无到有"的专业教材，凝聚了那个时代规划教育的"努力和智
慧"[10]，也带着浓烈的时代烙印，例如强调对城市人口的控制、专设农村人民
公社规划篇等。该教材名为《城乡规划》，体现了当时对城乡结合、工农结合的
意识形态倾向，尽管与当前的"城乡规划"面临不同的历史背景，但可谓不谋
而合。

　　中国的城市规划专业教育在"三年困难时期"艰苦延续，重建工和山建工
1962年起规划专业停办，只有同济的规划专业还在坚持招生。在中央和各地规
划工作暂停的大背景下，规划毕业生们缺少对口的专业工作机会，屈指可数的
一些重点建设厂区和矿区，如大庆油田、攀枝花、西昌等三线城市成为了规划
师们的主要去向。"文革"爆发前夕的"设计革命"和后来的"五七指示"一步
一步地影响着规划教学的正常开展。城市规划在"脱离无产阶级、脱离群众、脱
离实际"的批评压力下，实施教学改革，教师被下放至五七干校劳动，学生下
乡劳动"自教自学"[11]。1969年在中央战备疏散的指示下，同济大学最后一批
规划专业学生匆匆毕业，自此规划专业教育与全国高等教育一样全面进入了停
顿状态。

　　1950年代的规划教育奠定了新中国规划教育的基本框架，屈指可数的高
校规划专业为国家和地方及时输送了城市规划专业人才，为战乱后百废待兴的
城市建设、为国家"一五"计划的顺利实施作出了重要贡献；期间的毕业生成
为了这一时期乃至"文革"后期规划工作复苏的核心力量。可以说，这一时期

的规划教育是在边教边学、边学边教的过程中前行，理论和实践都处于探索时期；从全盘照搬苏联模式，到逐步反思、总结、修正，是一个充满激情、也充满曲折的起步阶段。

4   中国城市规划教育的复苏和缓慢发展（20世纪70年代-20世纪80年代）

1970年代初，鉴于城市规划的专业技术人才极度匮乏，规划教育的恢复和发展被提上议事日程。1971年底，国家建委召开城市建设座谈会，提出加强城市规划工作；1973年9月，国家建委在合肥召开城市规划座谈会，这对全国城市规划工作的恢复是一次有力的推动。

在这一宏观背景下，规划和地理院校以开办干部进修班、招收工农兵学员为契机，逐步恢复了专业教学，如1973年同济大学城市规划专业开始招收两年制的工农兵学员，开设城市规划干部进修班，城市规划教研室教师逐步回到教学岗位；1975年南京大学地理系经济地理专业先后举办了两期为期1年，以总体规划为主题的干部培训班。

1977年恢复高考推动城市规划高等教育向正规化发展，大多数原设有城市规划专业的院校逐步恢复招收本科生。南京大学地理系以经济地理专业加括号"城市与区域规划方向"名义招收本科生。1979年武汉建筑材料工业学院在建筑工程系下设城市规划专业[23]。此后设立城市规划本科专业的还有安徽建筑工业学院（1983年）、苏州城建环保学院（1985年）、武汉测绘科技大学（1986年）、西安冶金建筑学院（1986年）等。

在国家大政方针的推动下，理科院校逐步进入规划人才的培养体系。与南京大学相似，北京大学、中山大学、杭州大学等的地理学科自1970年代起先后举办过城市规划培训班，1989年北京大学和杭州大学以经济地理专业（城市与区域规划方向）招收本科生。至1980年代末，全国至少有13所建筑工程类高校和3所地理类高校提供城市规划专业教育，工科和理科形成大致4：1的培养比例。自此地理院校逐步成为中国城市规划专业人才培养的重要力量。

中国城市规划教育在所谓"城市规划的第二个春天"里的发展与城镇

化速度相比略嫌缓慢，全国规划专业人才极度匮乏的状况尚未完全缓解。这时期新增规划专业由直辖市、特大城市扩展到一些省会城市和大城市，如武汉、合肥、杭州、苏州等，地理分布更为均衡。第二代规划专业教师队伍多是第一代师资的延续，或者是经历第一代本土规划专业培养的学生进入了教师队伍。

恢复期规划本科教育由"文革"前的五年制改为四年制，教学内容和计划基本延续了创办时期的格局，仍然有着强烈的计划经济下强调规划是国民经济计划的继续和以物质空间资源分配为主的特征。随着闭关的国门逐步打开，与国际社会的交流从 1950 年代与苏联和民主德国、波兰等社会主义国家交流为主，转为更多地接触香港、台湾地区以及日本、美国和欧洲的规划教育机构和人士，尤其是一些接受过西方教育的华裔规划学者，如哥伦比亚大学毕业的华昌宜（台大）、夏威夷大学的郭彦宏等，介绍了世界规划学科发展近况，有力推动了中国规划教育的发展。1983 年中山大学地理系与香港大学城市研究与城市规划中心联合举办国际"城市规划教育研讨会"，吸引了清华、同济、南大、武汉城建、华南工学院等院校的学者参加，提出城市规划应当动员更多的学科投身城市科学研究和人才培养，在建筑、工程、土木、经济地理之外进一步融合社会人文科学和自然科学，"软科学和硬科学"结合起来，开展城市经济学、城市社会学研究，可以说代表着当时学界希望规划走向多元化发展和与世界重新接轨的热望[12]。

1981 年由中国建筑工业出版社正式出版的"高等学校试用教材"《城市规划原理》在 1961 年版《城乡规划》教材的基础上补充和更新了中外规划理论和实践的新发展，由同济大学、重建工和武汉建工三校编写，清华主审。1981 年版的试用教材淡化了政治色彩，更强调规划的技术特性，从"城乡规划"回归"城市规划"，并增加了"城市规划的实施"一章。1980 年代还陆续出版了其他专业教材，如《城市建设史》《区域规划》《城市道路交通》《园林绿化》等系列教材，也有在多元化呼声下编写的如《城市社会心理学》[13]。至此中国规划专业教育逐步形成了相对成熟的体系和架构。

5 中国城市规划教育的改革与转型（20 世纪 90 年代）

1990 年代初期，由于国际国内政治经济局势的影响，中国沿海开放城市经济增长速度放缓，城镇化发展出现了一个短暂的低潮期。与此同时，国家在"九五"时期大幅度提升了对教育的投资，以"211 工程"为代表的一系列教育体制改革举措推动了全国高等教育的新一轮蓬勃发展，规划专业院校数量出现了较为快速的增长，由 1989 年的 16 所增加到 2000 年近 60 所，每年毕业本科生接近千人，研究生上百人。除了建工类和地理类院校，中国规划教育中增加了林学（如北京林业大学、南京林业大学）、农学（如新疆农业大学）等类院校。

伴随着规模扩大，中国规划教育在这一时期与国际规划教育界的交流日益丰富，第三代海外留学归国人员加入了教师队伍，与世界各国规划院校逐步建立起长期而广泛的合作交流关系，教学内容更多地融入了世界规划学科的最新发展。在世纪之交（2001 年）集合了北美、欧洲、亚洲、大洋洲洲际规划院校联盟的首届世界规划院校大会（WPSC）在同济大学的成功举办是中国规划教育的国际交流迈上新台阶的一个标志性事件。

这一时期的规划专业教学，越来越向多元化和综合型发展，很多学校增加了社会经济和公共政策的相关教学内容。从同济大学 1990 年代的教学大纲可以看出，数学、画法几何、测量等基础课程的学时有所降低，原有的工程类、建筑学教学缩减，增加了城市社会学、经济学、生态、城建史与历史保护类课程，添加了多形式的社会实习；规划专业课程从最初普遍的从三年级开始到向低年级渗透，低年级的公共基础课更为宽泛和多元。另一方面，伴随着计算机技术的发展，计算机辅助设计等新技术新方法被广泛引入，包括在 1980 年代末开始兴起的以"系统工程学"（定量研究方法和数理模型应用等）引导学生运用计算机进行城市研究和分析。计算机技术的引入和普及，逐步改变了 1990 年代以来的设计课教学形态，计算机绘图取代手绘成为设计作业的主导表达方式，设计思考和表现形式与之前相比都有了很大的变化；逐步兴起的互联网给规划师生提供了更为充分的信息交流和获取渠道。随着规划编制体系的丰富，控制性详细规划设计、城市设计等成为了高年级设计课的重要内容，但是整体设计课的比重由于理论课的增加而有所下降，其学分占总学分的比例从 1/4 降低至 1/6（图 3）。

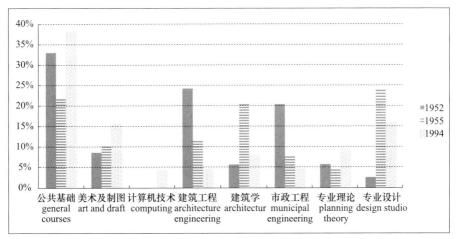

图 3　同济大学城市规划专业 1952-1994 年教学课目学分比重变化
资料来源：笔者根据历史档案整理。

1998 年，建设部受教育部委托成立全国高等学校城市规划专业指导委员会和全国高等学校城市规划学科专业教育评估委员会，对规划办学提供指导和评价。借鉴国际经验，规划专业院校的评估制度拟与注册规划师执业制度形成一定的衔接关系。

由于规划（本科）学生需要学习的课目越来越多，加上专业评估的导向作用，很多师资力量雄厚的规划院校将城市规划本科教育由 4 年延长至 5 年。为了满足学科评估的要求，缩短毕业生报考注册规划师年限，扩大就业范围，有的理科院校，如南京大学，将城市规划专业由理学转向工学，教学计划按照评估要求进行了大的调整。至 2000 年，在土木类院校中，大约 1/3 的院校改为五年制，2/3 仍为四年制。

6 中国规划教育的快速扩张期（2000 年以来）

伴随着我国城镇化进程的不断加快和深入，城市规划行业在进入新世纪后获得了前所未有的大发展。亚洲金融风暴之后中国加入 WTO，外资大规模进入中国市场，中国经济转向更加全球化的外向型发展阶段，沿海大中城市的发展取代小城镇成为城镇化进程的主导力量。曾经"离土不离乡"的工业化模式转化为大规模由乡村向城市的持续移民。大中城市的社会经济结构转型、用地扩张、大型居住区建设、多种交通方式的发展等，无不有赖于更多、更高层次的城市规划人才。城市规划作为一项重要的政府职能其地位不断上升，由新中国成立初仅重点城市被要求制定城市规划到全国各个城市、县乃至乡镇都被要求编制规划及各级政府都设立了相应的规划管理部门。规划设计单位由国家统一设立转向百花齐放，越来越多的私营和跨国企业进入这一领域，加上城市建设主体的多元化发展，规划师的就业方式日趋多元，业务范围不断扩大。今天，城市规划专业的毕业生不仅仅就职于规划管理部门或者规划设计院，而且也进入了政府的土地部门、住房管理部门、发改委等相关职能部门，也有越来越多的毕业生进入房地产开发公司、非政府组织就业。城市规划收费日益市场化，规划师的收入相应升高。所有这些都使得规划师成为一个具有吸引力的职业，城市规划专业成了全国性的热门专业，高校录取分数线逐年攀升，吸引了众多有才华、有抱负的学子。

自 2000 年以来，全国每年新增规划专业院校数达两位数，在教育部备案设本科城市规划专业的工科院校数量从 2001 年的 63 所猛增至 2012 年的 175 所；年毕业本科生数量从 1000 多人增加到 5000 多人，在校生数量超过 3 万人。城市规划专业研究生教育的发展相对平稳，授予硕士学位院校数从 2001 年的 18 所增加到 2010 年的 50 所，博士点从 5 个增加到 8 个，年毕业研究生数量从百余人增加到近 800 人。另一个现象是专科设"城镇规划"专业的院校数量自 2007 年以后逐渐减少，由 2007 年的 88 所减少至 2010 年的 54 所，大多是由专科升级为本科。

经过 30 多年的长足发展，地理院校已经占据了规划师人才培养的半壁江山。根据 2012 年高考招生目录，以"资源环境与城乡规划管理"专业目录招生的理科院校达 166 所，与工科院校的数量（175 所）可以说不相上下。在工科院校中，综合性大学成为提供规划教育的主体，纯建筑和工程类院校退缩到

10% 不到 [24]，林学和农学类、师范类这两大类院校分别占到总数的近 10%，另外还有如中国人民大学城市规划与管理系这样来自管理学和中国城市规划设计研究院这类来自实践单位的研究生培养机构。

规划专业办学受到更为强烈的地方和市场驱动。在 2010 年 221 所工科门类规划院校中（包括本科和研究生），教育部直属的院校仅占 16%，近 50% 是省、自治区和直辖市所属的高校。民办高校进入城市规划专业教育是 2000 年以来的另一新气象，这其中包括如西交利物浦这样的国际联合办学机构，目前民办规划院校数量已达 33 所，占到总量的 15%。作为高等教育改革的一部分，国务院学位办于 2011 年发文设立了城市规划硕士专业学位，以有别于传统的学术性研究生培养，更为强调职业培养特征 [25]。

2000 年以来的快速发展中，全国高等学校城市规划专业指导委员会在指导规划教育发展上发挥了越来越重要的作用，其年度规划院校大会，包括设计和社会调研作业评优成为规划院校交流的重要平台，专指委还推荐出版了诸如"十一五"、"十二五"规划专业教材等系列出版物。与此同时，各校也纷纷编纂和出版了多样化的教学用书和理论专著。规划专业相关的书籍和学术杂志前所未有的丰富。

从学生人数比例上看，目前全国城市规划专业学生仍以本科生为主，其占在校生比例近年呈逐年上升趋势，2010 年占到在校生总数的 74%，大专生则占在校生总数的 16%，硕士和博士研究生占 10%。当年毕业学生中本科、硕士和博士比例与在校学生大致相同，本科生所占比例略有缩小，这与近 10 年规划教育的扩张主要集中在本科教育阶段有关。

在进入 21 世纪的 10 年内，教育部登录在案的工科城市规划专业毕业的本科生和研究生已经累计近 6 万人。假设这些毕业生全部从事规划行业，并根据 2001 年我国规划行业从业人员已有 5 万人计算 [14]，仅从工科院校毕业生补充专业队伍而言，目前全国规划行业具有专业学历的从业人员已经超过 11 万人；也就是说，平均每 1.2 万中国人中有一个规划师，已经非常接近美国平均一个职业规划师服务 8000 人的水平 [26]，这还不包括地理院校毕业的规划学生和相关专业的从业人员（图 4、图 5）。

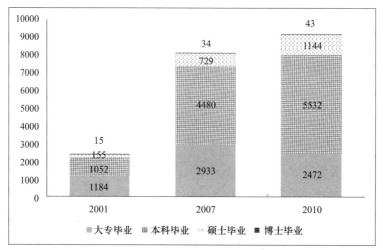

图4   2001-2010年全国在教育部备案的规划院校毕业学生数量

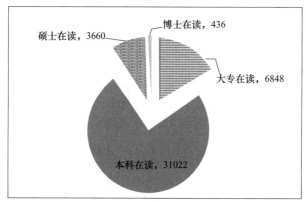

图5   2010年在教育部备案的工科规划院校在校学生数量及比例

7 若干思考

近代中国城市规划专业教育萌生于土木工程与建筑学,经学科整合后与建筑学更为紧密地结合在一起,其工程技术与美学并重的特征在其后数十年的发展历程中得到了延续,并逐步融入了地理学、社会学和管理学等相关学科内容。规划教育的发展历程其本身就是一个值得探究的过程,城市规划学科与国家社会经济发展的紧密关系又使得这段往事成为共和国历史的一个重要缩影。与国家现代化、工业化与城市化进程相比较,规划学科发展在不同时期存在着适度超前抑或滞后的情形，爆发式增长和危机的来临与宏观国民经济发展周期相辅相成。进入 21 世纪，城镇化进一步成为中国实现持续快速发展的重要动力和挑战，在城市规划行业的"黄金时期"回顾历史，提出几点思考与大家商榷。

7.1 中国规划教育具有与行业实践密切相结合的传统

中国规划教育最大的特点，是其从诞生之初就与行业实践紧密结合。首先是教师队伍个体多在实践领域颇有建树，甚至在政府和设计部门任职，如最初梁思成在北京首都规划委员会、鲍立克和金经昌在大上海都市计划委员会任职等。这一现象贯穿每个阶段，今天全国优秀的规划设计作品仍不乏出自高校教师之手；规划教师也是行业标准、规范制定的积极参与者。其次，多层次、长时间的社会实践是规划教学的重要组成部分，规划设计课程长期坚持"真题真做"，真实的基地、真实的甲方，教学相长，学生在本科学习阶段掌握了基本的专业技能，毕业后能够迅速进入专业领域工作。

与其他基础学科、包括很多应用型学科不同，除了教育部之外，城市规划专业教育长期以来一直存在连续的、稳定的上级主管部门，名称有所更替，但职能十分清晰、连贯，即曾经的建筑工程部，后来的国家城建总局和今日的住建部。这一点赋予了规划教育发展自上而下的强烈特征，规划学生毕业后有着较为稳定的就业保障；城市规划行业"内部人"之间有着紧密的联系，而早期规划教育集中于几家重点院校则进一步增强了"规划圈"的凝聚力和同质性。

所有这些因素都使得中国的规划教育一直以来带有与医生、律师等职业不相上下的强烈的职业教育色彩，密切关注国家建设需求、规划编制要求和行政管理体制改革，教育内容有明确的针对性。欧美的规划师教育也被视为"职业学位"（professional degree）的一种，但在课程设置和技能训练上远远不如中国规划教育职业特征强烈，其学术与实践的脱离十分明显。

另一方面，这种强烈的职业驱动和行业的紧密性也存在着诸多弊端，高度的专业化也就意味着就业道路的单一和狭隘，体系相对固化和保守，相关学科发展对行业影响力有限，大多学校职业化有余而研究不足。

7.2 规划教育呈现累积、多元发展的态势

随着规划行业的发展，对规划师的专业技能要求日益提高，知识不断扩展。规划专业的学生既要有相当的物质空间设计和表达能力、基本的市政工程规划技能，也要具备一定的社会经济调查和分析研究能力、行政管理和综合协调能力等。总而言之，对规划师的培养目标是使他们具备关于城市的社会、经济、政治、生态和地理空间的复合知识，并且训练他们分析和规划（设计）城市的能力，培养一种"文艺复兴"人（Renaissance Man），即趋于"全知全能型"的人才。

伴随学科的发展，规划教育的培养内容越来越多、越来越庞杂，学生对一些课程的学习不得不蜻蜓点水或者是囫囵吞枣，4至5年的本科教育很难完成预定的培养目标；另一方面，规划行业发展近些年来已经发生了结构性的变化，规划专业学生从业形式和内容多元化，面对丰富的需求规划院校不可能再实施针对性的知识和技能训练。

面对多元化的需求和发展，中国规划教育应当说还没有做好及时的应对。我们的规划教育起源于土木工程和建筑学，具有较强的工程技术和物质空间设计特征。如上所述，尽管这些年来其教育依托的学科平台日趋多元，工科规划院校已经低于半数，地理类、师范类、林学以及管理类院校逐步占据了重要份额。但是仍值得忧虑的是，除地理类外，其他学科的教学特色还有待凸显，相关学科知识进入规划专业教学还有待融合。从历史的发展趋势看，在中国特色的规划教育管理体制之下，各校规划教育内容过于趋同、单一，今天规划院校教育的多元化发展可以说更弱于过去。相对于多元的就业环境和多变的城乡社会，规划教育体系培养的人才类型过于单一和同质。在规划教育已然达到一定规模的时期，迫切需要各个院校的教育目标和计划适度分化和专门化，在全局形成更为多元、差异化的教育体系，力求体现不同学科背景的培养特色。

7.3 从重点教育走向普及教育的趋势与挑战

从建国初期至1990年代初，设置规划专业的高等院校以重点院校为主，其

师资力量相对雄厚，发展缓慢，培养的毕业生基本处于"供不应求"的状况，远远不能满足社会的用人需求，尤其是内陆地区的中小城市更是难觅人才。近10年来规划院校数量的快速增长正是在这一"供不应求"的状况下发生的。由于近10年毕业生数量年增长率均在20%以上，2010年毕业本科生数量达到了6000多人，研究生毕业数量接近千人，应当说一定程度上已经缓解了规划行业发展的人才短缺状况。

值得注意的是，由于近10年来规划院校扩展过快，许多新成立的规划专业在师资、课程设置、教材和设施等方面缺乏必要的条件，即使近10年内毕业的全部博士生（300人左右）全部从事教学也不可能满足新增的100多所规划院校的师资需求。此外，由于历史原因，我国的规划教育长期以来存在着"近亲繁殖"的现象，加上超常扩张，很多规划院校存在着教学模式僵化、照本宣科的现象，无关专业教师被迫踏上专业教学岗位。教育质量的缺陷会直接影响到现实城市规划行业的发展，现在充斥于规划行业的种种八股式的行话和套路，如谈规划结构动辄"一心两翼三轴四片"、城市发展方向必谈"东南西北中"等，无不反映了规划师在专业能力上的软肋。

因为中国规划教育发展这种前慢后快的阶段性特征，中国的规划教育体系形成了底端肥大的扁平金字塔结构，在金字塔顶端的老牌精英规划院校与底部大批新办专业在办学经验、资源、水平等方面存在着较大差距。提供博士、硕士和本科学位的规划工科院校比例大致是1：6：20，也就是说全国城市规划专业工科院校不到1/3有城市规划与设计硕士授予资格，仅5%培养规划专业博士。这10余年内新增的100多所规划本科院校大多是新办专业或由专科升级为本科，2012年仅有30所规划院校的本科课程和12所院校的硕士课程通过了专业评估，比例不足总数的10%。超过半数以上学校专业开办不足10年，1/4的本科院校当年尚未向社会输送其第一批毕业生。规划教育院校的这种扁平金字塔结构同样反映于各规划设计院所等用人单位，其人员年龄结构普遍年青，存在严重的中高端人才断层现象，大量新进青年规划师在教育不足以及缺乏足够的从业经验前提下匆匆走上重要的工作岗位，这一点在中国规划对城乡环境的影响前所未有的强大的情况下更加令人忧虑。

7.4 规划教育必须适应经济和社会的转型

今日规划行业和规划教育的繁荣是几代人努力的结果，与改革开放以来，尤其是 1990 年代的一系列体系改革、规划学科建设、规划教育转型息息相关。以 50% 城镇化率为标志，2011 年中国已进入了城镇社会，这被认为是经济社会和城镇发展的重要拐点。中国核心的城市规划范式，时至今日，仍然建立在政府为主体的、大规模新城开发的假设前提下，公共权力过于强大，公私边界含混不清，技术精英治国特征明显。面对走向成熟的城镇空间、崛起的市民社会、日益脆弱的生态环境，城市规划亟须进行新一轮的范型调整。而规划教育应当是为这种调整所作的理论和职业准备的一个重要组成部分。经历了爆炸式增长的中国规划教育，需要有自觉的及时沉淀、反思，进而谋求新一轮的转型发展。

可以说，城市规划教育的质量决定了未来城市规划行业的发展。中国的城市规划专业教育，任重而道远。

（本文的写作感谢邹德慈院士和课题组成员的指导建议，特别感谢董鉴泓、陶松龄、汤道烈、崔功豪诸位先生接受访谈；感谢来自兄弟院校同行们的帮助，特别是毕凌岚、王世福、罗震东的热情支持。研究生徐素、陈龙协助进行了数据收集和整理。）

参考文献

[1]侯丽.美国规划教育发展历程回顾及对中国规划教育的反思[J].城市规划学刊，2012（6）.

[2]练育强.城市·规划·法制：以近代上海为个案的研究[M].北京：法律出版社，2011.

[3]李百浩，郭明.朱皆平与中国近代首次区域规划实践[J].城市规划学刊，2010（3）.

[4]柴锡贤.规划"三如"[J].城市规划学刊，2013（4）.

[5]同济大学土木工程学院建筑工程系简志编写组.同济大学土木工程学院建筑工程系简志（1914–2006）[M].上海：同济大学出版社，2007.

[6]董鉴泓.城规专业四十五年的足迹[M].董鉴泓.同济生活六十年.上海：同济大学出版社，2007.

[7]徐苏斌.近代中国建筑学的诞生[M].天津：天津大学出版社，2010.

[8]钱峰，伍江.中国现代建筑教育史（1920–1980）[M].上海：同济大学出版社，2008.

[9]罗小未，李德华.原圣约翰大学的建筑工程系1942–1952[J].时代建筑，2004（6）.

[10]吴良镛.关于城市规划教学及教材编写的点滴体会：谭纵波《城市规划》代序[J].城市规划，2006，30（7）.

[11]马武定.忆同济学习生活往事[J].城市规划学刊，2012（5）.

[12]许学强.动员更多的学科投入城市研究、培养城市规划人才[J].国外城市规划，1984（2）.

[13]黄承元，周振明.城市社会心理学[M].上海：同济大学出版社，1988.

[14]吴志强，于泓.城市规划学科的发展方向[J].城市规划学刊，2005（6）.

[15]赵民，钟声.中国城市规划教育现状与发展[J].城市规划汇刊，1995（5）.

[16]赵民，林华.我国城市规划教育的发展及其制度化环境建设[J].城市规划汇刊，2001（6）.

[17]各规划院校向全国城市规划专业评估委员会提交的《自评报告》及附件[Z].

[18]同济大学、南京大学、西南交通大学等各校相关档案资料[Z].

注释

①国家自然科学基金课题"新中国城市规划发展史（1949–2009）"（50978236）和"中国当代城市规划体系与思想的形成研究——以苏联专家和"一五"时期为切入点"（51108324）。

②可见诸1929年编制的《首都计划》《大上海规划》，1932年编制的《广州城市设计概要草案》等文件。

③1939年，南京国民政府公布《都市计划法》，这是中国历史上第一部具有现代意义的

关于城市规划的国家法律，旨在为战后重建做准备。第二次世界大战结束后的 1946 年，正式颁布《都市计划委员会组织通则》，要求各市组织成立都市计划委员会，制定各地城市规划。重庆、上海、南京、青岛、北平先后宣告设立都市计划委员会。内政部营建司后又陆续颁布了《城镇营建规则须知》《收复区域城镇营建规则》等相关法则，逐步建立了城市规划的一系列法规体系。

④ 土木工程中的英文词 civil 是与另一大工科门类即军事工程相对应，直译为民用工程，其教育体系中一直包含民用建筑设计和市政工程内容，可以说是城市规划和建筑教育的重要源头。实际上早期在英文语境中土木工程师（civil engineer）和建筑师（architect）是能够互换的，如建筑大师贝聿铭就毕业于圣约翰大学土木工程专业。

⑤ 如 1927–1937 年任上海工务局局长、1946–1948 年任南京特别市市长的沈怡是第一届同济土木毕业生；曾先后任国民政府上海特别市工务局局长、上海市规划建筑管理局局长和上海市副市长的赵祖康，主持大武汉区域规划的朱皆平毕业于交通大学唐山工学院等。

⑥ 英文名 Imperial Chinese Railway College，直译为中华帝国铁路学院。山海关铁路官学堂后来几易其名，包括唐山路矿学院、唐山工学院、唐山交大等，是今天西南交通大学的前身。

⑦ 英文名 Peacecall T.S. Chu，后名朱皆平。

⑧ 原文从德文翻译而来，推测可能就是"市政工程"（municipal engineering）另一种译法而已。

⑨ 郑肇经 1921 年毕业于同济土木科，与沈怡是同窗好友。郑 1921 年去德国萨克森（Sachsen）工业大学留学，专业是水利工程与市政工程，1924 年毕业，被称为"中国水利学之父"。

⑩ 其中由金经昌教授都市计划、城市道路、给水排水、污水处理，冯纪忠教授建筑设计、建筑构造、建筑艺术和建筑史、素描课程。

⑪ 如前所述，UIUC 是美国最早开设城市设计课程的大学。

⑫ 前田松韵 1905 年曾任职大连军政署技师，1909–1911 年留学英国，是第一个访问田园新城莱奇沃斯（Letchworth）的日本人。

⑬ 鲍鼎也是 UIUC 的毕业生。

⑭ 鲍立克生于德国，社会民主党人。他在 1923 年先后在德累斯顿工程高等学院（Dresden Technical University）和柏林工大（the Technical University in Berlin-Charlottenburg）学习建筑学，也是包豪斯德骚时期的注册学生和参与建设者。1925 年起，他开始为格罗比乌斯工作。1935 年鲍立克来到中国避难。鲍立克也是上海都市计划委员会设计组的核心人员。鲍立克在城市规划课程上及时将欧洲工业革命以来的城市发展变化介绍给大家。"二战"结束后的 1946 年，他申请加入了美国规划官员协会（American Society of Planning Officials），即今日美国规划协会的前身。圣约翰大学建筑工程系师生

1952 年并入同济大学建筑系。

⑮ 梁思成向教育部申报成立体现中国传统与现代相结合的"营建学系"。从 1949 年 7 月《文汇报》刊载的《清华大学营建学系学制及学程计划草案》可以看出梁思成最初构想的营建学系包括建筑学、市乡计划学、造园学、工业艺术学和建筑工程学五大专业方向，可惜之后并未按此计划实现。

⑯ 苏联那个时期的大学并没有设立独立的城市规划专业，多是设立在建筑学下面的高年级专门化方向，如历史悠久的莫斯科建筑学院；城建专业的名词不得不到苏联专科院校目录中去寻找。当时的城市规划教研室有 6 位教师，包括来自原同济土木系的金经昌和市政组毕业生董鉴泓、邓述平，原圣约翰大学建筑学教育背景的冯纪忠、李德华，以及留学宾夕法尼亚大学建筑系、曾任国民政府内政部营建司司长的哈雄文，另有一位兼职的自哈佛研究生院毕业的钟耀华。

⑰ 这批学生为 1951 年入学，1952 年被整合入同济大学后开始专业学习，1955 年毕业，学制原计划五年，为满足国家建设的迫切需要提前毕业。

⑱ 由当时的上海市城市建设局局长汪季琦兼任授课教授。

⑲ 一年后独立为哈尔滨建筑工程学院。

⑳ 东南大学前身。

㉑ 今天的重庆大学建筑城规学院，简称重建工。

㉒ 后改名为山东建筑工程学院，简称山建工。1956 年创办时是中等专业学校，1958 年升格为本科院校。

㉓1985 年规划专业迁入武汉城市建设学院成立规划系。

㉔ 当然这同时伴随着很多建工类院校升级为综合性大学的过程。

㉕ 参见国务院学位委员会办公室《关于建筑学硕士、建筑学学士和城市规划专业学位授权审核工作的通知》(学位办 [2011]17 号)。

㉖ 根据 American Planning Association 官网公布的 3.6 万规划师数量计算。

(原文曾发表于《城市规划》2013 年第 10 期)

张尚武：

男，1968年3月出生，2008年任教授，依托高密度人居环境生态与节能教育部重点实验室。担任同济大学建筑与城市规划学院副院长，上海同济城市规划设计研究院副院长，中国城市规划学会理事，中国城市规划学会乡村规划与建设学术委员会主任委员，上海市城市规划委员会地区委员会专家及多个城市规划顾问。参加主持了多项国家科技支撑计划课题、上海市决策咨询课题。主持上海、合肥、西宁等十余个城市战略研究。已发表论文近40篇。参加上海世博会前期规划、北川地震遗址保护等项目。作为联合编制团队主要负责人之一参加《上海2035总体规划》编制工作。多次获得国家及省市优秀城乡规划设计奖，曾获得"上海市优秀青年教师"、"上海市育才奖"等荣誉。

从乡村规划教学视角思考城乡规划教育的变革

张尚武

随着"三农"危机日益凸显，城乡统筹成为国家层面推进城镇化转型发展的战略要求。2008 年国家正式颁布《中华人民共和国城乡规划法》，明确了乡村规划的法定地位。2011 年城市规划二级学科正式确立为城乡规划学一级学科，乡村规划教学开始进入课堂。为了适应开展乡村规划教学的要求，各高校针对原有城市规划教学体系，对培养计划和课程设置进行了调整，如同济大学从 2012 年起将城市总体规划与乡村规划实践教学结合，专门设置了乡村规划设计课程环节，增加了乡村调查、专题讲座等教学内容，并在城乡规划原理系列课程中，新开设了乡村规划原理。

乡村规划教学的引入，不仅是对原有城市规划教学内容的完善和补充，需要相应的课程体系建设与之适应，随着城镇化的转型以及对学科内涵认识的不断加深，将推动城乡规划教育发生更加深刻的变革。

1 乡村问题与乡村规划教学实践

1.1 乡村问题与乡村规划

相比城市规划教学体系，乡村规划教学刚刚起步，对乡村问题和乡村规划基本特点的认识，是开展乡村规划教学的基础。从"规划"的一般意义而言，城乡规划是城镇化进程中应对城乡发展矛盾、促进城乡可持续发展而进行的公共干预，从这一点上讲，乡村规划与城市规划的作用一样。但乡村和城市作为城乡社会转型进程中两种基本的社会组织形态，面对的发展环境和问题不一样，决定了乡村规划与城市规划内涵的差异。

首先，规划前提的差异。与城市规划应对增长带来的"城市病"不同，乡村规划面对的则是衰退引发的"乡村病"。表现为城镇化和工业化进程中农村人口流失、农业经济地位持续下降，与之相伴是乡村社会失去活力、传统社会结构的瓦解。因此乡村问题的核心不是空间增长矛盾，而是城乡差距扩大、乡村社会衰退引发的社会问题，乡村规划的基本出发点是保护乡村活力。

其次，规划内容的不同。乡村是一种具有综合性、自组织特点的社会聚落，发展机制不同于城市。村庄是乡村地区生产、生活高度复合的基本单元。对自然环境高度依赖，分布散、规模小、密度低是乡村地区的基本特点。乡村问题差异性大，因地制宜、按需规划是乡村规划的基本要求。

第三，规划组织和实施机制不同。村民是乡村地区的自治主体，乡村规划作为一种外部干预，需要充分了解并尊重居民意愿，建立在自下而上的工作方法基础上。城乡规划法中规定"乡规划、村庄规划应当从农村实际出发，尊重村民意愿，体现地方和农村特色"。

1.2 乡村规划教学实践探索

在学科调整之后，同济大学城市规划专业从 2012 年起结合总体规划教学，第一次组织开展了乡村规划教学实践，通过 3 年来积累，大致形成了以下一些初步经验。

乡村规划课程设计与城镇总体规划实践教学结合。这种方式可以为学生深入农村发展实际、开展乡村调查创造条件。集中 2 ～ 3 周时间开展现场调研，整体了解一个地区城乡发展环境，调查发现乡村发展面临的具体矛盾和实际问题。同时在教学过程中，与城镇总体规划的编制内容、方法对比，加深对乡村规划的认识。

增加针对性的专题讲座和案例教学，提高学生认识、分析乡村发展问题的能力，针对性理解乡村规划的内容和特点。

采取相对灵活的教学组织方式。通过采取小组工作和竞赛方式，促进学生在交流中主动学习的积极性。通过中间公开评图环节，增加讨论和相互学习的机会。采取分散选题的方式，有利于学生理解乡村问题的差异性。邀请校外专家参与评图，对教学内容的改进提出建议。

　　尽管教学周期较短，但取得了较好的教学效果。不过在教学过程中也发现，由于大部分学生没有农村生活经历，甚至没有到过农村，在理解乡村实际问题方面存在困难，思考乡村发展问题时难以摆脱城市思维。而在教学内容安排方面也有许多难点和矛盾。例如应达到什么样的教学目标、如何体现乡村规划成果的开放性等。现场教学主要集中在调研阶段，在教学过程中难以再提供回到现场机会，无法检验规划方案的实际可行性，这在一定程度上也会影响学生对乡村规划的理解。

2　乡村规划教学开展中的若干问题讨论

　　从目前一些高校开展乡村规划教学的情况来看，有的与居住区设计结合，有的与总规教学结合，有的则安排在毕业设计环节，总体上是一个相对独立的教学单元。乡村规划教学的开展对城乡规划教学体系的影响也是长期，在教学计划安排、教学方法及课程的体系化建设方面需要不断完善。

2.1　乡村认知环节的重要性

　　乡村问题与城市问题的差异性决定了乡村认知是理解和认识乡村规划的关键环节。一方面是对城镇化宏观背景认知。我国的城镇化发展具有动态性，独特的城乡二元结构造就了城镇化进程具有特殊性，在不同的阶段乡村地区在城镇化进程中的作用和地位发生很大变化，城乡差距的形成和扩大既有趋势性也有制度性成因。

　　另一方面是对地域差异性和具体乡村问题的认知。乡村地域差异性大，反映地区在发展条件、分布区位、地理条件、民族文化、历史传统等各个方面，不同地区乡村之间的差异远大于城镇间的差异，面对的实际问题和发展矛盾也各不相同。正是因为差异性大，乡村需要什么样的规划，不能凭空想象，需要建立在扎实的社会调查基础上。

　　需要在理论教学和实践环节加强对城乡关系和乡村问题认知方面的教学

内容。在理论教学层面应当更加注重面向实际，关注城乡空间发展背后的历史因素、政策因素、制度因素及其影响。传统的规划教学注重的是空间规划"原理"，与城镇化发展实际结合得不够紧密。在实践教学层面，需要为学生创造更多的接触城乡发展实际的机会，采取基地化教学，增加社会调研环节和现场教学的时间。

2.2 规划师角色转变与教学方法适应

自下而上的工作方法并不是简单的角色互换，而是一种互动式的规划方法，规划师在其中担当的是技术支持的角色。从规划任务的确定到规划方案的选择，都需要与村民不断沟通，既包含了规划师对基本问题的判断和影响因素的感知，也是多个体接入、共同行动、选择和决策的结果。这不仅要求规划师需要具备一定的专业知识和经验，而且要具备较强的沟通能力。

这种工作模式对教学方法提出了较高要求。一是要注重方法教学，通过增加案例教学、引入情景教学等内容，引导学生关注规划组织方式和规划实施过程。二是调动学生的主动性，设计开放的教学成果形式，让学生参与工作任务的制定，培养学生观察、发现问题、界定和解决问题的能力。由于学生经验不足，也需要教师深入参与其中。

2.3 乡村规划课程体系建设

围绕乡村规划的课程体系建设，可以分为四个方面的教学内容。

一是认知环节课程。在低年级学习阶段可以专门组织学生到乡村参观，也可以与美术实习结合增加乡村调研要求。进入专业学习阶段后可以结合暑期大学生社会实践、居住区课程设计或社会学课程的社区调查等，增加乡村调研环节，并完成相应的调研报告。通过认知环节学习，增加对农村发展实际的理解。

二是理论教学环节的课程。不仅需要独立开设乡村规划原理，其他相关课程中也应增加针对乡村规划的内容，如针对乡村地区的基础设施、乡村地区生态环境保护等内容。

三是实践教学环节。从同济大学的教学实践经验来看，乡村规划设计与城镇总体规划结合是一种较好的开展方式。从宏观层面的乡村发展战略、中观层面城乡空间体系到微观层面的村庄规划相结合，较为完整地掌握乡村规划的内容。同时围绕乡村规划设计，增加规划实务课程具有必要性。

四是专门化教学环节。主要针对高年级阶段，可以开设针对乡村问题的专题讲座和选修课，在毕业设计增加专门乡村规划的选题。

3 思考城乡规划教育体系的变革

中国的城镇化经过过去 30 多年的快速发展，社会经济发展的矛盾和焦点正在发生根本性的转移，必然要求学科内涵对此作出积极回应。城市规划向城乡规划的转型，凸显了规划学科和教育体系拓展的重要性。乡村规划的开展不仅是对学科体系的补充，还作为一面镜子触及了学科变革和规划教育发展的许多趋势性问题。

3.1 乡村规划是城乡规划变革的一面镜子

从规划的作用来看，"规划"的本源是为了干预增长失效，而非增长主义。不是以增长为前提的乡村问题，有助于看清城乡规划干预的价值所在。在城市发展和建设方式转变过程中，必然带来城乡规划工作的重心从关注空间"增长"和"建设"问题转向关注增长背后的结构失衡和发展失效问题。

乡村发展是自下而上与自上而下结合的过程，也是综合的实践和改革的过程。从学科内涵、规划工作方法、内容和手段等方面都是一个全新的学习过程。从学科的内涵来看，尽管始终强调以空间规划为核心，但长期以来缺乏对土地政策、城镇化政策、实施机制等问题足够的关注，使空间规划局限在建设规划范畴，削弱了城乡规划以空间为平台统筹"多规合一"中作用。

从规划的方式来看，村民自治是乡村的基本特点，相比城市更类似于自组织系统，乡村规划作为外部干预，规划方式应该具有自下而上的特点，与乡村居民的实际意愿和需求相结合，更加体现公众参与的民主规划，而非自上而下的精英规划，相应的规划师的角色也会发生变化。从规划的内容来看，面对更新过程和需求的差异，决定了乡村规划需要更加关注行动，是一种具有动态性、循序渐进的规划，而非终极蓝图式的规划。从规划的手段来看，作为具有公共政策属性的城乡规划，关注更新机制和政策研究是实现其社会价值的重要内容。

3.2 城乡规划教育体系的变革

（1）规划师的能力

中国的规划教育侧重于职业技能的培养，在规划师的职业教育标准中，知识、技能、价值观都不可或缺（张庭伟，2004）。

加强价值观教育。作为具有公共政策属性的城乡规划，价值观教育是体现其社会价值的重要基础。新型城镇化所倡导的发展观转型，其核心内涵是城乡社会发展的公平，这是市场难以实现的，需要建立在理性发展的价值伦理基础上。

强化方法论教育。职业技能培养不仅需要专业知识体系的拓展，同时需要提高发现问题、界定问题的能力，具备良好的沟通能力和运用专业知识解决问题的能力，培养学生独立思考，激发并增强学生在实践中的创新能力。

面向实践的创新能力。培养具备扎实的理论知识、了解国情、树立服务社会的价值观和具有创新能力的专业人才将是规划教育走向成熟和努力的方向。

（2）专业知识体系

改革开放以后规划教育在学科知识结构上已得到极大的扩充和完善，在围绕以传统的城市规划与设计为核心教学组织框架基础上，涵盖了社会、经济、生态、管理等各个方面。但从今后发展趋势看，应注重与城乡发展实践结合，研究、实践、教学的结合，扩展学科的国际化视野，并链接宏观背景，从理论方法、实践评价、规划技术等方面构筑新的学科知识体系。

在专业通识教学和专门化教学两个方向上需要进一步拓展。在专业通识教学方面，更加体现学科交叉融合的要求。通过多学科交叉扩充空间规划理论与方法、社会治理与政策研究、规划实施机制等方面的内容。在专门化教学方面，随着二级学科的逐步确立，在乡村规划、城市设计、社区规划、城市更新、历史保护、规划管理等学科领域发展专门化教学，是完善专业知识体系的重要方面。

（3）人才培养模式

建立多层次的人才培养体系。城乡健康发展需要社会共同参与和协同创新，而不是单纯依赖高等教育，多层次的规划教育和社会培训体系，更符合实际并有助于广泛的社会参与。

新兴学科领域的专门人才培养。规划教育不仅需要复合型人才培养，也会随着社会需求催生学科交叉型的专门人才培养。

4　结语

随着城乡规划学一级学科的确立，不仅需要将乡村规划纳入城乡规划教学体系中，从学科视角加强对"乡村"问题的理解，全面认识乡村发展对于城镇化的重要性和复杂性，围绕乡村规划的开展架构更加系统化的教学体系。同时，乡村规划也从一个侧面映射了城乡规划学科转型的要求，将带来规划教育体系在人才培养目标、专业知识体系、人才培养模式等方面的多重变革。

参考文献

[1]全国高等院校城乡规划学科专业指导委员会，哈尔滨工业大学建筑学院编.美丽城乡·永续规划——2013年全国高等学校城乡规划专业指导委员会年会论文集[M].北京：中国建筑工业出版社，2013-09.

[2]同济大学城市规划系乡村规划教学研究课题组著，乡村规划——规划设计方法与2013年度同济大学教学实践[M].北京：中国建筑工业出版社，2014-09.

[3]张尚武，城镇化与规划体系转型：基于乡村视角的认识[J].城市规划学刊，2013（6）：19-25.

[4]彭震伟，孙施文，等.//特约访谈：乡村规划与规划教育（二）[J].城市规划学刊，2013（4）：6-9.

（原文曾发表于《全国高等学校城乡规划学科专业指导委员会年会论文集》2015年9月）

赵　蔚:

博士、讲师、硕士生导师。1997年风景园林本科毕业于同济大学，2004年城市规划专业博士毕业于同济大学。现就职于同济大学建筑与城市规划学院城市规划系，兼任中国城市社会学学会会员、《城市规划学刊》专栏编辑。主要研究领域为城乡社区研究与规划、社区营造、城市更新、规划评估等。著有《社区发展规划：从理论到实践》《城市重点地区空间发展的规划实施评估》等著作。

认知·发现·探索：城市规划教育中的人文关怀
——关于城市规划专业教学中的价值观培养

赵　蔚

1 当前城市规划专业教育所处背景及困境

改革开放的三十年间，我国城市化水平从 1978 年底的 17.92% 增长到 2008 年底的 45.68%，城市数量从 1978 年底的 194 个增至 2008 年底的 655 个[①]，我国的城市化正处在快速上升通道中。我国的城市规划教育事业也因此发展迅速，规模空前。伴随高速城市化发展的是政治经济体制转型带来的一系列冲击，我国改革开放政策与社会主义市场经济的宏观环境变化，使我国的城市规划学科发展和实践出现了重大转机，并由此进入一个新的历史阶段。城市规划在这三十多年间更是经历了由计划到市场、由单向到多维的转变。在这转变过程中城市规划的价值取向不断受到挑战，从改革开放伊始"以阶级斗争为纲"转向"以经济建设为中心"，确立"生产－消费"并重的理念；到通货膨胀及价格"双轨制"带来的贫富差距拉大及社会公平问题的思考；到为保持经济高速增长而采取的以消耗资源为代价的城市开发的反思。在这个由人转向经济又复归人本的辩证过程中，我国的城市规划教育导向也经历了同样的洗礼，在这样的趋势下，人文关怀思想在经济增长占主导地位的城市发展中仍需强调其重要性。

城市规划专业自诞生之初便以社会公平为初衷，立足于公正的角度保障合法权益。在其后的发展过程中，规划不断以理性的角色和人文关怀引导着现代城市的建设与发展。作为公共政策的城市规划，维护公共利益作为基本准则成为业界共识，这是规划专业社会职业道德的底线。但城市规划在我国体制转型过程中逐步走向综合、独立和多方协调，利益成为规划中的一个重要问题。对专业教育来说，价值取向与职业道德作为原则性思想，存在着是非观念。在市场经济条件下，规划相关人员个人利益与公共利益之间经常处于矛盾状态。与此同时，规划的价值判断标准并不总是一成不变的，不同时代、不同体制下，规划的价值取向总有一定的倾向性，比如现阶段我国的快速城市化进程中，规划在公平与效率的天平上倾向效率，在规划运作过程中就难免牺牲部分公众利益。由此，社会现实对城市规划专业价值取向的培养不断提出挑战。

目前我国城市规划专业教育中，已开始注重人文思想的导入，但在市场及快速发展的背景下，城市社会进步的过程中，整个社会的价值取向并非一成不变，并且随着社会的多元化发展，价值取向也呈多元趋势，这意味着在最根本的价值取向基础上，规划专业的价值观只有与社会同步甚至更为超前才能更有效的引导城市的发展。因此，这对于规划专业人才培养而言，是一个贯穿职业始终的过程和挑战，其重要程度不亚于技术与方法的训练，而目前，我国的规划专业教育中价值观、职业道德与技术方法的训练仍不能很好的匹配，大部分规划专业学生在修完所有的专业课程后其基本的专业价值观并未形成，专业技能的训练在价值观缺失的情况下使学生面对未来的职业生涯显得迷茫，这不能不说是当前规划专业教育中最引人深思的问题和最值得探索的方面。

2 多元价值取向下城市规划专业教育的价值观

虽然从个人角度，价值观作为个人世界观的一部分，似乎很难统一在专业课程中并通过具体的方法达成，但城市规划的公共政策属性决定其价值取向受政策主体价值选择的影响，其多元性主要表现在公平、效率、民主、秩序等方面，有着基本的价值目标，因此在课程教育中对规划中一些基本概念的明晰是十分必要和有益的，正是贯穿所有专业教学的潜移默化，才更能帮助学生从理论到实践体会到规划专业的价值精髓。譬如怎样才算是公共利益？不同价值取向下的公共利益怎么判断？怎样做才是维护公共利益？这些问题，对于城市规划来说是重要的先决条件，一旦价值观产生了偏离，再精确科学的技术手段也不能有效引导城市良性的发展。

学理上，公共利益是一个边界相对模糊的概念，但大多情况下公共利益与私利相对，是一个相对抽象的概念，只有在实践和具体情况下才会落到具体对象。作为规划专业人员，对抽象的公共利益应作为一种职业宗旨，而更重要的是在遇到公共利益具体化时能正确判断，将公众利益具体到实际规划条件和实施中，并关注弱势群体[②]、有效维护合法的公共利益。以西方城市发展及规划教育为例，在其发展过程中，随着对社会认识的不断加深，所关注的公众问题及专业教育侧重越来越切入城市发展本质：从 1920 年代对工人阶级居住条件的改善，到 1950 年代的基于物质环境改造的社会批判，到 1960 年代关注社会弱势群体的利益、社会贫困等，一直到 1970 年代后至今，规划将视点从物质空间扩展到社会研究的过程中，关注的焦点开始从社会表象问题转向城市公共政策，将物质关怀转为机遇平等的条件创造上。

此外，从专业教育的角度，虽不能杜绝个别私利膨胀的现象，也不能消除因体制或民主程序问题造成的公共利益受损，但在教育导向上应在从业宗旨、理论知识、专业技能等层面引导学生的公共价值取向，并鼓励其实现。譬如通过社会学、政治学、经济学等学科的综合，帮助学生理解规划本体，而非仅仅从空间形态的技术角度解决问题；通过规划决策民主中公众参与理论与过程实施等带有价值取向的规划理论思想，或达成公共利益的规划过程保障手段的学习，帮助学生了解制度与程序保障对公共利益的意义。虽然目前我国尚没有明确的规划师问责制度，但职业道德作为规划从业人员素质教育的关键，也应当是规划专业教育中贯穿始终的内容。

3 人文思想的教育导入环节：课程设置 + 实践环节 + 专业交流

从专业背景来看，我国的城市规划专业主要依托建筑土木、地理学、农林等学科，虽近年来新增设的规划专业有依托管理类、政策类的，但从总量和覆盖面上来看，大部分规划专业课程的设置偏重于设计与技术，相对来说轻人文学科。随着社会发展需求导向的变化，以及与国际规划院校与专业交流的频繁，受发达国家经验的启示，我国城市规划专业培养的宗旨及方向开始向多元化发展，专业教育中对人文关怀的重视程度有所提高。

从专业培养的角度，人文关怀作为非量化的哲学思想层面，其专业导入不是仅仅依靠专业课程设置可以完成的。在我国城市快速发展阶段，面对发展中不断涌现的问题，城市规划专业人才（不论是理论研究人员或是实践部门人员）需要具备更清晰明确的价值导向、更为综合的判断力和综合实践能力。因此，笔者认为应当通过课程、实践、交流等进行全方位专业价值观的培养。同时，价值取向与技术方法只有相互配合才能培养出合格的专业人才。而从职业经验来看，学生在专业成长过程中价值观与技术方法的学习也是呈正相关关系的，其中价值观与技术方法的形成在专业学习阶段（图 1：B–C 段）的上升趋势和结合过程最紧密。我国目前的规划教育在 A–D 段上并非成理想的对数上升趋势（A–D2 曲线），而是在专业学习阶段常常遇到技术方法训练与价值观的背离，即 A–B′–D1 曲线，价值取向明显滞后于技术方法的熟练程度。而从我国规划现实需求来

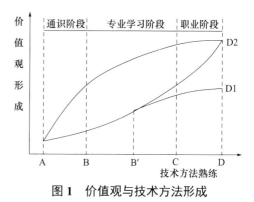

图 1　价值观与技术方法形成

看，价值取向是形成规划政策判断的最基本素质，直接影响规划政策的社会综合效益。为使专业素质（即价值观与技术方法的结合）在专业培养过程中形成较理想的协调发展趋势，需要避免专业学习阶段的 B′ 拐点，使价值观与技术方法能相互匹配。

3.1 课程设置中的人文内容

课程设置是专业培养目标达成的最基本保障，因此笔者首先从规划专业的课程设置来探讨人文思想的导入。由于国内规划专业的学制不统一，因此这里不以年级和学期来划分，代之以课程阶段的划分方式：即通识基础课程、专业必修课程及专业选修课程。

城市规划专业课程设置与人文思想的导入   表1

课程阶段	课程设置	内容导入
通识基础课程	思想道德修养与法律基础	基本价值观形成：通过本课程的教学力图使学生能够在吸收伦理学、教育学、心理学等交叉学科知识的同时，获得道德价值判断的能力，掌握科学的思维方法、树立科学正确的道德观、人生观、价值观和世界观
专业必修课程	城市概论 城市规划导论 城市规划原理 城市道路与交通 城市规划设计 城市历史与文化保护 城市开发与控制 城市规划管理与法规 地理信息系统 城市公共政策 城市建设史 城市规划系统工程 城市工程系统规划 城市生态与环境保护	专业价值观形成：使学生全面系统地了解各类城市规划编制的目的、基本内容和编制程序，以及城市规划的编制与实施过程，使学生基本掌握城市规划的基本理论知识、完整体系、技术技能的同时建立基本的专业价值观
专业选修课程	城市规划系统分析 城市设计概论 城市绿地规划原理 区域经济与区域规划 城市地理学 城市经济学 城市规划思想史	专业价值观拓展：目的旨在较全面、系统地学习了城市规划的一般原理、方法之后，从社会学和政治经济学的角度，拓宽学生关于城市规划理论的知识面，增进对城市规划领域研究动态的了解；了解现代城市公共政策的特征及其依托的社会环境，以及它在社会实践中的功能与作用，在现实环境中的行为进程特征，引导学生对城市规划问题做出全面而深刻的思考，为今后发展打下基础

注：表中打 * 的课程为专业主干课程。
本表根据同济大学 2005-2009 级城市规划专业课程安排情况总结。

3.2 实践环节中的人文内容

城市规划专业实践环节与人文思想的导入   表2

城市认识实习	认识实习是城市规划本科生从基础训练转向专业学习的重要教学实践环节之一。其目的是贯彻理论联系实际的原则，了解规划专业背景，使教学需求与社会需求密切联系；通过本城市认识实习，达到以下目的： （1）了解城市的功能及其基本功能类型； （2）了解社会调查研究方法，并使之与城市规划专业的要求相结合； （3）初步培养城市规划的社会学思维，建立起城市"社会—空间"的认识框架； （4）为后面的专业课程的学习提供丰富的感性认识、奠定较为理性的分析基础

续表

综合社会实践	分为两阶段进行： （1）通过本课程培养学生理论联系实际、从社会实践中发现问题、分析问题和解决问题的能力，提高学生将规划技术知识与社会、经济、法律法规、管理、公众参与等多方面知识结合起来的意识及综合运用能力；围绕城市空间、城市设施以及城市建设等方面的内容，发现空间背后的深层社会经济问题并选择研究的主要方向，运用各种调查研究的方法和手段，结合城市规划的基本原理，揭示问题的状况，分析问题产生的原因及其后果，并在熟悉城市规划管理和相关法律法规的基础上，理论与实际相结合，提出解决问题的相应对策； （2）本实习为城市规划综合社会实践的第二阶段，使学生在实践中参与城市规划的编制、城市规划的实施、城市规划行政管理等实际操作过程。实习目的是在实习过程中，了解熟悉我国城市规划体制，理论联系实际，巩固课堂上的理论学习，进一步培养学生作为城市规划师的职业意识和敬业精神
城市总体规划实习	城市总体规划实习是城市规划专业的主要实践内容，也是理论联系实践的重要环节；实习与"城市总体规划"课程相结合，通过对城市的调研和实践，培养学生认识、分析、研究城市问题的能力，掌握协调和综合处理城市问题的规划方法，并且学会以物质形态规划为核心的具体操作城市总体规划编制过程的能力，基本具备城市总体规划工作阶段所需的调查分析能力、综合规划能力、综合表达能力；本实习环节是与城市总体规划课程设计密不可分的内容。从社会经济生态等方面对城市形成较为全面的理解
毕业设计	毕业设计为本科专业学习的最后环节；通过毕业设计（论文）综合运用前四年半所学的各类基础知识和专业理论知识、专业设计技能、专业调查与实践方法，在原有基础上进一步培养和提高毕业生的专业价值观、知识综合能力、文献资料收集能力、社会实践能力、制定设计或研究方案能力、理论分析应用能力、组织和独立开展工作的能力以及文字、图纸、口头表达能力，充实并完善毕业生的整体知识结构和社会工作体验

3.3 专业交流中的人文内容

城市规划作为一门社会综合应用学科，广泛的交流对学科发展具有极重要的意义。规划专业培养中对于校级专业交流并没有特别的规定，但在近年来的专业教育发展中，可以明显发现通过校级的交流能促进各校规划专业教育质量的提升。专业交流的主要形式包括校级的日常交流（专题、课程、学生）、全国性的竞赛单元、海内外的国际论坛等。

4 结语

对城市规划专业本科学生来说，面向普遍的社会职业需求，在有限的学习阶段内专业基础知识的积累和基本技能的训练应当是专业学习所必需的，这构成专业素养的根本。但城市规划的学科特点决定了对书本知识的掌握和"纸上谈兵"的训练远远不是专业的全部，规划专业人才需要具备一定的专业实践技能，具有组织协调能力、法制概念、公共利益导向的职业道德和社会责任心。

通过教学环节的教学对象不同，内容逐步深化，范围逐步扩大，使学生从中了解到规划师所必需的业务知识、职业规范和社会工作能力，并逐步建立正确有效的专业价值观。在各阶段的课程设计教学环节安排中，也尽可能使教学内容与生产实践密切结合，通过接触真实的规划设计项目，使学生更深层次地了解和掌握社会性的城市规划设计，使教学环节实现"理论—实践—规划"和"学校—社会—学校"的互动，为学生毕业后更好地为社会服务打下良好的基础。

注释

① 数据来源:陈明星、陆大道、查良松，中国城市化与经济发展水平关系的国际比较 [J]. 地理研究，2009.3.
② 弱势群体并不单单指贫穷、行动障碍、社会地位低等对资源支配度小的人群，而应当是合法权益受到侵害并缺乏话语权的人群——作者注。

（原文曾发表于《全国高等学校城乡规划学科专业指导委员会年会论文集》2010 年 9 月）

2 教学方法

干 靓:

同济大学建筑与城市规划学院讲师、硕士生导师,中国绿色建筑与节能专业委员会委员,国务院
学位委员会城乡规划学学科评议组秘书,主要研究方向为城乡可持续发展、城市生态规划与研究。
主持国家自然科学基金青年基金 1 项,住房和城乡建设部课题 1 项,国际合作课题 2 项,发表论
文 10 余篇,出版译著 1 部,曾获上海市科技进步奖。

多学科协同的城市可持续发展通识课程教学探索
——以同济大学"可持续智能城镇化"通识课为例

吴志强　干　靓

1 高校开展城市可持续发展教育的必要性

1.1 可持续发展教育逐渐成为教育的主流价值观

自 1972 年的《斯德哥尔摩宣言》(The Stockholm Declaration) 提出可持续发展教育的理念以来，国际社会越来越认识到可持续发展教育是优质教育的有机组成部分，也是可持续发展的重要动力。2014 年，联合国教科文组织发布《全球可持续发展教育行动计划》，作为原先的"可持续发展教育十年"的延续文件，提出将可持续发展教育主流化，全面纳入教育政策和可持续发展政策当中。

在高等教育领域，1990 年法国 22 所大学联合发布的《塔乐礼宣言》(Talloires Declaration)，首次对高校可持续教育做出正式承诺，提出了整合可持续发展和高校教学、科研、经营、宣传于一体的十条行动计划。随后，《哈利法克斯宣言》(Halifax Declaration，1991)、《京都宣言》(Kyoto Declaration，1993)、《斯旺西宣言》(Swansea Declaration，1993)、《哥白尼宪章》(COPERNICUS University Charter，1993)、《全球高等教育可持续发展合作伙伴》(GHESP，2000)、《吕内堡宣言》(L ü neburg Declaration，2001)、《巴塞罗那宣言》(Declaration of Barcelona，2004)、《格拉茨宣言》(Graz Declaration，2005)、《阿布贾宣言》(Abuja Declaration,2009) 以及《里约 +20 高等教育可持续发展倡议》(Rio+20 Higher Education Sustainability Initiative，2012) 等文件都指出，以可持续发展为愿景的高等教育机构，应肩负起对当前及未来世代重要的责任与义务。

这些国际联盟及相关机构所发布的宣言都释放出一个清晰的信号，即可持续发展教育已成为高等教育的一种新趋势，成为各国高等教育创新的新动力。

1.2 快速城市化过程中，高校有责任为城市可持续发展培养优秀人才

在全球城市化超过 50% 的当今社会，城市被认为是实现可持续发展的主要战场，绿色、低碳、可持续已成为全球城市发展和中国新型城镇化建设的核心理念。而高校也正日益成为承载城市可持续发展和生态文明建设的"生活实验室"（Living Labs），在促进城市可持续发展尤其是培养建设可持续城市的人才方面有能力也有义务贡献巨大的力量。

中国拥有全球第一的高校在校生规模和全球第二的高校数量，因此，在中国高等教育中开展城市可持续发展教育，为新一轮的城镇化和城市发展培育培养具有可持续发展意识的未来主人和领导者，显得尤为重要。

2 设立多学科协同的城市可持续发展通识课的重要意义

城市可持续发展是综合性很强的领域，存在着协同创新、协同攻关的需求。面对城市可持续发展的环境、经济、社会和发展战略等问题，需要组织交叉学科群进行城市发展问题的协同攻关。我国高校尤其是理工科为主的院校传统上偏重专业教育，学科与学科之间、专业与专业之间有着清晰的边界，这使得未来的城市建设者、管理者只懂得本专业知识，在需要多学科协同的城市可持续发展领域缺乏相应的知识储备。

反观欧美等国的城市可持续发展教育，除了城市研究与环境研究主修课以外，更多是更广泛意义上针对非主修城市研究和环境研究学生的通识教育，将可持续城市教育课作为相关专业的推荐性公选课程，在此类课程基础上，也有一部分高校为学生设计了不同的方法来做可持续发展方面的研究，包括倡导跨学科学位项目以及城市社区服务项目等。例如，康奈尔大学在教学方面，将"气候中和"整合到学生的课程中，加强与可持续城市和气候变化有关的 150 多门课程的建设，同时通过可持续未来中心（The Center for a Sustainable Future），

推动学生参与能源、环境、经济发展领域的跨学科城市研究项目。

由此可见,在我国高校推动城市可持续发展教育的过程中,依托城乡学科、联合建筑学、风景园林、环境科学与工程、交通运输工程、测绘科学与技术、计算机科学与技术等学科,设立多学科协同的通识课程,有利于帮助不同专业背景的本科生建立可持续城市发展的基本观念,使其对中国未来20年的发展战略与城市建设方向有一个明确的认知;也有助于打破现有的专业、机构、平台等方面的限制,从创新人才培养规律出发,提供跨学科、跨专业的教育培养,促使学生在课堂中与不同专业背景的老师和同学交融,提高人才的综合素质和协同创新能力,为未来在深度和广度上进行拓展研究和联合攻关奠定基础。

3 同济大学"可持续智能城镇化"通识课程实践

3.1 课程开设背景

近年来,同济大学在原有的"节约型校园""绿色校园"建设的相关成就基础上,提出将科学研究、社会服务与人才培养相融合,循序渐进地建设成为以可持续发展为导向的世界一流大学的目标。在教学领域,探索以价值观引导为主的通识教育,激发不同专业学生关注中国和世界的现实问题和未来发展问题,与不同背景的校内外老师共同探究可持续发展领域的创新解决方案。学校为此建设了一系列的相关课程,其中,"可持续智能城镇化"即为由城市规划系主持设立、以"城镇化与城市发展"为视角的校级精品公选通识课。该课程自2014—2015学年第二学期开始开设,选择新型城镇化的两大关键词"可持续""智能"作为核心内容,其目的在于让学生系统地了解新型城镇化的发展路径、主要目标和战略任务,通过不同视角学习智能城镇化的可持续发展理念,提升学生建设可持续发展城市的意识与社会责任感,并引导学生关注与思考城市的未来和人类的生活。

3.2 课程建设特点

(1)多学科学术大师讲堂

课程由副校长吴志强教授主持,采用大师讲堂的方式,邀请可持续智能城镇化领域的知名院士、校内外专家以本领域的最新研究成果作为主题授课。每学期开设 14～16 次讲座，开设 3 个学期以来，已有 4 位中国工程院院士、1 位德国工程院院士、21 位教授、1 位地方政府官员为学生授课。这些主讲人都是该领域顶尖的专家，有着丰富的实践经验，参与了国家新型城镇化战略的规划与咨询，能够在课程相关内容讲授中强化选课学生对相关背景的了解，并且这些授课教师本身具有不同的专业背景，可以从不同的角度让学生了解在新型城镇化建设中能做什么？怎么做？如何体现可持续发展理念？选择不同的城市发展模式如何决定了人类的未来？

在课程的每堂课后均留有交流研讨时段，并不定期邀请相关领域其他专家尤其是青年教师参与点评，引导学生展开讨论，鼓励批判性思维，碰撞思想的火花。课堂教学气氛热烈，常常需要课程主持人严格把控提问数量和时间才不至于拖堂太久。

（2）跨学科模块化教学

经过三个学期的不断调整，目前形成了以智力城镇化、生态文明、智慧城市、智能交通、智慧能源、智慧管理、城乡融合、社会和谐、绿色建筑、未来上海等固定模块所构成的教学体系，同时依托核心教学团队教授的国内外合作研究项目，辅以智慧城市、大数据、互联网＋、老龄社会、生态文明、生态修复、海绵城市等城市研究热门主题板块，教学内容从城市扩展到乡村，从物质形态范畴为主体扩展到更广阔的城乡社会和经济范畴。授课教师以同济大学城市规划系的教授为核心，同济大学环境科学与工程学院、交通运输工程学院、机械与能源工程学院、经济与管理学院、设计创意学院，复旦大学，南京大学等院校教授以及一线实践管理专家为辅，主讲专家来自城市规划、城市管理、城市交通、城市生态、环境治理、区域发展、乡村建设、遥感信息、建筑设计等城市可持续发展的各个领域。此外，还配备由青年教师与研究生助教组成的教学管理团队，承担现场参观教学和作业考核等环节的教学任务。

（3）多专业学生协同

截至 2015—2016 学年第二学期，共有来自城市规划、建筑学、风景园林、环境工程、交通工程、土木工程、机械与能源工程、计算机、生命科学、物理学、临床医学等全校 16 个专业共 101 名学生选修本课程（图 1）。学生专业涵盖面已从原来以工科学院为主，逐渐向自然科学和文科专业全面拓展（图 2）。

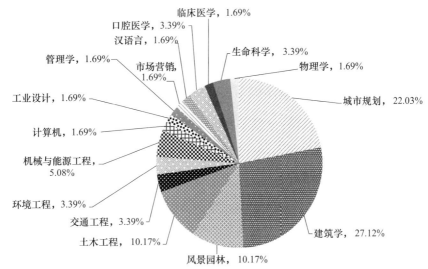

图 1　"可持续智能城镇化"课程选课学生的专业分布

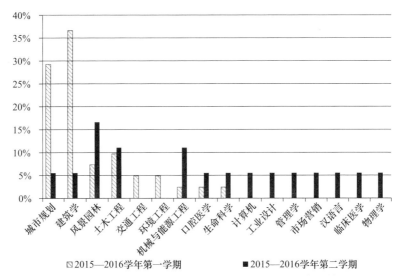

图 2　2015—2016 学年两个学期学生专业分布比较

课程强调不同专业学生的互动，作业内容倡导学生从本专业出发思考城市发展问题。从 2015—2016 学年第二学期起，又启动试点学生自由分组完成作业，并要求同一专业学生不能分在一组，以推动不同专业学生在学习过程中的交流互补和协同创新。

（4）线上线下延伸互动

课程开设了网站平台、QQ 研讨群、微信研讨群，将课堂教学延伸到课外，使学生们有更多渠道了解可持续智能城镇化的最新研究成果，并与专家学者以及教学团队进行互动沟通。由于学生来自不同专业不同年级，低年级同学在课程听讲过程中没有理解的疑惑可由高年级同学和助教帮助解答，规划建设类专业的同学与非规划建设类专业的同学也会相互解答对方对各自专业领域的疑问，形成学生间的良性互动。每次讲座结束后均由选课学生或课程志愿者整理主讲人的录音文稿全文，经由主讲人审核后发布在中心的微信平台以及简报上，以便学生温习回顾从而加深理解。

在学期结束后，课程微信研讨群转化为"课友群"，继续推送课程信息，也引导学生继续进行城市可持续发展创新实践。

（5）实践教学基地支撑

从 2015—2016 学年第一学期开始，课程还结合教学内容与浦东新区、乌镇互联网小镇、风语筑设计公司、上海城市规划展示馆等实践教学基地联合开展智慧城市、创新城市为主题的现场参观活动，通过现场教学和学生分组考察，引导学生深化认知，同时鼓励学生思考和分析可持续智能城镇化领域的现实问题并提出创新解决方案。

3.3 课程教学难点及应对策略初探

（1）教学内容的广度和深度

由于课程涉及内容广泛，选课学生来自不同专业，80% 以上是一二年级学生（其中 50% 是一年级学生），对本领域基础知识的掌握程度不一。另外，最初开课时某些单元课时安排较紧，一定程度上影响了重点内容的阐述和发挥，部分低年级学生反映"没听懂"，而高年级学生又觉得某些基础内容"太浅显"。

应对策略：

1）与每堂课的主讲人做好课前沟通，保证讲课内容在基础知识与前沿研究的重点内容之间取得平衡，并通过课前课后在课程微信研讨群中发布相关延伸阅读材料以及提供课件等方式帮助学生加深对课程内容的理解。

2）由学生分组整理主讲人的听录稿，以供教学团队了解学生对于课程内容的理解程度，从而及时反馈辅导。

3）每学期在教学过程中安排 1 ～ 2 次参观考察，帮助学生在轻松愉快的气氛中更进一步体会本领域的前沿知识。

（2）作业与考核形式

由于选课人数众多，学生专业背景广泛，最初设定的提交 PPT 上台发言的考核方式较难在面上铺开。另外，由于学生通常在通识课中不愿花费太多时间，也有部分学生认为考核方式偏复杂，建议适当简化。

应对策略：

1）从第二学期开始采用课上课后、线上线下讨论 + 期末报告的形式，期末报告先递交 PPT，遴选部分同学上台演讲，其他同学撰写一篇论文。

2）小组作业：学生可以自由组合，完成课堂听写记录主讲人讲稿的小作业和期末调查报告大作业，鼓励学生在学期当中提前完成作业，并尽可能安排更多学生上台演讲，增加课程的参与性、互动性和学生跨学科研究问题的能力。

3）选做作业形式：根据学生不同背景和基础，提供不同的作业内容供学生自行选择。例如，2015—2016 学年第二学期期末作业就提供了乌镇互联网小镇调查、可持续智慧校园调查和未来理想城市畅想三项内容。每学期开始前，在考核形式方面也广泛听取学生的意见，学生可以选择认为最能体现他们学习成果的方式来完成作业。

4）实践调研报告形式：依托实践基地，为学生提供实践考察与创新探究的机会。例如，基于教学团队所承担的实践项目，2015—2016 学年第二学期由课程项目基金出资组织学生前往乌镇调研考察互联网小镇建设，指导学生通过问卷、访谈、现场踏勘等方式，分别对乌镇的"旅游与活动""产业与创新""设施与服务"进行调研，发现现状问题并提出自己的解决方案。学生在考察过程中偶遇乌镇互联网医院的董事局会议，顺利采访了创业人，获得了第一手的资料，撰写了有理有据又有新意的调研报告。又如，基于教学团队发起组建的"全球绿色校园联盟"（IGCA），鼓励学生从身边的校园为切入点，研究可持续智能城市某一方面的议题，将优秀方案纳入 IGCA 案例库，并推荐给国际会议。

5）师生共同打分模式：遴选优秀作业请学生上台演讲，由专家进行点评，并由在场师生共同打分评出最优作业，颁发奖状和奖品。值得肯定的是，2015—2016学年第一学期获评最优作业的四位学生均为"零基础"的一年级新生，分别来自城市规划、建筑学、环境工程和机械与能源工程专业，体现出学生们强大的学习能力和创新钻研能力。

6）作业评语全反馈形式：保证所有学生都会收到反馈评语，使学生能够了解自己的优势和不足，激励学生在作业基础上继续探究。

4 课程教学效果的检验

为了检验课程教学效果，在2015—2016学年第一学期的课程期末考查周面向选课生和旁听生分别发放了匿名调查问卷，共收回有效问卷46份。

问卷显示，选课生对课程的整体满意度高达97%以上，非常满意度超过50%。以5分制计算，选课生对15次讲座课的平均满意度为4.3分，共有13次课的满意度大于4分（图3）。94.12%的学生表示会将此课程推荐给其他同学或学弟学妹，100%的受访学生表示还愿意继续旁听（图4）。

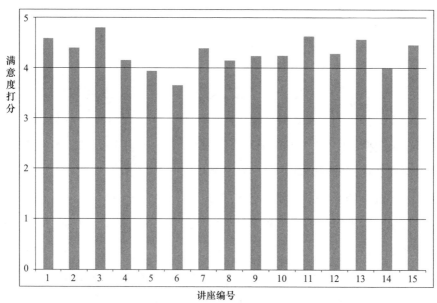

图3 2015—2016学年第一学期选课生对15次讲座课的满意度打分（满分为5分）

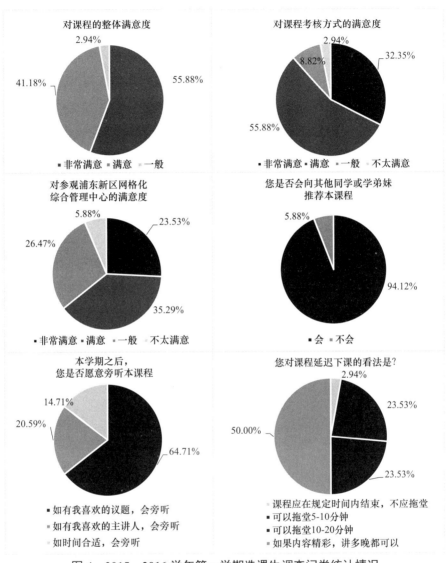

图4　2015—2016学年第一学期选课生调查问卷统计情况

对于实践参观教学板块，虽然调研涉及的参观基地是学生当前学习生活中并非较有共鸣的城市管理部门，但满意度仍接近60%。而对课程考核方式的满意度接近90%。有意思的是，按照教学要求，经过遴选和自主报名上台演讲的同学可以仅递交PPT而不撰写论文作为期末作业成果，但部分上台演讲并获评优秀作业的同学觉得意犹未尽，仍坚持写完论文并多次与教学团队讨论期末论文中所提出的研究在今后继续深化的可能性。也有学生在收到教学团队的详细反馈意见后，回复希望继续研究作业中提及的议题，并在寒假期间继续通过邮件与教学团队开展讨论。

由于课程内容精彩，课程常存在拖堂现象，最长超过半小时，教学团队对此一直甚为担心，而对于此问题，出乎意料的是50%的学生表示如内容精彩讲多晚都行。

除选课生外，该课程每学期都有50余位来自校内外的旁听生，其中包括在读的各专业本科生、硕（博）士研究生、专业教师、来同济参加各类培训的学员、国内访问学者、同济大学周边单位工作人员甚至毕业多年的校友。调研问卷显示，受访的旁听生中，1/3来自前一学期的选课生，1/3来自到本校进修陪训的学员（含国内访问学者），旁听生整体满意度高达90%以上，90%以上的旁听生向其他人推荐过本课程。

在希望增加的主题方面，受访的选课生和旁听生普遍要求加强生态、景观、环境保护、绿色可持续建筑、城市文化、互联网＋、建筑规划、城市更新、城市医疗、大数据等方面的议题，并希望增加智库和政府高级决策部门的专家、战略咨询类专家授课，对此在课程的后续建设中已经逐步予以考虑并落实。

经过三个学期的探索，"可持续智能城镇化"通识课程获得了学生们的好评，多学科协同创新的开放式、互动式教学方式和活跃的课堂气氛使该课程在校内外获得了巨大反响，这也体现出社会对于城市问题和可持续发展的关注。

《全球可持续发展教育行动计划》指出，"青年是构想和塑造更加可持续的未来的主力……他们现在所形成的习惯将对未来的消费模式产生重大影响。年轻人有可能在更广的范围、更积极地推动可持续发展。"城市的可持续发展是每个城市公民的共同责任，在通识课中导入多学科协同创新的城市可持续发展课程，不仅有助于让不同专业的未来城市领袖和城市公民了解可持续城镇化的基础知识，开拓专业视野，更重要的是树立理性思辨的"和谐城市"价值观，结合自身的专业学习，激发创新探索的兴趣，为今后在工作中与其他专业人员一起协同解决城市问题积蓄能量，也为未来成为一名参与城市共建治理的合格市民奠定基础。

（感谢同济大学教改项目《可持续城镇化课程建设与研究》、同济大学教学成果奖培育项目《永续价值观导向的生态智慧城市师生协同的创新教学体系》资助）

参考文献

[1]Lozano R, Ceulemans K, Alonso-Almeida M, et al. A review of commitment and implementation of sustainable development in higher education: results from a worldwide survey [J]. Journal of Cleaner Production, 2015, 108: 1-18.

[2]Beynaghi A, Trencher G, Moztarzadeh F, et al. Future sustainability scenarios for universities: moving beyond the United Nations Decade of Education for Sustainable Development [J]. Journal of Cleaner Production, 2016, 112: 3464-3478.

[3]United Nations Educational, Scientific and CulturalOrganization. UNESCO Roadmap for Implementing the Global Action Programme on Education for Sustainable Development [R/OL]. http://unesdoc.unesco.org/images/0023/002305/230514e.pdf

[4]伍江，孙洁，王信 . 我国高校可持续发展教育的挑战、对策及展望 [J]. 中国环境管理，2016（2）：67-72.

[5]孙清忠 . 高校创新人才培养机制构建——基于协同创新理论视角 [J]. 社会科学家，2015（11）：124-127.

[6]干靓，胡裕庆，王明远，等 . 美国大学绿色校园建设的启示 [J]. 城市发展研究，2012（3）：30-36.

（原文曾发表于《新常态·新规划·新教育——2016 中国高等学校城乡规划教育年会论文集》2016 年 9 月）

彭震伟：

教授、博士生导师，现任同济大学建筑与城市规划学院党委书记。同济大学建筑系城市规划专业本科，北京大学人文地理专业硕士，同济大学城市规划与设计专业博士。现兼任中国城市规划学会常务理事，中国城市规划学会小城镇规划学术委员会主任委员，住房和城乡建设部高等教育城乡规划专业评估委员会主任委员，全国城市规划硕士专业学位研究生教育指导委员会主任委员，上海市城市科学研究会副理事长，上海市规划委员会专家委员会委员等，获国务院政府特殊津贴，全国优秀科技工作者等荣誉。

大学通识教育中植入城乡规划课程的教学探索

——同济大学通识课程"城乡发展与规划概论"实践

彭震伟　张　立

1 大学通识教育日益受到重视

通识教育一词源于英文"General Education",也有翻译成"普通教育",但高等教育界普遍认为通识教育强调"通"和"达",译为"通识教育"更合适(李曼丽,汪永铨,1999)。实际上,大学教育最初的模式与通识教育较为相似,早期的大学教育注重人文精神和伦理道德,并没有学科之分。随着17、18世纪的科技革命,科学技术发展导致学科的分化和日益专精,大学教育的专业化开始成为主流,然而大学的专业教育也一直饱受批评。1828年耶鲁大学率先将通识教育作为培养学生终生就业能力的课程,通识教育也超越了特定的职业局限,耶鲁大学甚至把通识课程称之为核心课程,有近300年历史的通识课程成就了耶鲁学生的卓越(高黎,2012)。1945年哈佛大学发布了《自由社会中的通识教育》,时任哈佛大学校长柯南开始要求学生们在完成专业课程的同时,必须辅修一定数量的通识课程,包括西方文化遗产的知识、理想和价值观。20世纪70年代哈佛大学校长博克进一步要求本科生除了主修一个学科以获得大量深入的专业知识外,还需要通过不同学科的学习获得更为广博的知识(季诚钧,2002)。

我国1949年以后主要学习苏联的办学模式,专业设置较窄、较细,这在一定程度上适应了当时我国经济社会发展对高精尖人才的需求,使得国家在较短时间内培养了所需要的建设性人才(黄明东,冯惠敏,2003)。过窄过专的专业设置对大学带来的负面影响延续至今，比如 20 世纪 80—90 年代流行的"学好数理化、走遍全天下"就是最为明显的写照。大学过于重视专业教育，高中过于重视应试教育，使得我国的大学生在知识结构上存在明显的缺陷，缺少相应的通识教育熏陶，大学生的人文知识和社会知识匮乏，甚至于世界观、价值观出现错位。21 世纪以来，我国社会也日渐认识到人才的文化修养和综合知识培养的重要性，在高等教育阶段开始强化学生的人文素养和通识教育（李曼丽，2006），并探索通过通识课程的学习，提升学生对社会的综合认知，塑造其健康的人生观、价值观，并提升其综合能力。

2 通识教育中植入城乡规划课程的必要性

诺贝尔奖得主斯蒂格利茨说过，"21 世纪对世界影响最大的两件事，一是美国的高科技产业，二是中国的城镇化。"2014 年中国城镇化水平已经达到54.77%，7.49 亿人居住在城镇，6.19 亿人居住在乡村，城乡经济社会的融合发展已是当下中国发展的大趋势。国家"十二五"规划明确提出了"实施城镇化战略"，2014 年 3 月国务院发布了《国家新型城镇化规划 2014—2020》，城市和乡村发展已然成为当下中国经济社会发展的热点。因此，了解和掌握城市和乡村发展的基本知识以及城乡规划的基本思想，对提高当代大学生的综合素养尤为重要。

2014 年同济大学将通识课程建设作为学校教学改革的新举措，城市规划系承担的"城乡发展与规划概论"是该教学改革的重要组成部分。该课程是面向全校非城乡规划专业本科生开设的通识课程，其目的是带领学生系统地了解城乡经济、社会、文化和生态发展与城乡规划的基本知识，培养学生建立起认识和研究城乡地域的基本框架，帮助学生提高对城乡经济社会发展的认识，进一步了解中国国情和基于国情的发展政策与措施。同时，也可以引导学生将城乡规划知识与自身专业的学习进行交叉融合，培养学生基于城乡发展宏观思路的自身专业领域学习研究，开拓学生的专业视野。

3 "城乡发展与规划概论"课程开设的基本情况

本课程由同济大学城乡规划专业的教学研究各领域的教授共同为学生解读当下的城市与乡村发展及相关规划，课程通过对城乡发展主要方面的系统介绍，使学生初步建立起认识城市的知识基础和方法，侧重以案例解说为主要形式，突出重点地讲解城乡发展的主要内容及其相互关系，并引导学生建立起城乡发展与人居环境的内在关系。

2014 年秋季学期选课学生总计 179 人，涵盖 19 个院系 [①]，26 个专业。本课程的基本内容包括对城乡概念的辨析以及对城乡基本构成与特征的认识，对城乡发展与城乡规划研究主要议题的了解，对城乡发展历史、城乡社会与文化发展、城乡交通与安全防灾、城乡发展与规划管理等内容的系统介绍，通过对城乡规划编制案例的剖析和现场教学，系统介绍城乡规划编制体系与编制内容。

由于本课程是针对全校非城乡规划专业本科生开设的通识课程，为了更好地培养选课学生对城乡发展与规划知识的学习兴趣，本课程的授课教师均为有着丰富教学与实践经验的城市规划系教授，能够在课程相关内容讲授中注意强化选课学生对城乡规划知识与日常生活相关性的认识与体会，并引导选课学生为与自身专业领域学习和研究的交叉融合打下良好的基础。为此，本课程还专门安排了相关主题的分组讨论与辅导，在课堂上运用所学知识分析学生熟悉的城市或乡村，并要求学生结合自身所学专业知识对城市和乡村发展的专项议题进行讨论。

通过本课程的学习，学生能认清城市与乡村区域发展中的现象及规律，能系统理解城乡规划如何解决城市与乡村发展中的问题，能从国家宏观层面认识我国城乡发展的政策设计，并能将这些知识运用到对社会认知和自身专业的学习中。

4 教学难点与课程建设的初步探索

"城乡发展与规划概论"是同济大学城市规划系面向全校非城乡规划专业本

科生开设的专业型的通识课程，没有固有的教学经验可循，且城乡规划知识本身是一个复杂的系统工程，开设该通识课程的教学挑战很大。虽然城市规划系安排了本专业教授组成的团队主讲本课程，但面对众多的非城乡规划专业学生，教学内容如何具有对选课学生的针对性，教学手段如何优化，教学效果如何？这些都需要在课程实践中逐步摸索。更为值得注意的是，面对179人这样庞大的学生群体，教学如何更好地开展，小组讨论如何有效地开展，如何提高教师与学生以及学生之间的互动交流？一系列问题都需要在教学过程中不断探索。

本课程建设的主要方法是，通过教学实践不断修正教学方法，通过与学生的互动沟通、教师间的交流以及教学案例的不断优化来提升教学成效。

（1）基础知识板块

如何应用合适的教学方法介绍城乡地域概念以及城乡地域基本构成与特征；引导学生了解城乡发展与城乡规划研究的主要议题。

方法：通过风趣的PPT制作，将图片穿插于教学当中，并通过案例的剖析，从学生身边的实例说起，引起共鸣，激发兴趣，为进一步解析基础知识提供条件。

（2）专题知识板块

如何通过板块式的教学内容深入浅出地介绍城乡发展历史、城乡社会与文化发展、城乡交通与安全防灾、城乡发展与规划管理等专题内容。

方法：考虑到该课程面向的学生群体较为多元，课程安排了城市规划系有着丰富教学与实践经验的资深教授，以深入浅出的方法为学生讲解各个板块的专业知识。

（3）案例板块

如何通过非专业性的语言和通俗易懂的教学方法及手段系统介绍城乡规划编制体系与编制内容，剖析城乡规划编制案例。

方法：在课程中穿插两次案例教学，授课老师结合城乡规划实例，为学生剖析城市构成要素和城市规划编制的相关内容。

（4）实践教学

如何通过高效的组织工作，完成大量学生的现场教学，比如参观上海城市规划展示馆等，进行城乡发展与规划的案例现场讲解；邀请城乡规划管理工作第一线的专家，结合城乡规划实践案例进行讲解等实践环节。

方法：课程中邀请了上海市规划和国土资源管理局的专家来为学生讲授上海市的城乡发展与规划，让学生对自己所在城市有全面深入的了解。

课程中组织带领学生参观上海城市规划展示馆。将 179 名学生分为 3 大组 6 小组，安排三个场次参观上海的城市规划建设，并请专业讲解员进行解说，之后则是自由参观。

（5）分组讨论环节

如何发挥课程助教的作用，组织学生开展对城乡发展的讨论，通过小组形式的讨论，丰富课堂，提高学生的学习兴趣，启发学生思考城乡问题。

方法：选课的 179 名学生被分为 6 个小组，结合课程内容，提前 2 周拟定 10 个专题讨论议题，学生可以结合自己所学专业自行选择感兴趣的议题参与讨论。学生事先做好准备，并以 PPT 的方式进行课堂交流，老师进行点评。

（6）考查环节

城乡规划是一门内容丰富、实践性强的学科，相关知识的掌握与课程考核关系紧密，如何通过课程的考查环节检验学生的学习成效，并达到提高教学效果的目的。

方法：课程的期末考查环节，布置了开放性的作业题目，学生可以将课程所学内容与自己的专业相结合，扩大视野并开放思考。

5 课程教学效果的检验

为了检验本课程的教学效果，并改进教学组织和教学内容，在课程期末考查时向全班学生发放了调查问卷，回收有效问卷 165 份。

问卷对课程的各个环节设置了相应的四个选项，分别为：很好、较好、一般和不好。经统计，课程全部七大板块的授课内容认为很好的均超过 50%，认为较好和很好的累计超过 90%，认为不好的只有在个别课中有 1%～2%。学生普遍对于上海城市规划展示馆的参观考察评价较高，75% 的学生认为很好，

22% 的学生认为较好；对于讨论课的十项可选内容，91% 的同学认为很好或者较好。学生对老师授课的总体评价有 94% 为很好或较好。

学生对课程教学内容也提出了自己的想法。如图 1 所示，学生最希望学习具体案例和规划设计基本原理，此外对外出参观考察表现出较高兴趣，对城乡规划的历史和未来以及与文化艺术的关系等表现出较高的学习兴趣。再结合图 2 的统计数据，可以比较明显地看出，学生对具体案例学习和外出实地参观以及课堂讨论表现出更加浓厚的兴趣。这些需要在今后的教学中予以强化。

经过一学期的教学探索，城乡发展与规划的知识受到全校非城乡规划专业学生的喜爱，这与本学科的知识多元化有很大关系，也与中国快速的城镇化进程和城乡转型发展有紧密联系。学习了解城乡发展的基础知识应该成为大学生的基本通识教育之一，这不仅能帮助学生更好地了解中国国情，提高对国家宏观政策的认知程度，提升自身的综合素养与能力，也对学生开拓专业视野大有益处。在大学通识教育中植入城乡规划课程，能够让更多的学生掌握和熟悉城

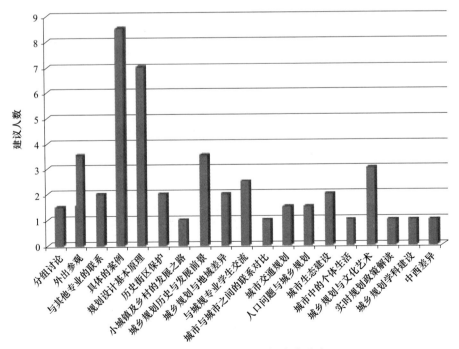

图 1　学生建议增加的课程内容分布

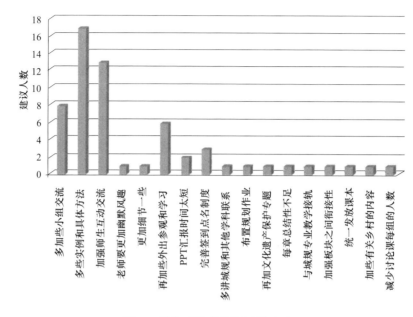

图2　学生建议的课程改进方面

乡规划的基本常识，这些知识将有助于学生在今后的事业发展中做出正确的价值判断，如城乡发展如何重视历史文化遗产的保护、产业发展中如何重视生态环境保护、城市发展中如何关注大量外来常住人口的社会保障和公平，以及城乡发展中各项社会事业与基础设施的统筹协调等。

同济大学通识教育中植入城乡规划课程是一次有益的教学探索，虽已取得了一些成效，但还需要在今后的教学中不断积累更加丰富的经验，并期待与国内高校同行们进行更多有益的交流和探讨。

（致谢：感谢同济大学教改项目的支持，感谢耿慧志老师对本课程建设提供的宝贵建议以及朱玮老师在问卷分析中给予的协助，文责自负。）

参考文献

[1] 高黎 . 耶鲁大学通识教育课程的改革与发展 [J]. 教育评论，2012，6：153–155.

[2] 季诚钧 . 试论大学专业教育与通识教育的关系 [J]. 中国高教研究，2002，3：50–52.

[3] 黄明东，冯惠敏 . 通识教育：我国高等教育改革的新走向 [J]. 高等教育研究，2003，4：13–16.

[4] 李曼丽，汪永铨 . 关于"通识教育"概念内涵的讨论 [J]. 清华大学教育研究，1999，1：99–104.

[5] 李曼丽 . 中国大学通识教育理念及制度的构建反思：1995 ～ 2005[J]. 北京大学教育评论，2006，3：86–99+190.

注释

① 包括：土木工程学院、经济与管理学院、艺术与传媒学院、交通运输工程学院、机械与能源工程学院、航空航天与力学学院、材料科学与工程学院、电子与信息工程学院、化学系、软件学院、口腔医学院、汽车学院、人文学院、设计创意学院、数学系、外国语学院、政治与国际关系学院、物理科学与工程学院、建筑与城市规划学院。

（原文曾发表于《全国高等学校城乡规划学科专业指导委员会年会论文集》2015 年 9 月）

王　兰：

同济大学建筑与城市规划学院城市规划系教授，博士生导师。致力于研究城市发展战略与规划，探讨城市特定发展战略的决定要素、规划和实施（包括高铁新城、全球城市和健康城市）。研究均从基础实证出发，以定量和定性结合的研究方法、以理论和实证融合互动的研究思路、辨析特定发展战略，致力于在规划原则、方法和机制方面提出创新，并结合规划实践，优化城市发展战略的制定和规划的编制。发表40多篇论文，出版4本专著，并主持多项国家级和省部级课题。同时，担任全国高等学校城市规划专业指导委员会秘书长、亚洲发展银行—同济大学区域性城市可持续发展知识中心执行副主任、世界银行城市发展顾问、上海市大数据社会应用研究会理事，同时担任 Transportation Policy and Planning、Urban Studies、Town Planning Review、Cities 等杂志审稿人。

阅读城市：一门城市规划入门方法课程的探讨

王 兰 刘 刚

大部分城市规划专业本科生在从高中学习转换到城市规划专业学习的过程中遇到一定的困难，或是数理化学习方式无法适应创造性的专业设计课，或是对城市这一学习客体缺少认识和感知。城市阅读是对城市空间及其相关信息进行收集、记录、分析和表达，有利于本科低年级学生转换理科学习思维和习惯，增强对城市的理解，从而帮助学生尽快进入城市规划专业领域，为高年级学习积累专业知识和分析技能。

1 城市规划专业入门的难点

城市规划专业目前属于工科，通常考入的学生在高中时为理科学生；而城市规划日益成为包含了与城市相关的经济、社会、公共政策等文科内容，注重美学和创新，并以城乡物质环境和空间为对象的学科。在这种差异性下，高中生转变为城市规划专业本科生需要一个入门转换过程，其难点包括：

（1）学习客体的转变

城市规划专业学习的客体是复杂的城市，主要工作领域涉及城市物质环境的多个方面，包括空间形态、土地使用、道路交通、公共设施等。学习的内容从数理化等多个学科，转变为以城市物质空间为核心的相关城市学，以及需要综合考虑经济、社会和环境和谐发展的规划学。客体的复杂化、动态化以及与日常生活的紧密联系需要城市规划专业学生改变学习方法和思维方式。

（2）学习方法需要转变

高中学习方式注重习题和考试，通常以题海为高考成功的保障。重复和记忆是主要的学习方式。而城市规划的专业课，特别是 Studio 形式的设计课，均没有简单的重复，课堂学习内容的记忆并不能帮助很好地完成设计作业；注重的是学生在对设计客体理解基础上的创意和构思。因此更好地理解设计客体可以帮助学生将设计内容与实际环境联系在一起，寓学于日常生活。

（3）思维方式需要转变

高中时期的思维方式以接受知识灌输为主，而规划专业课注重知识的实际应用，对案例能举一反三，以及能在理解、积累和发现问题基础上的创新。思维方式需要从简单的接受到质疑、批判和反思。同时，理科注重精确的思维方式需要转为注重正确的综合性思维，例如学会理解不同人群具有差异性的诉求，在住宅区规划设计或市中心城市设计方案中进行综合考虑，满足多样化需求。

城市阅读将帮助学生实现学习方法和思维方式的转变，并提供工具和路径理解城市这一复杂的学习客体。

2　现有城市规划入门课程

目前城市规划院校设置的入门课程包括以建筑学为基础的设计初步、以城市规划专题为特点的城市规划概论、以住宅区为对象的认识实习。麻省理工学院（MIT）设置了多个城市规划和设计的入门课程，包括"城市到城市：比较、研究和书写城市（City to City: Comparing, Researching and Writing about Cities）""城市设计技巧：观察、解读和表现城市（Urban Design Skills: Observing, Interpreting and Representing the City）"和"曾经和未来的城市（The Once and Future City）"。

这些课程都非常注重通过对城市本身的观察、研究和分析，实现学生对城市这一学习客体的理解。例如"城市到城市：比较、研究和书写城市"包括到特定城市的参观和研究，作业包括每周的周记、基本分析、细节研究分析和规划、最终规划和报告等。而"城市设计技巧：观察、解读和表现城市"课程重在介绍记录、评价和交流城市环境的方法。通过视觉观察、实地分析、测量、访谈等方式，学生将发展他们对于城市环境如何使用和评价的感觉和能力，从而演绎、推论、质疑和测试城市空间问题。同时通过使用画图、摄影、计算机建模等表现方式，学生将交流他们观察到的城市空间和设计理念，从而为进一步的城市设计专业课程（Studio）提供基础。而"曾经和未来的城市"设置了为期一个学期的四步课程作业。笔者建议在城市阅读课程中采用，以帮助学生掌握理解和表现城市的路径。

3　作为入门工具课的城市阅读

3.1　城市阅读课的目的

城市阅读课希望通过课程中所解析的城市案例和学生作业的完成，帮助本科低年级学生了解其所代表的城市类型、空间特点及时代特征，理解城市的空间独特性、历史唯一性和文化多样性，感知城市对建筑的意义和建筑对城市的意义，从而逐步学会从城市和环境分析入手的专业思维逻辑，建立基本的城市观，形成正确的城市规划价值观。

3.2　城市阅读的内容

城市本身提供了比其他任何文本更丰富的阅读材料，通过一学期的城市阅读学习，学生不仅应能运用文字、地图、照片和图表，更重要的是通过自己的眼睛和心灵来认识城市。充分认识到他们将要面对的各类规划和设计问题都与所在城市环境或自然环境密不可分。

城市阅读的内容可包括城市及其特定地区的历史文化特征、经济社会特征、自然地理特征，城市空间的结构、形态与肌理及其背后的成因。阅读案例可包括不同城市发展阶段的亚洲、欧洲、北美洲的典型城市。

3.3　城市阅读的方法

城市阅读有多种方法，可包括注重物质空间要素的城市意向解读、注重城市经济发展阶段和产业结构的经济学解读、注重城市开发潜在动力的政治经济学解读、关注结构变化的社会学解读。

1）空间要素的意向解读：这种解读以凯文·林奇（Kevin Lynch）的城市意向（city image）为主要理论和方法支撑，分析城市形态中的特定要素、变化及其关系。林奇认为"一个可读的城市，它的街区、标志或是道路，应该容易认明，进而组成一个完整的形态"。他将城市意象中物质形态研究的内容归纳为五种元素：道路、边界、区域、节点和标志物，为阅读城市提供了空间要素的意向解读工具。

2）空间发展的经济学解读：城市空间发展的经济学解读注重城市化阶段、产业结构和就业情况。城市在产生、成长、城乡融合的整个发展过程中的经济关系及其规律为解读城市空间的变化提供了依据。这一解读方法拥有大量理论支撑，如韦伯（Alfred Weber）的区位理论、汤普森（Wilbur Thompson）在《城市经济学导言》中对城市发展阶段的经济学判断以及经济全球化的相关理论。

3）空间发展的政治经济学解读：这一解读方法着重探究城市空间发展变化的政治经济相关动力机制，保护政治的经济学解读和经济的政治学解读。当前美国对城市开发的剖析主要使用两个重要的政治经济学理论工具：一个是以空间的使用价值和交换价值为基础的增长机器理论（growth machine theory）；另一个是以个体理性及其联合行为作为核心的政体理论（regime theory）。两个理论均不是简单通过体制框架来解释发生在城市的空间发展变化，而是基于具有价值判断和利益驱动的体制内外的个人或群体，为阅读城市提供了特定的理论分析工具。

4）空间发展的社会学解读：这一城市阅读方法关注城市发展的社会影响，主要包括空间使用者特征、社会的流动性和差异性、不同人群的相互作用等议题。大量社会学理论可支撑空间的社会学解读。例如梅因爵士（Sir Henry Maine）分析城市化过程中家庭依赖性逐渐解体和个人责任的增加，滕尼斯（Ferdinand Tnnies）对礼俗社会和法理社会的区分，齐美尔（Georg Simmel）探究了工业化前后两种社会的心理学关系，萨特尔斯（G.D.Suttles）对邻里社区的剖析等，可分析社会关系与空间的互动。

4 城市阅读课的设置

4.1 课程框架

课程框架包括授课教师的讲课、学生的课程项目作业编制及汇报，如图 1 所示。

讲课的内容建议以城市发展历程为脉络，分为城市的过去、今天和明天板块，解析工业化前城市发展、19—20 世纪城市发展以及 21 世纪城市发展新理念。在每个板块整体介绍这一阶段城市发展的背景、特点和面临的主要问题。同时课程选择多个国内和国际案例，重点展现城市发展中各个特定历史片段的印记。课程以案例为基础，介绍分析阅读的方法。

课程作业的完成和汇报是城市阅读课的重要内容，让本科低年级学生摆脱单纯接受知识灌输的方式，学会自我发现问题、做出选择、主动提出问题、积极收集资料解决问题。课程作业将在学期开始就布置，完成时间为整个学期。内容包括：研究基地选取、研究基地客观发展分析、研究基地空间意义解读以及研究基地未来发展判断。

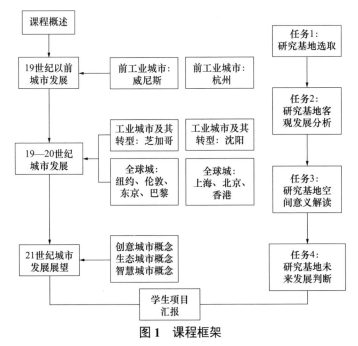

图 1 课程框架

4.2 注重体验的课程作业

根据"曾经和未来的城市"，课程将请学生运用教学过程中所学的知识，在所在城市市域范围内选择一个"城市阅读"的研究对象基地，进行研究报告的编写。报告可细分为如下四个任务。

（1）任务1：研究基地选取

本阶段需要选择一个基地并对此做出说明。基地可以在所在市域内的任何地点，需要包含2～4个街坊以及两种以上的土地利用类型。建议基地内部具有多元混合使用，经过分析解读后能够引人关注的现状态势，以及随着时间推移可能发生的重大变化。

要求对这一基地进行基本描述，阐述选择的原因、存在问题、改善需求等，明确基地的土地使用性质，包括混合使用在二维和三维中的组合情况。成果中要求至少有一张个人制作的建成环境意象地图。

（2）任务2：研究基地客观发展分析

本阶段集中分析基地在城市化发展中经历的客观过程。在基地确定的基础上，通过文献和图档资料，研究基地及其周边环境已经发生的客观进程。解析出随着时间推移，影响和塑造了基地物质空间的自然地理和经济社会历史过程。建立城市随着时间受到各种影响力发生变化的意识。

需要查找早期的文字和地图，以便帮助描绘基地本身的自然特征，例如河流或池塘等地形因素。研究和探索这些地形要素与现状基地形态的形成和发展之间存在怎样的相互影响过程；也可将基地在更大范围的城市区域中进行审视，对变化的发生做出判断。土地利用、所有权、建筑密度、建筑物增加、建筑样式、交通方式等的变化通常体现了社会历史的进程。

本阶段希望学生能够划分出基地发展的合理阶段，确定发生变化的关键时间点，从而为探究变化背后的原因和作用力提供基础。问题可包括在基地曾发生过的变化中，哪些会比其他更重要？变化是逐步改变还是突然发生？成果需包括不同时期的地图、发展规划和照片。

（3）任务3：研究基地空间意义解读

本阶段旨在识别基地作为建成环境的发展痕迹，揭示空间的意义。根据划分的进程阶段，课程希望学生能够对具体变化的现象进行解释。通过资料分析和访谈，学生可以比较不同阶段空间使用者的身份特征、活动和生活方式等，进而搜索和认识城市发展的脉络和发展机制。

问题包括变化是来自具体个人的行动还是与更广泛的力量（社会、文化、政治、经济，或更直接的条件如政策、事件、技术变化带来的影响等）的联合作用？各个阶段的发展模式是否相同？需要整体分析所得线索，对应连贯的过去、现在和未来，从而获得城市阅读和发展趋势分析的线索，获得揭示建成环境意义的经验，推测未来可能发展的条件。成果要求高质量的论据表达，提供最体现关键点的图像和图标。

（4）任务4：研究基地未来发展判断

最后一项任务是对基地未来发展趋势做出判断，反映出学生对城市发展的理解和观点。论证内容包括基地未来变化的可能性、变化的内容以及发生变化所需的条件。变化包括土地使用性质、空间结构、空间使用者等多方面内容，也可对变化的结果和影响进行评估。可尝试对基地建成环境的城市化发展模式进行概要的总结。

这一部分同时作为课程研究的总结，需要回应前面三项任务的内容，包括分析对基地的问题认识在研究开展前后有否发生变化，对基地未来发展的预测或解决问题的方式在研究进行前后是否发生变化。概要总结在推理判断空间形成进程中的因果关系，并针对未来发展的空间特征进行总结。

4.3 课程考查标准

成果形式可为4000～5000字的报告，并基于此完成15页PPT，进行10分钟课堂交流准备。

评判标准包括：

1）问题选择：要求视角清晰、方向明确、能在标题上有所体现。

2）结构与分析技巧：要求逻辑清晰、完整，基本框架简洁，能将整体对象分解为简单的部分，并指出其中的关系。

3）内容：以对象的空间物质属性为主，需运用图形（含手绘地图）、照片、数据和简要文字，对形态、发展等内容进行描述。

　　4）结论：简要归纳空间形成的规律，回应研究问题。

5　结语

　　城市阅读的教学和作业要求学生审视城市或城市中特定街区的客观对象，进行质疑和评判，提出疑问，努力寻找答案，并通过解读和表达，将自己对研究区域的变化理解进行交流。学生通过城市阅读课程可形成一个建成环境如何随时间变化的意识，以及在现实中识别各种发展线索和作用机制的能力，从而理解城市发展动力和规律。力求在方法总结、价值观建设的基础上，对建成环境和空间发展初步形成自己的观点，为进一步的规划专业课学习提供基础。

参考文献

[1] 布赖恩贝利 . 比较城市化 [M]. 顾朝林，汪侠，等译 . 北京：商务印书馆，2010.

[2] 凯文·林奇 . 城市意象 [M]. 方益萍，等译 . 北京：华夏出版社，2001.

　　（原文曾发表于《全国高等学校城市规划专业指导委员会年会文集》2012
年 9 月）

杨　帆：

博士，副教授。1968 年 11 月生于河南省漯河市。1986—1990 年，同济大学建筑与城市规划学院城市规划本科学习。1998—2006 年，同济大学建筑与城市规划学院城市规划系研究生攻读。承担本科生"住宅区规划设计""乡村规划设计""城市总体规划设计"等设计课，"城市规划管理与法规"理论课讲授。开设研究生课程"中国语境下的城市政治学"。研究方向以城市规划理论、城市规划管理与法规、公共政策与城市政治学、城市空间结构与产业结构、城市更新等为主。出版专著《城市规划政治学》，译著《英国城市更新》，参与编著《城乡规划与管理》等著作，发表论文 50 余篇。承担国家自然科学基金"城乡工业用地空间绩效评价及转型更新机理研究"，以及上海市决策咨询重点项目"增强上海全球城市吸引力研究"等一系列科研课题。

刍议城乡规划专业综合设计能力培养所面临的问题
——从住宅区规划、城市总体规划到规划管理

杨　帆

1　背景

　　城市建设和城市化不仅标志着一个国家经济的发展特征，同时也是一个国家社会演进的外在表征。人们也越来越认识到，积极参与这一进程的城乡规划，不仅是具有政策和制度安排意义的空间决策过程，更具有自下而上与自上而下过程紧密结合的社会、经济和政治属性。由此，引发了规划教育的深层反思和广泛的学科交叉探索，在今天看来，也同样造成了对规划传统的设计表达能力的忽视。

　　近年来，以大数据和基于大数据的空间研究方法为主的定量研究和空间研究方法日益成熟，吸引了规划者的研究热情，对规划决策模式造成冲击，也影响了以设计表达为主要方式的规划政策语言的话语权（discourse power）。此时，重视城市设计的思潮重新回到人们的视野，基于对城市居民的关怀、城市权（right to the city）[①]的认知和对时代议题的回应，这更像是对城市规划精神的回归，而不仅仅是对空间设计语言表达方式的回归。重新思考和审视规划本科教育中的设计能力培养也就在所难免。

2　规划本科教育中设计能力培养面临的问题

2.1　设计教育本身所反映的问题

　　（1）设计培养重心的偏移

　　从课时设置来看，设计课学时基本保持稳定，但是，由于总学时的扩大，

设计课在总学时中的比重明显下降。一项针对学生的调研显示，安排更多的学习内容从理论上可以促使学生利用"冗余时间（redundancy time）"，但是实际的效果是学生用于学习的"有效时间"被重新分配，花在每门课程上的时间普遍减少。

即使设计课学时没减少，但是学生课余用于设计能力、方法、信息等方面思考和搜集素材的时间明显减少了，客观上造成规划专业学生的学习重心从设计向其他方面偏移。

（2）设计培养重概念轻实施

由于课外时间的减少，设计课课内时间的利用面临重新分配，传统基于"言传身教"的"师傅带徒弟"设计教学方式面临挑战。既要注重对基地的了解和对现状问题的认知，又要学会运用空间语言表达解决问题、构建社会的设想，还要掌握规范、可读的表现手法和图纸语言；再加上学生的理解能力参差不齐，以及师生比等因素，很容易出现学生一直停留在概念（idea）和设想生成阶段，而在"动手画图"、表达空间对策方面得不到教师充分和细致指导的情况。最终导致，在住宅区规划中不能达到具有可修建的设计深度，在总体规划中不能达到符合法定要求的编制内容深度，在规划管理学习中不能理解规范性约束的意义和作用，却能够在汇报环节滔滔不绝、以概念来描绘规划愿景和实施预期。

（3）调研认知与设计表达脱钩

设计课中的抄绘与调研内容，能够起到很好的设计介入现实的教学目的，但是，学生普遍比较缺乏从问题研究导出设计方案的能力。现场调研包括对场地空间状况的表现和描述，这是抄绘能力的应用；现状的社会和空间问题的提炼，是调研训练的目的。如果缺少由问题指向空间方案的指导，容易导致两个培养内容相互脱钩；或者说，如果教师本人忽视或者不具备构建问题分析与方案生成之间逻辑关系的能力，甚至忽视对建设现实和管理机制的关照，那么要求学生根据自身认知水平进行"贯通"尝试，则是一种带有"盲目性"的训练。

2.2 问题的本质分析

设计课作为规划专业教育的核心课程，存在上述问题或者倾向，实质反映了对某些议题认识还不是很清晰或者存在争议。

（1）是以设计能力为重还是以社会认知能力为重

传统上，规划专业的学生以设计表现能力作为重要的评价标准。由于对社会经济和政治制度的关注，规划专业学生的评价体系中增加了社会认知能力较大的比重，并由此延伸增加了对研究探索方法的强调。显然，培养规划专业学生的目的并不是要他们成为地理学家、经济学家、社会学家，而是希望他们能够借助这些相关学科的知识和能力更好地完成规划专业本行。那么如何均衡地培养设计能力和社会认知能力，如何认识规划专业的核心知识和能力体系，并最终得以加强规划专业的核心竞争力，是问题的关键。

（2）设计能力与社会认知能力贯通的必要性

物质空间具有社会行为和价值取向内涵，它始终是规划的操作对象以及实现对社会改良目标的表征，是规划学术和实践的外在物化（reification）。培养学生社会责任感和空间谋划能力的目标，也并未因社会和思想体系（ideology）的演进，以及技术手段和表达技巧的进步而偏离规划学科和规划教育的核心位置。[②]因此，设计能力的培养，从来而且在未来也不会偏离于主要教学内容之外；只是在不同的社会和时代背景条件下，设计能力与社会认知能力之间"贯通"程度的要求不同。如本文开篇所述，当下需要我们重新审视设计的行动和解决问题导向与发现社会问题能力导向之间的协调，并最终回到提高学生综合设计能力培养上来。

（3）是学科交叉还是学科支撑

规划专业本科培养中理论课与设计课关系的处理日益重要，分别侧重于对学生空间谋划能力的培养，以及对学生社会责任感的培养。社会责任感是学生基于知识储备而对设计价值取向、设计概念和设计空间语言的选择过程，因此，最终仍然体现在综合设计能力当中。

为了使学生社会责任感的获得更具理性，理论课追求知识体系的系统性和方法的技术可靠性，如社会学、经济学、地理学等课程的开设。因此，有学者认为，规划学科向其他学科的"跨界"性探索，不应当是为了学科交叉和形成新的研究领域，而是为了借鉴和引入，是将多学科知识体系、研究成果和研究方法综合运用于规划学术和实践，并支撑规划决策和思维、形成具有独特"规划逻辑（planning reasoning）"为目的的。

3 再议规划教育的核心

3.1 社会事务

笔者曾提出，规划教育在于对"两个维度，三个过程"的培养，即社会责任感的培养、空间谋划能力的培养是两个重要的技能和知识维度；社会责任感的形成过程、空间语言体系的生成过程以及社会责任感与空间语言体系之间形成贯通的过程，则是三个重要的教育过程。

事实上，需要回答规划教育到底在何种程度上是在培养学生参与"社会事务（social affairs）"的能力，或者说，是否希望学生将空间设计能力运用为社会工具。这也就决定了在何种程度和深度上去培养学生的社会认知能力，包括对社会经济运行规律的认识，对社会和城市组织、管理方式和制度机制的认知。

（1）对社会结构的认识

参与社会事务要基于社会结构认知。城市社会中弱势群体问题、外来人口问题、流动人口问题、老龄化和少子化问题等，都涉及社会公平和空间正义的议题。规划教育不能回避社会结构和空间结构中的多样化、非均质化现象，而同时，作为社会改良和空间重构工具的设计能力，也很难回避对行动目标、行动方式和行动结果的关照和选择，设计不应仅仅停留在空间构图和美观。在这一目标和实施对策导向下，规划者对城市社会结构的认知过程显然不完全相同于社会学家、经济学家和地理学家等；在多样性认知的基础上，规划者需要能够寻找到价值交集、提出建设性意见，以便聚合和激励行动。

（2）对分配过程的认识

社会事务的复杂性和多元化，体现在价值取向的多元和行动方案的多元。相对于设计能力，寻求最佳空间方案的过程事实上是寻求价值均衡的过程，是对以空间为表象的价值、财产、偏好和诉求的分配过程，因而始终以动态更替、稳定与冲突相互交叠为特征。因此，将设计运用于社会事务，或者将社会事务以空间设计的形式表现出来，就要求规划者认识到每次提出、修改空间方案背后的社会经济动因。这并不完全等同于建筑师与业主之间的互动，规划者还应当具有能动地影响甚至引导不同价值取向达成共同行动目标的能力。

3.2 空间规划

长期以来，人们在强调规划的空间政策属性同时，也认识到规划并未能够替代或等同于其他各项政策；在指导项目落地、解决运营和使用方面问题时，规划又显得捉襟见肘。空间规划是不是一种社会事务，空间规划能不能替代社会事务，规划是不是社会事务的交互平台，空间规划能不能融入社会事务？这些问题影响着规划本科教育的完成。

（1）空间的尺度效应

如同用望远镜和显微镜观察物体一样，空间的尺度效应导致人们居于不同的观察维度，会思考和聚焦不同的问题。因此，空间规划既具有战略意义，也具有构建意义，也对应于不同的治理主体，比如不同层级的行政地域。针对不同层次规划的学习，能帮助学生形成在应对不同尺度社会事务时采用不同空间语言体系的能力。

（2）空间的权属效应

城市空间由不同的产权和物业特征构成，因此，空间多样性反映了人们拥有和使用的状况，空间规划是在重新界定人们拥有和使用空间的模式，从而对人的行为、交往模式产生影响，并最终决定城市的运行和社会经济状态。由于空间的权属特征，空间规划很难不是一种社会性事务，但要真正将其应用为对物权进行重构的社会事务，又存在一定困难。

（3）空间的时间效应

城市社会经济具有演进特征，因此，物质性空间随着社会经济的演进而具有了时间特征。根据当下需求所塑造出的空间，具备使用功能的弹性适应性，这说明社会经济活动以及人类感知，也同样具有可塑性。这一认知可以从观察空间的稳定性与人类活动的流动性而获得，从而认识到空间可持续使用以及城市更新的本质。空间规划因其对时间的塑造而获得了对社会性事务的长期影响。

3.3 城市研究与空间规划之间的因果关系和行动链条

空间规划作为对城市社会进行干预和重构的重要力量，具有地方治理和城市管理的工具作用，并有可能成为一种地方治理机制。规划者认为，相关研究领域的知识和方法，能够提高空间规划解决问题、实现理想目标的有效性。但同时带来一些问题，其一，将大量精力投入对社会、空间状态的认知研究，造成与其他学科的重叠和竞争，而在其他专业领域没有做得比他们更好；其二，忽视规划核心内容之一，即从认知付诸行动的环节，没有基于认知研究的增强而提升决策和行动的质量。

空间规划能力包含了对既有优秀研究成果转化为高质量行动所体现出来的对资源的运用、调配和管理能力。在这里，解决城市研究与空间规划方案之间因果关系，解决问题研究与决策行动的因果关系，构建其他支撑专业的研究成果转化为规划专业提出空间方案、政策决策的行动链条，才是规划专业教育所要实现的目标。因此，作为社会事务重要解决路径的空间规划，需要依托治理平台而转化为空间管理的工具，成为地方管理权威的构成，才能使其有效应对纷繁的社会利益冲突，实现对城市空间进行重构的理想。

4 启发和讨论

在重新注重规划专业综合设计能力培养之时，要从培养体系、教师条件和教学方法三方面入手。既要注重设计能力所体现的工匠精神，又要体现设计能力所蕴含的人文关怀和资源调配能力，在各项知识、能力之间产生"贯通"。

（1）以设计课为主线带动理论课

由于规划专业的行动能力体现在综合设计能力，以及基于空间设计能力的社会事务参与能力，因此，综合设计能力的培养应当逐渐回归到规划教育的核心位置。在对综合设计能力进行分阶段、循序培养的过程中，理论课程具有提供知识储备、解答理论疑惑、形成研究方法、完善设计手段等作用。这需要针对以下三个方面进行精心设计：

其一，解决理论课程如何转化为具有影响价值的设计方法这一问题。可以通过专业课程导读的方式实现，也可以通过要求所有理论课程授课教师在课程总结环节必须提供结论、指导或者建议的方式实现。其二，解决不同理论课程如何跟随设计培养的不同阶段进行分布，或者同一理论课程的分阶段、分内容深度的讲授。比如，在针对本科生的调研中得到反映，城市地理学课程并不适合在二年级下半学期讲授，学生难以理解其中的空间内涵和经济学解释，建议在学生完成修规设计和具备基本的经济学常识后讲授可能效果较好。其三，解决不同理论课程对设计课程培养序列的干扰，并存在重复训练、深度不够、不同教师价值取向相异的问题。尤其是二、三、四年级下半学期的设计课，是规划专业综合设计能力培养中具有转折性的环节，体现在对住宅区规划、总体规划和城市设计的认识，更应当处理好在同一学期内相关理论课程和理论内容的配置。

（2）提升规划设计课教师的社会实践能力

学生能够与教师感同身受是实现"言传身教（walk the talk）"教学方法的基础，因此，完成综合设计能力培养过程的教师，自身应当具备较强的参与社会事务的能力，否则难以胜任"身教（teaches by example）"；同时，要具备认知社会的理论知识基础和研究方法，否则难以胜任"言传"。在这个过程中，教师通过"身教"所传递的信息，与通过讲解、讲授理论课程传递的信息量应保持在 8 ：2 的状态。教师"身教"，可以促使学生建立好的习惯、正确的习惯，并形成有效的工作方式，能够留出更多的思考时间。

（3）借鉴设计思维（design thinking）的理论模型

1969 年，诺贝尔奖获得者西蒙（Herbert Simon）在关于设计方法的开创性文章"the Sciences of the Artificial"中概述了设计思维过程的第一个正式模式，对目前一些广泛使用的设计思维流程模式具有重要影响。斯坦福大学提出设计思维五阶段：同理心，定义（问题），构思，原型，测试（图1）。第一阶段，同理心，目的是了解所涉及的人类需求，获得对试图解决问题的共鸣。第二阶段，定义，以人为中心的方式重新构建和定义问题，分析观察结果并进行合成，以便定义核心问题。第三阶段，构思，提出许多创意想法。在构思结束阶段选择一些其他技巧，调查和测试想法，找到解决问题的最佳方法，或提供规避问题所需的元素。第四阶段，原型，采用实践方法，所有解决方案通过原型实现，并对每个方案进行调查，基于用户体验的这些方案可能会被接受、改进和重新检查，或者被拒绝。第五阶段，测试，针对问题提出解决方案。使用原型设计阶段确定的最佳解决方案严格测试整个产品，这也是一个迭代过程，在测试阶段所产生的结果常常用来重新定义一个或多个问题，并同样产生同理心。

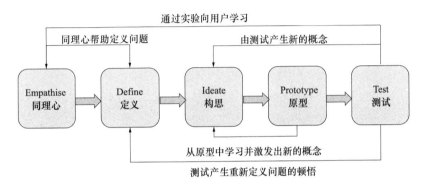

图 1　设计思维——并非一个线性过程

来源：笔者根据 interaction-design.org 提供的概念图绘制。

在实践中，设计思维过程以更灵活和非线性的方式进行，它的优点在于，系统化地识别了在设计项目和任何创新的问题解决项目中要不断展开的阶段和模式。在这样一个设计方案生成的过程中，相关理论知识和方法体系得以清晰化，研究性的成果内容对设计能力的培养具有了支撑作用。它非常符合本文对规划专业综合设计能力的理解。

5　结语和展望

笔者认为，当下规划教育中的综合设计能力，并非传统意义上的设计。它是对观察、认知等研究方法与政策、管理等实施对策的综合协调运用，是规划通过空间设计实现参与和影响，甚至构建社会事务的核心能力。因此，对综合设计能力的重视和回归，需要获得多方面知识和理论方法体系的支撑。规划学科需尽快走出跨学科交叉的时代，进入构建学科内部核心知识和方法体系的时代，并且这一自我完善过程将得益于多学科的支撑，重点完成将认知和研究成果转化为综合设计能力的贯通。

　　以综合设计能力培养为主线，配置和引入理论知识体系和研究方法体系内容，目的是促使综合设计能力内涵的提升，而非忽视和转移培养重心。由此构建出的规划专业核心能力，在未来或许具有无可替代的地位，并能发挥以空间设计过程完成社会事务的作用。

参考文献

[1] 张庭伟. 告别宏大叙事：当前美国规划界的若干动态 [J]. 国际城市规划，2016，2：1-5.

[2] 杨帆. 城乡规划管理实习环节的思考——"走出去"与"请进来"相结合的实习教学 [C]//2015 全国高等学校城市规划专业指导委员会论文集. 北京：中国建筑工业出版社，2015.

[3] 杨帆. "谁的规划"以及"谁去行动"——社会责任感"物化"为空间设计的教育过程 [C]//2016 全国高等学校城市规划专业指导委员会论文集. 北京：中国建筑工业出版社，2016.

[4] RIKKE FRIIS DAM, TEO YU SIANG 著，Of-to-design 译，http://www.myzaker.com/article/5917be111bc8e0b84500000c/；原文地址：https://www.interaction-design.org/literature/article/5-stages-in-the-design-thinking-process/

注释

① 城市权，the right to the city，是一个政治理念，由列斐伏尔（Henri Lefebrre）首先提出。

② 杨帆. "谁的规划"以及"谁去行动"——社会责任感"物化"为空间设计的教育过程 [C]//2016 全国高等学校城市规划专业指导委员会论文集. 北京：中国建筑工业出版社，2016.

（原文曾发表于《全国高等学校城乡规划学科专业指导委员会年会论文集》2017 年 9 月）

李　晴：

同济大学城市规划系副教授，同济大学城市规划系硕士及建筑系博士，美国伊利诺伊大学博士后
研究，主要研究方向为城市设计、高密度社区、韧性城市、都市人类学及住房政策研究。作为指
导教师多次参加包豪斯大学暑期学校 Advanced Urbanism，以及作为城市发展专家参与亚洲发展银
行的项目，主持和参与多项国家自然科学基金，发表论文 30 余篇，专著 2 部，译著 1 部。作为项
目负责人，入围日本大阪北车站地区概念规划设计国际竞赛。

范式转型：一种基于理念演绎为导向的规划设计教学新视角

李　晴

　　每当开学初期准备居住小区修建性详细规划设计的教案时，时不时会听到这样一些议论："居住小区（修建性）详细规划，就是把两三个星期可以完成的（设计）作业硬磨蹭到一个学期。"作为长期从事城市规划设计教学的老师听到这样的议论不禁有些窘，但是这种观点并非空穴来风。从内容上看，居住小区修建性详细规划设计就那些要求，几周教学时间基本能够搞定。从实践工作来看，对于做过几年居住小区修规的"熟练工"来说，一两天内做出数个居住小区的总平面规划设计方案并不是难题。为了不"浪费"设计课程的教学时间，一种解决办法是增加授课和学生课程设计作业的成果内容，如增添居住小区中心区设计和快题设计等。但是，在笔者看来，问题的关键并不在此，长期以来，城市规划专业的大学教学以培养"职业"规划师为目的，在规划设计教学上过于重视功能和满足规范要求，强调工具性思维和制图能力的培养。但是，大学作为培养社会栋梁和创新性人才的基地，其教育产品在当今应该能够参与全球性竞争。要实现创新，在规划设计教学上必须超越基本的功能和经验性学习，让学生掌握一套理解事物和能够深度思考的设计方法论。以理念演绎为导向的规划设计教学是一种基于设计方法论学习理念的教学方法，通过思维训练，使学生掌握自我发展（self-development）和不断创新的思考方法和工作路径。下文笔者将详细探讨基于理念演绎为导向的规划设计教学的内涵，并比较实用型导向和理念演绎型导向两种教学模式的优劣。

1 设计方法与方法论

按《韦氏词典》的解释，方法是指实现某一目标的步骤和程序，包括某一特定学科内系统性的操作步骤、技法和探究模式，完成某件事情的技巧和过程，一种有序的安排、演化或者分类；方法论是对某一领域进行操作或者探究的原则和步骤的分析。在规划设计领域，设计方法是教人如何进行实用性的设计操作，安排功能，组织流线，绘制空间形态；设计方法论是教人对每一项操作步骤和原则进行追问，在问与答中学会深度思考，最终获取逻辑推理和不断创新的设计能力。

以居住小区修建性详细规划设计教学为例，实用型为导向的教学模式一般从居住小区的骨架——道路系统出发，根据人流走向和周边道路情况确定小区级道路与城市道路衔接的出入口，然后根据通而不畅的原则，安排路网，研究居住组团和小区公建的空间布局。这种模式最为经典的构图之一在前些年被称为"同济模式"（图 1），即在任何较为平整的基地内可画一条类似 S 形的曲线作为小区主路，曲形道路意味着通而不畅，半弧形围合之处为小区中心绿地，围绕中心绿地可分为 4～6 个组团，从中心绿地放射出来的射线形成步行道，将组团绿地与中心绿地联系起来，小区景观整体而活泼。这种经典的设计手法和模式很好地解决了小区规划的功能问题，符合规范要求，不论基地是方形、菱形还是不规则形状，都可使用，适应性极广。但是，如果从规划设计方法论的角度出发，可以不断追问：为什么会有这样的一条曲线？运用其他手法同样可以达到用地功能、交通系统和环境景观整合的目的，为何选择这条曲线？如果再追问：这条曲线为何不往左或者往右移一点？即便是出于经济性和服务半径的原因，这样的回答仍然不能令人满意，仍然不能明确地解释设计的目的性。假使认可设计可以不断追问，那么一定会发现设计有一个起点或者说是原点，这个原点就是设计的中心思想，即"设计概念"。从设计概念出发，不断进行追问、质疑和逻辑演绎，就是基于设计方法论的一种设计思考和教学模式。

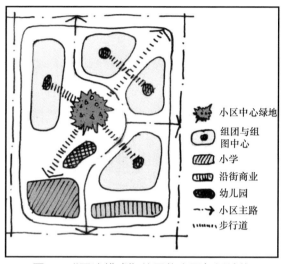

图1　"同济模式"的居住小区规划结构

2 设计就是编写一个故事

　　意识到设计概念重要并不等于完全找到了窍门，如何进行演绎仍然是一个问题。设计概念从哪里来、如何将设计概念演绎系统化仍然是个未知数。按一般（尤其是西方）的教学惯例，一个课程设计结束时，每位学生都要针对自己的设计图纸做最后的陈述。怎样才能将陈述做到尽可能完美呢？不少学生在陈述时容易犯这样一个毛病：仅仅简单地指着图纸解释这是什么、那是什么，孤立地叙述图面上的各种功能安排和一些思考片断，缺少一种逻辑上的关联，更无法解释如此设计的原因。一些学生即使提出了设计概念，但规划设计的空间形态、图面表达与设计概念之间缺少关联。如果要逻辑性地讲解自己的规划设计方案，使其能够自圆其说，可以把规划设计看作描述一个故事，方案的一步步演绎和形态的有机生成就是故事的发生和发展，故事的中心就是设计概念，故事的剧本就是精心构思的空间形态与场景组织，故事是否精彩就在于设计剧本是否有趣、空间场景是否吸引人。可以说，一个优秀设计师之所以比别人高明，就在于其设计作品能够给出一个很棒的故事。当这个故事很有意思，被人代代相传，就像口传历史一样，它们就成了文化的一部分。从这个角度上讲，好的设计就是在不断创造文化。另外，把设计当作编写故事和剧本，反映了对于空间主体——"使用者"的重视，它体现了一种认识论和价值观——对于空间意义的追求。

居住小区是一个规模适中、界限和范围相对明确的邻里社区，社区公共空间的营造非常重要。按西方城市社会学的说法，社区的公共空间作为最为重要的"第三空间"，是儿童（0～9岁）公民意识和公民美德形成所依凭的最主要的公共空间场所。从理念演绎的角度看，居住小区修建性详细规划设计的重点在于小区公共空间场景的组织与塑造，营造某种具有特质的空间，为各项社会性活动的开展创造条件，通过剧本精心策划诱导某种活动发生，让小区的居民乐于接受、参与其中，实现设计师的预定设想，使得居住小区成为一个社会文明涵化的培育场。

3 以理念演绎为导向的规划设计教学特征

如果可以把设计理解为讲一个好的故事，那么规划设计教学的思路似乎豁然开朗，那就是要寻找故事的主题，谋划故事展开的剧情，构思故事发生的空间场景，最后将其落实到空间形态上。以理念演绎为导向的规划设计教学模式具有以下特征。

3.1 注重设计概念的明晰性

设计概念是一个课程设计作业的核心，从一开始直至最终成果都应该强调设计概念的明晰性，这具体体现在如下几方面：

（1）概念的提出

设计概念不是事先构想或者随意提出的，首先它来自设计师对基地各种背景和文脉（context）的了解、熟悉与感知（perceive），明确主要问题，找出自己认为最为关键的设计要点和兴趣点。在教学实践中，一些学生很快能够提出有意思的设计概念，而另一些学生则感觉很难。一条解决路径是回忆自己第一次进入基地的感觉，在头脑中仔细地摸索设计对象的特质。这种方法有点像"现象学的悬置"，即把自己先前的所有"知识、成见"清空，在一种完全放松的情况下，让身体对设计对象及其文脉进行感知，找出自己发现的哪怕是极为微小的兴趣点，然后把思维聚焦，逐渐明确这个兴趣点的内涵和意义，用图式语言表达出来，形成自己的设计概念。

（2）概念的内涵与设计对策

提出设计概念后，还需要对概念进行清晰的解释，进行词源学上的释义，明确设计概念的确切含义，注意概念内涵的独特性，与其他思路相比视角是否独到，是否能够解决设计任务书标示的设计问题。要抓住自己设计概念的内核，将之放在基地文脉的背景中反复进行推敲，考量其内在含义的意义。否则即使提出了设计概念，却只是轻描淡写，或者不知所云，对自己设计的后续发展起不到提纲挈领的作用，设计概念的作用就会大打折扣。通过对设计概念进行定义和阐释，结合设计的关键问题，利用图式语言和形态学方法，可以依据设计概念制定相应的设计策略。

为了帮助学生迅速进入角色，教师在准备设计任务书时应该明确此次设计需要解决的主要问题和设计主导方向，使学生的思维能够快速聚焦，设计概念和设计策略具有明确的针对性。

（3）概念的逻辑演绎

设计概念不是设计的一个招牌或者幌子，它是设计的核心，因此设计过程中的每一步都应该与设计概念相关，具有一种缜密的逻辑性。通过设计概念的逻辑演绎，最终形成对设计问题的巧妙解答和独特性（unique）的创意形态。当然，概念演绎并不是一件轻松的事，不少学生一开始也提出了设计概念，但是随着时间推移，开始偏离方向，以至最终成果与初始概念完全没有联系。

3.2 对空间场景进行编程

空间与社会密切相关，要理解空间，必须明了这些空间使用者的社会和行为特征。设计概念提出后，需要对故事的主体、事件及其与空间、时间等因素关联进行综合"编程"，构思和编写故事的剧本，对功能进行合理解释，重点是通过空间设计引导人的行为，探索空间的意义。这既是一种分析方法，也反映了一种以使用者为中心的价值观。

（1）把握设计对象的社会属性

在刻画有趣的故事情节之前，必须明确故事的主角及其社会性特征。对于居住小区而言，需要知道目标人群的年龄构成、职业状况、收入水平和行为习惯。因此，设计基地最好是一块真实的基地，可以真题假做，这样学生有条件多次进入现场，对目标人群进行访谈和问卷调查，了解设计对象的生活习性。如不能寻到目标人群进行直接的调研，查阅文献资料也是一条途径。

（2）捕捉社会性活动特征

社区空间的场景不能凭空臆造，它应该来自设计师对目标人群习性的实际观察，发现并利用图式语言描绘目标人群的不同活动内容和特点、与时间和空间的关联。布坎南（P.Buchanan）曾提出，城市设计"本质上是关于场所的制造，场所不仅是一处明确的空间，还包括使其成为场所的所有活动和事件"①。待在"象牙塔"内的不少学生缺乏社会体验和社会生活常识，对于居民的生活习性并不了解。进入现场对具体人群的社会性活动进行观察，能够帮助他们了解和体味社区的含义以及居民社会性生活的意义。在分析地图上记录居民们早晨、上午、中午和晚上都待在哪里，做什么事情，从细小处发现问题和亮点，这些都是设计剧本编写的基本材料（图2）。

图2　居民活动内容与空间、时间的关联

图2的作者为同济大学城市规划系2006级学生陈鑫

（3）设计场景编程

掌握居民的社会属性、行为特征和生活场景后，就可依据设计概念和设计策略，通过表格与图式语言，对目标人群的不同活动内容与时间、空间上的关联进行重新组织与编程。这个阶段是设计的关键，把各项功能进行新的组织编排，依据设计目标人群的类型定位，综合时间、事件、场景等进行程序编写，构思有意思的空间活动内容和场景。在完成一个个有趣的场景设定后，将这些场景串联起来，就构成了故事的一个精彩剧本（图3）。

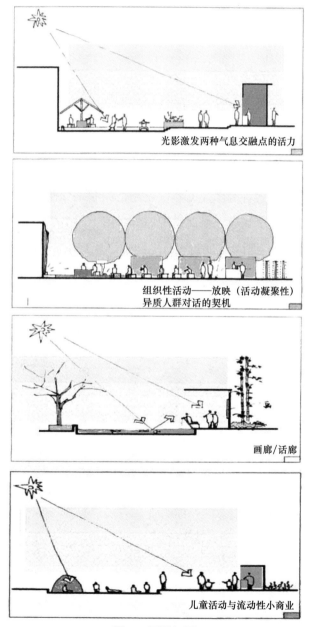

光影激发两种气息交融点的活力

组织性活动——放映（活动凝聚性）
异质人群对话的契机

画廊/话廊

儿童活动与流动性小商业

图3　场景组图

图3墨线底图的作者为同济大学城市规划系 2006 级学生陆君超

3.3 重视图式语言的训练和表达

　　规划设计师不是文学家或者评论家,设计概念、设计策略、设计场景等都需要用图式语言表达出来。一些学生有想法,却苦于无法在图面上表达出来;另一些学生对自己的方案讲得头头是道,甚至是"天花乱坠",但是说的是一回事,图面上呈现出来的却是另外一回事,设计思想与空间形态不匹配。设计课程的一个重要目的就是培养学生用专业图式语言说话,将自己思考的内容表达出来,掌握所谓的"心到手到"的手头功夫和制图能力。也只有掌握这种技能,才能厘清自己的思绪,让别人了解自己的设计内涵(图4、图5)。

　　需要指出的是,这种制图能力不仅仅是指绘制工程性的图纸,如规划设计的平面图、功能结构、交通、绿地景观等分析图,而是要学会怎样把自己的思考内容表达出来,学会画分析的过程,用图式语言解释自己的设计思想。

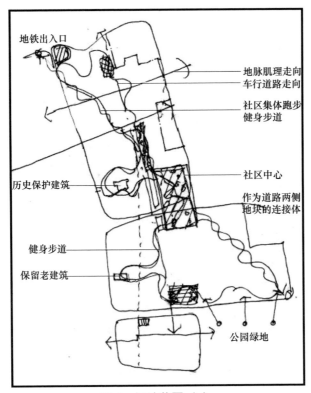

图4　设计草图(a)

图4方案作者为同济大学城市规划系2006级学生段新心

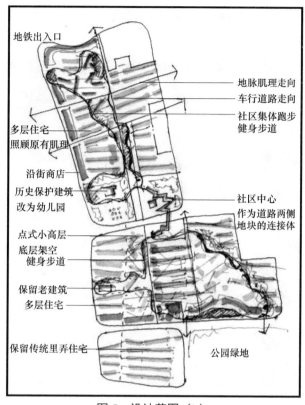

地铁出入口

地脉肌理走向
车行道路走向
社区集体跑步
健身步道

多层住宅
照顾原有肌理

沿街商店
历史保护建筑
改为幼儿园

社区中心
作为道路两侧
地块的连接体

点式小高层
底层架空
健身步道

保留老建筑
多层住宅

保留传统里弄住宅

公园绿地

图 5　设计草图（b）

图式语言的表达并不等于画得漂亮，图面漂亮但不表达思想内容，可能只是一堆漂亮的"垃圾"。在绘图技巧上，可以采用剖面与平面结合的表达方式，通过剖面进行思考（think by sections），将思考的内容落在图纸上，逐步把设计概念转化为实体性的空间形态。

4　两种模式比较：理念演绎型导向 vs. 实用型导向

以理念演绎为导向和以实用型为导向的规划设计教学在本质上是两种完全不同的观念模式，前者强调对设计概念和形态生成的原因进行分析，强调形态表达的意义，是一种基于设计方法论学习理念的教学模式；后者是基于经验基础上，围绕功能和规范展开的设计教学，两者在设计教学的目的性、教学手法和成果评价上均有较大的差异。

4.1 教学的目的性: 自我发展的能力 vs. 操作技能

以理念演绎为导向的规划设计教学强调设计方法论的学习, 强调对文脉感知、设计概念、逻辑分析、设计创新和图式语言表达能力的培养, 把规划设计基本知识的学习贯穿于整个课程教学过程。教学的目的在于让学生掌握一种根本性的认识观和方法论, 对设计本质进行认知, 具备分析、判断、自我发展和不断创新的能力。

以实用型为导向的规划设计教学重点在于让学生掌握基本功能和规范性知识, 强调对于空间形态基本操作能力的培养。尽管课堂上鼓励创新, 但是缺少一种体系性的认知和教学方法, 教学的指导方法偏向于感性经验, 关注于形态的功能合理性和美感。

4.2 教学手法: 理念演绎 vs. 图面修改

以理念演绎为导向的规划设计教学把规划设计概念作为核心, 以概念内涵及设计策略为依托, 对基地的根本问题进行剖析, 围绕人、时间、空间和场景进行剧本的编写, 层层演绎, 在此基础上形成空间形态。教学上重视设计采纳的独特性视角和分析过程, 反对抄袭。课堂上多采取集体讨论的教学形式, 所有学生一起参与每位同学设计概念的逻辑演绎过程。教师的作用和上课的重心不是改图, 而是引导学生思索, 让学生大胆思考和深入探索, 当学生思维碰到障碍时, 能够提出有益的见解和"导"向。好的设计教师应该像位"智者", 能够发现和指出设计问题的关键所在, 推动学生设计理念的逐步深化。这种教学是一种真正的教学相长, 师生之间不再是授受关系, 转变为一种探究、研讨和相互启发, 设计改图转变为设计研究。

以实用型为导向的规划设计教学在课堂上强调形态的功能, 如是否符合规范、设计数据是否合理、图面表达是否正确、形态构图是否美观等。一开始可能也鼓励学生提出设计概念, 但由于概念演绎不是教学的重点, 因此随着方案深入, 许多设计矛盾出现时, 渐渐地功能和形态变为设计的中心, 要不更换新的设计思路, 要不设计概念淡化, 最初的设计概念与最后的设计形态之间不能"从一而终"。

概念演绎并不是一件简单的事，当设计概念明确后，能否贯彻下去需要花大力气，学生需要思索，设计指导教师此时也是一个考验。只有不断深化设计概念，才能达到设计课程思维训练的目的，这也正是设计的趣味性、挑战性和难点所在。当学生思路上碰到障碍时，切不可轻言放弃，随便用另一个想法替代着绕过去，在设计课程学习上这实际是一种失败。

4.3 教学评价：过程分析 vs. 漂亮图画

以理念演绎为导向的规划设计教学强调过程的学习，在最终成果的表达上强调通过图式语言清晰地表达设计概念的独特性和明晰性，强调方案生成过程的描述，以及空间、时间与人的日常行为之间的关联。这些内容在评分时占据非常重要的比重，而形态的美观性、细节上的某些规范要求不是考查的重点。

以实用型为导向的规划设计教学强调最终成果的图面表达效果、功能安排和表达的规范性。在创新性方面，有设计概念固然加分，但是并不十分强调概念的独特性意义、概念的演绎和方案生成的逻辑性。最后评图常常会出现这种情况，学生图面上建筑的层数有没有标注、道路的走向、转弯半径和建筑的形态、透视图的效果等成为评图时关注的重点和"亮点"，而对于方案本身的独特性尤其是其逻辑过程的演绎有所忽视。

5 结语：教学范式的转型

现在的大学教育碰到的一个问题是，本科学习阶段设计成绩"优秀"的学生走入社会后不再"冒尖"，当遇到重大国际竞赛，与境外方设计公司对抗时很容易败下阵来。一些学生进入研究生阶段的学习，在参加国内与境外著名大学联合举办的设计教学课程时，常常表现得只会画图，不会思考，思维不开阔，习惯于模式化的程式操作。笔者认为这其中的部分原因是国内大学的规划设计教学太注重实用性、规范和经验性操作。大学本科的教育与专科的职业训练不同，应该增强学生对于方法论的学习，以便掌握独立思考和创造性思维的能力。一些老师认为本科生阶段注重职业训练，研究生阶段注重研究方法论的学习，但是设计思维的训练不是一蹴而就的，当注重规范、经验和感性的思维一旦形成，就会成为一种惯性，在以后的岁月中难以改变。设计是一个创新性行为，基于实用型的教学模式容易使学生思想有所禁锢，思维不够拓展，而以概念演绎为导向的规划设计教学强调开放性思维，鼓励学生大胆思考。与实用型的教学模式相比，以概念演绎为导向的规划设计教学具有两个方面的优点：第一，让学生掌握感知事物和自我发展的路径，使学生在每个课程设计作业和毕业后的实际设计项目中，能够不断地尝试和探索，达到有效和快速自我发展的目的，最终能够脱颖而出，在国际竞争中打败对手；第二，通过设计概念和逻辑演绎实现创新，营造优秀的城市空间环境，避免国内一些规划设计院翻抄和拼凑别人尤其是境外设计单位作品的做法，创造出独特、优秀的设计作品。

今天人们处在一个知识经济和快速创新发展的世界，创新非常重要，以理念演绎为导向的教学思路不断磨砺学生的思维，把学生推向创新的风潮浪尖。处在当前我国的社会和教育发展阶段，也许大学的规划设计教育需要来一次托马斯·库恩（Tomas Kuhn）所说的科学范式转型，从实用型导向的规划设计教学范式向理念演绎型导向的规划设计教学范式转化。倘若如此，居住小区修建性详细规划设计课程17周的教学周期不再会有时间宽裕之感，每次上课都将是一次紧张的思维操练。

参考文献

[1]Cuthbert A R. Designing cities: critical readings in urban design[M]. Oxford: Blackwell Pubishers Ltd., 2003.

[2]拉斐尔·奎斯塔，克里斯蒂娜·萨里斯，保拉·西格诺莱塔 . 城市设计方法与技术 [M]. 杨至德译 . 北京：中国建筑工业出版社，2006.

[3]Carmons M，Heath T，Oc T，et al. 城市设计的维度 [M]. 冯江，江苏科学技术出版社，2004.

[4]http://www.merriam-webster.com/dictionary.

注释

　　① 引自 Matthew 等编著、冯江等译《城市设计的维度》第 7 页。

（原文曾发表于《全国高等学校城乡规划学科专业指导委员会年会论文集》2009 年 9 月）

耿慧志：

同济大学建筑与城市规划学院教授，城市规划系副主任，中国城市规划学会小城镇规划学术委员会和城市规划实施委员会委员，上海市规划委员会社会经济文化专业委员会委员。2006—2008年主持国家自然科学青年基金课题"中国大城市人户分离的空间特征和规划对策"，2009年出版专著《大城市人户分离的空间特征和影响机制》，2015年出版主编教材《城乡规划管理与法规》，1999年、2009年两次获得"金经昌城市规划教育基金会"城市规划论文竞赛佳作奖（第一作者），2013年获全国优秀城乡规划设计三等奖两项（排名第3、第5）。

村庄规划和城市总体规划的联动教学

耿慧志

《城乡规划法》颁布施行以来，法定规划编制明确分为五个层次：城镇体系规划、市规划、镇规划、乡规划、村规划。如何在规划设计课教学中加入乡村规划的内容成为高校城乡规划本科教学的新鲜课题。由于一、二年级设计类课程为学院的统一教学平台，城乡规划专业和建筑学专业同期学习的是建筑类的设计课程，真正接触规划类的设计课程是从本科三年级开始。三年级之后的设计课教学计划安排如下：三年级 2 个学期安排的是修建性详细规划设计课程，主要是围绕居住区规划确定教学内容，包括住宅、小区组团、社区中心、住宅小区，逐渐从小尺度的建筑设计转向大尺度的规划设计；四年级 2 个学期分别安排城市总体规划和城市设计，其中城市设计基地选择和主题设置与专业指导委员会组织的城市设计课程作业评选相衔接；五年级 2 个学期分别安排控制性详细规划和毕业设计。三年级之后的每个学期设计类课程已经安排"满档"，如何在相对成熟的设计课程体系中为乡村规划设计寻找合适的"档期"，成为首先需要考虑的问题。

1 村庄规划设计课与其他设计课的专业逻辑关系

"乡规划"和"村规划"内容在 2012 年之前的教学计划中没有安排专门的设计课教学环节，毕业设计教学环节可能会有相关的选题，但也要视毕业设计指导教师的选题而定，显然，如果不能为所有学生提供与"乡规划"和"村规划"相对应的设计课教学环节，在教学内容的设置上将是不全面和有缺陷的。

对教学组织而言，首先要梳理的是"乡规划""村规划"与其他各门设计课的专业逻辑关系。城市总体规划的教学选题明确县城为最优先级，地级市规模偏大、头绪繁杂，教学中不容易把握，县城规模适当，也能够全面反映城市发展的各方面问题，为总体规划设计课选题的最佳选择。同时，镇总体规划也是推荐的选题之一，虽然较之县城在对城市问题把握的全面性和代表性上有所欠缺，但只要镇的规模不是特别小，也能够支撑总体规划教学中的关键知识点。在我国的行政建制中，"镇"和"乡"虽然名称有差异，但在实际运行中差异并不是很大，很多镇就是通过"撤乡并镇"而成的，"乡规划"的一些内容在镇总体规划的村镇体系规划中会有所体现。从教学内容上讲，"乡规划"是一个中间层次，其主要编制内容与选题为镇的城市总体规划教学相类似，而向下深入到乡村发展本身的一些内容又能在"村规划"中得到深化和细化。因此，选择"村庄规划"作为一门独立设计课，而不是将"乡规划"和"村庄规划"并设为各自独立的两门设计课。

村庄规划设计与修建性详细规划设计课有怎样的专业联系呢？最初，有很大一部分观点倾向于将村庄规划设计纳入修建性详规教学之中，从表面上来看，两者确实有很多相似之处，农村居民点的空间布局规划技能训练与居住小区布局规划在很多方面是相通的。但仔细分析一下，会发现村庄规划与修建性详细规划在设计内容上有很大的差异，《城乡规划法》第十八条规定："乡规划、村庄规划的内容应当包括：规划区范围，住宅、道路、供水、排水、供电、垃圾收集、畜禽养殖场所等农村生产、生活服务设施、公益事业等各项建设的用地布局、建设要求，以及对耕地等自然资源和历史文化遗产保护、防灾减灾等的具体安排。"可以看出，村庄居民点的空间布局规划仅仅是村庄规划中的一项内容，村庄规划需要对村庄发展的方方面面进行整体统筹谋划。

通过上述分析，基本明确了村庄规划设计课与总体规划、修建性详细规划两门设计课的专业逻辑关系：村庄规划是更加类似于总体规划的综合性规划，是对村庄发展全面系统的策划和安排，但在村庄居民点的空间布局上，又需要修建性详细规划设计技能的有力支撑。

2 村庄规划设计课需要真实项目和实地调研的支撑

同济大学最新一轮的本科专业自评报告中，城乡规划专业的教学计划特色总结为如下五点：① 以公共基础教学平台为支撑，多层次的城乡规划设计技能培养；② 以真实项目的现场调研为特色，重实践的城乡规划综合能力培养；③ 工程技术、社会、经济、文化等多学科的城乡规划综合知识体系；④ 层次递进、关注动态前沿的城乡规划理论系列课程；⑤ 具有国际视野的城乡规划教学组织。其中第 ① 点和第 ② 点主要针对设计类的课程教学。村庄规划设计课的开设将充实设计类课程的层级，与《城乡规划法》确定的法定规划层次更好地契合。

设计类课程对规划设计能力的培养注重对基地的现场踏勘分析、手绘设计方案和计算机绘图的表达技巧、规划专题分析的逻辑性、规划文本和说明书写作的规范性等。其中，"对基地的现场踏勘分析"是排在第一位的教学要点，村庄规划设计课要做到这一点，无疑需要与真实的规划设计项目相结合。

从 20 世纪 80 年代开始，同济大学城市总体规划教学一直坚持基于真实的规划设计项目，多年以来从未间断。尽管近几年规划设计市场转弱，找到能够与教学相匹配的总体规划项目难度越来越大，但通过多种途径的尝试，还是很好地执行了这一点。目前，设计课教学的总体规划项目来源主要有三个：① 指导教师牵头，作为项目负责人的项目，这种来源的项目与总体规划教学结合最为紧密，但长远来看，项目数量难以得到充足的保障；② 学校规划院专职规划所的项目，近几年规划系教师主持的总体规划项目已经无法满足总体规划教学的需求，学校规划院的专职规划所给予了大力支持，所里拿出合适的项目提供给学生进行现场调研，其中最主要的难点在于如何协调项目的现状调研时间，与总体规划教学实习的教学时间段相匹配，有时甚至需要所里进行有意的安排，例如设置现状资料的补充调查环节；③ 其他教学实践基地的支持，规划系里已经与多家规划设计机构签署了校外教学实践基地协议，这些设计机构的主持项目也为总体规划教学提供了支持，例如，2014 年和 2015 年有 3 组学生参与了上海市本地 2 家规划院主持的总体规划项目的现状调查。

基于总体规划教学真实项目支撑的有利条件，村庄规划设计课与城市总体规划教学安排在同一个学期，同一批指导教师同时指导两门设计课教学，每年学生总数 75 人左右，视支撑的总体规划项目数量，一般分成 5 ～ 6 组，每组配备 2 ～ 3 名指导教师。这样的安排巧妙地为乡村规划设计课找到了已经满负荷的学期安排"档期"，同时，与总体规划教学相结合的价值在于：即使没有专门的村庄规划项目，由于总体规划的综合性特点，也可以安排专门的村庄调研，这保证了现状调查的真实性，贯彻了实地调研的教学原则。

3　村庄规划设计与城市总体规划的联动教学实践

2014 年和 2015 年的秋季学期，笔者参与指导了 2 届学生、2 个小组的村庄规划设计和城市总体规划，支撑项目为上海市城市规划设计研究院主持的上海市外冈镇总体规划，以及上海广境规划设计有限公司承担的上海市南翔镇总体规划，这两家单位均为与规划系签约的教学实践基地。

图 1　外冈镇用地现状和泉泾村区位

在外冈镇总体规划教学中，选择了泉泾村作为村庄规划设计基地（图 1）。外冈镇为上海西北部的边缘镇，紧邻江苏省昆山市，城镇发展表现出典型的上海郊区工业的蔓延态势，泉泾村作为一个边缘村也建设了大量的工业用地。村庄规划设计和总体规划设计课的联动能够让学生更好地理解各自的发展特点，单独的村庄规划缺乏对镇区发展的深刻认知，单独的镇总体规划也会存在对村庄发展的简单处理倾向（图 2）。图 2 所示为学生做的镇总体规划用地布局方案，两个方案基于不同的情景预期，一个倾向容纳大量外来人口居住就业的"落脚小镇"，另一个则要建设大城市郊区的生态休闲小镇，尽管两个方案各具特点，但不约而同地对泉泾村的发展选择为整体搬迁到镇区。但随后进行的泉泾村村庄规划中，学生的态度发生了变化，认识到村庄在现有基础上继续完善发展的可能，提出了相应的方案（图 3），这在专业设计课教学中是一种有趣的冲突。

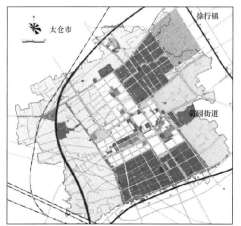

图 2　外冈镇用地规划方案："落脚小镇"和"休闲小镇"

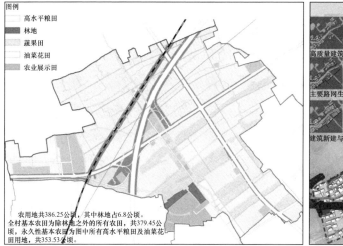

图例
　　高水平粮田
　　林地
　　蔬果田
　　油菜花田
　　农业展示田

农用地共386.25公顷，其中林地占6.8公顷。
全村基本农田为除林地之外的所有农田，共379.45公顷，永久性基本农田为图中所有高水平粮田及油菜花田用地，共353.53公顷。

高质量建筑保留

主要路网生成

建筑新建与改建

图 3　泉泾村农用地布局规划和村庄居民点规划

在南翔镇总体规划教学中，选择了新丰村作为村庄规划设计基地（图 4）。较之外冈镇，南翔镇更靠近中心城区，且有地铁 11 号线与中心城区相连，从图 4 可以看出，镇域的绝大部分土地已经是建成区，工业用地占据较大比例，并已经建成较大面积的生活区。南翔镇的用地规划方案也将绝大部分用地规划为建设用地，留给村庄的"生存空间"已经极为有限，新丰村几乎是在城镇建设用地的夹缝中生存。学生的规划方案（图 5）对新丰村发展进行了乐观的谋划，

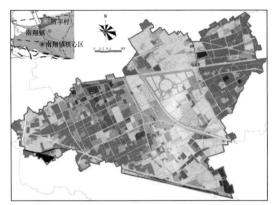

图4　南翔镇用地现状和新丰村区位

立足农业生产，并营造具有观光价值的农业休闲体验，拆迁现有工厂，恢复农田，开发生产型休闲农业。

多年的教学实践证明，乡村规划与总体规划设计课的联动教学，不仅实现了村庄规划设计课的真实现场调研，而且深化了学生对区域发展的整体解读。

图5　新丰村村庄规划

4 思考和延伸探讨

　　对同济大学城乡规划专业而言，乡村规划设计与城市总体规划的联动教学是较为适宜的教学模式。但由于每个学校的情况不同，该教学模式并非适用于所有学校，各地高校"有的与居住区设计结合，有的则安排在毕业设计环节"，只要能够有助于学生正确认识村庄特征、准确了解村民诉求、提出落地可行的规划对策，无论怎样安排乡村规划设计教学环节应该都是合适的。

　　目前，乡村规划设计课教学还处于探索阶段，从学生的课程设计作业中可以发现更多的是"高大上"的应对方案。如何更多地深入现场挖掘信息、更针对性地提炼村民的现实诉求，制定差异化、更具实施可能性的设计方案，是需要在后续教学过程中持续改进的方向。

　　即便是在同一地区，村庄个体的差异性也是十分显著的，这种特殊性决定了村庄规划设计方案应该是一个高度量身订制的产品。因此，与城市总体规划相比，提炼乡村规划中具有共通性和普适性的知识点更加困难，这也需要在教学过程中继续探索和总结。

　　（本文附图全部来自 2 门设计课的教学归档成果。其中，图 2 "落脚小镇"规划方案和图 3 泉泾村村庄规划的完成人为 5 位 2011 级同学：叶凌翎、赵远、姚鹏宇、王天尧、阿玛尼；图 2 "休闲小镇"方案的完成人为 5 位 2011 级同学：蔡纯婷、吴怡沁、景正旭、陈石、苏贤超；图 5 新丰村村庄规划的完成人为 4 位 2012 级同学：周秋伊、徐晓岛、魏嘉彬、解李烜。除笔者外，指导教师还包括：彭震伟教授、陆希刚博士和肖扬博士。在此感谢各位同学和指导教师的共同努力！）

参考文献

[1] 张尚武 . 从乡村规划视角思考城乡规划教育的变革 , 城乡包容性发展与规划教育 [C]//2015 全国高等学校城乡规划学科专业指导委员会年会论文集 . 北京: 中国建筑工业出版社 , 2015.

[2] 彭震伟, 孙施文, 等 . 特约访谈:乡村规划与规划教育（二)[J]. 城市规划学刊, 2013, 4 : 6-9.

（原文曾发表于《全国高等学校城市规划专业指导委员会年会文集》，2016 年 9 月）

栾　峰:

同济大学建筑与城市规划学院副教授,博士生导师、院长助理;现兼任中国城市规划学会乡村规划与建设学委会秘书长,上海同济城市规划设计研究院中国乡村规划与建设研究中心常务副主任,曾兼任2010年上海世博会城市最佳实践区总策划师助理等职务。于同济大学城市规划专业分别获得学士、硕士、博士学位,曾就职于深圳市城市规划设计研究院,目前主要研究方向为城市发展战略与规划控制、城市经济与产业布局、乡村规划与建设等。至今已经在国内外发表学术论文50余篇,主编高等教育土建学科"十二五"及城市规划专业指导委员会推荐教材《城市经济学》,第一作者合著《美丽乡村 贵州省相关政策及其实施调查》,主编《住房政策与住房建设规划》,组织编写《乡村规划》专辑3部和《美丽乡村创建》1部,此外还陆续参编全国注册城市规划师继续教育必须课程教学指定用书《科学发展观与城市规划》等多部书籍;主持和主要参与各类规划项目百余项,多次参与科技部科技支撑课题研究工作,主持自然科学基金面上项目1项、主持住建部课题1项、上海市科委子课题1项,参与省级技术规范各1部,多次获得国家级和省部级的奖项。

同济大学乡村规划的教学课程组织探索

栾　峰

1　概述

　　城镇化水平已经超过 50% 的中国，正面临着类似国际一般经验的国家城乡空间结构和社会结构重组的关键时期。大多人口和发展要素继续快速向城市集聚，以及传统城镇化对于乡村地区的略夺，使得乡村地区依然面临着发展萎缩的问题。村庄空置和人口老龄化，以及由此出现的社会结构破碎、自然生态环境和传统风貌与遗产破坏等问题，依然十分突出，甚至成为影响中国可持续发展进程的重大战略性问题。在此背景下，中央"美丽中国"和新型城镇化战略，明确提出了包括城乡关系在内的统筹发展要求，从中央到地方、从政府到民间，大量发展资源开始向乡村地区倾斜，为乡村地区发展带来新的动力。与此对应，国家《城市规划法》于 2008 年调整为《城乡规划法》，城市规划专业也由二级学科升级为一级学科并调整为城乡规划专业，一字之差却在内涵和使命上有了实质性的提升。同济大学城市规划系为此在继承始于 20 世纪 50 年代的乡村规划经验基础上（李德华，董鉴泓，1958），继续秉承"真刀真枪、真题真做"的基本原则，积极调整培养方案，增加设置乡村规划教学内容，并于 2012 年率先在城市总体规划设计课程内增设了乡村规划设计的教学环节，又于 2014 年开设了乡村规划原理课程。历经 3 年建设，同济大学城市规划系已经逐步建构起了集原理专业课程、调研和设计方法系列讲座、乡村规划设计的三大类型课程体系，并围绕着乡村规划设计教学，形成了现场调研、调研报告、方案设计的三个阶段，以及方案快题、中期教学组评图、期末专家公开评图的三个重要环节，并辅以教材建设，以及科研与实践等的相互推进，逐步完善了乡村规划的教学课程组织建设。

2 原理、方法、设计为核心的三大类型课程建设

自 2011 年根据学科设置调整修改培养方案后，同济大学城市规划系针对性地推进了乡村规划教学课程的建设进程，并且兼顾培养方案调整规律和国家使命要求，采取了灵活应对措施。在修改培养方案的同时，结合现有教学安排决定自 2012 年在城市总体规划课程内设置乡村规划教学内容，并针对既缺乏教材和讲义又缺少教学实践积累的情况，结合设计课程推出了针对性的教学讲座建设，由此构建起了三大类型专门教学课程的初步框架。在此基础上，又对所涉及的相关课程，包括原理体系的城市概论、城市规划导论、城市规划原理（专题）等，以及区域规划等相关课程，系统增加乡村规划的有关内容，形成了专门课程加上相关课程联动的格局，全面部署和推进建设了乡村规划的有关教学内容。

其一，原理课程建设。原理课着重于介绍乡村发展与乡村规划的基本特征和相关因素，以及发展趋势和海内外经验，课程建设历来受到重视。为此，城市规划系邀请有着丰富教研和实践经验的责任教授牵头，组织近十位有着相关领域教学、科研、专业实践经验的教师，共同讨论乡村规划原理的教学内容，并最终落实内容架构和分工。同时，对于贯穿全部本科学年的原理教学体系的时间安排进行优化调整，将乡村规划原理的授课按照一个学期专门开设，并纳入三年级第二学期的授课计划。经过 3 年准备，2014 年乡村规划原理课程正式开始授课。

其二，乡村规划设计课程建设。与城市规划有着很大差异的，就是乡村规划与乡村建设间的紧密联系。为此，适应时代需要，早在新的培养方案进入实施之前，同济大学城市规划系就于 2012 年在城市总体规划设计课程内嵌套乡村规划设计环节，由此率先正式推进了乡村规划设计的教学工作。将乡村规划设计与城市总体规划课程捆绑的重要目的：一是认识到乡村的发展和规划绝非

传统的乡镇驻地或者村庄居民点的建设规划，并非一些师生初期认为的详细规划阶段，而是涉及乡村发展和空间资源统筹的系统性、总体性的安排；二是认识到当前快速城镇化进程的阶段背景下，不能脱离城市看乡村发展问题，必须将乡村及其所临近或者依靠的城市及其发展与战略部署纳入统一框架下分析，才能更好地理解乡村发展的趋势和特征，并更具针对性地判断规划导引的方向；三是现实可能性的原因。同济大学总体规划教学始终强调"真刀真枪、真题真做"，即必须真实案例项目、真实现场调研，为乡村规划教学提供了重要的现实条件，所需要的资料和现场调研等安排，纳入总体规划教学，也更容易落实。

其三，调研及规划方法的系列讲座建设。原理课虽然历来受到重视，并被作为乡村规划教学课程建设的核心工作之一，但其重点在于相关专业素养的培养，而并不着力于实践技能的教授及训练。为此，针对乡村规划教学经验积累相对薄弱，乡村规划又特别注重因地制宜的特点，早在乡村规划原理课程讲授之前，即在 2012 年结合设计课程安排，启动了有关调研方法和设计方法的讲座。此后两年不断完善，形成了围绕调研和规划设计两大板块的系列讲座，讲座时间也相对集中在调研前和方案设计阶段前，明显增强了针对性。相比原理课程的内容相对稳定、时间安排也很固定，系列讲座有着时间和内容方面的明显灵活性，在内容上也着力于操作性，与原理和规划设计形成很好的互补关系。

3 现场调研、调研报告与方案设计的规划设计课程三个阶段

作为提升学生专业实践能力主线的乡村规划设计课程，开课后经过连续三年的不断优化调整，至今已经形成了现场调研、调研报告撰写和方案设计三个主要阶段，每个阶段进行专门组织安排，并有明确的任务要求。

其一，现场调研。在经过首次西宁教学试验后，乡村规划的现场调研，调整确定为结合总体规划调研，由各教学小组负责在城市总体规划所在地选择村庄，组织所有学生开展现场调研。并且通过第二年的探索，在第三年进一步规范了具体的调研要求，包括在调研范围上，应当是村域整体范围，调研的内容

包括自然条件、社会经济、村庄人口和村庄建设、村庄基础设施、村庄风貌景观及历史文化资源等多个方面。在此基础上，各个教学小组结合所调研村庄的实际状况，自行确定具体调研提纲和调研表格。调研中，要求 2 ～ 4 名学生组成一个小组，各小组分工调研，在分工的基础上合作完成乡村基础资料汇编，并绘制现状图纸。

其二，调研报告撰写。在完成现场调研和基础资料汇编的基础上，要求各教学小组根据教学要求按照 3 ～ 4 名学生为一组，每个小组就调研情况研究并撰写调研报告。调研报告的提交时间，为完成调研返校开学后两周，以便学生有相对充裕的时间消化基础资料，并在此基础上查阅相关文献，明确选题并开展研究。有关提交独立调研报告的要求，从第三年教学正式推出，其目的主要在于引导学生带着问题到乡村中去发现和调查，以及去查阅相关文献，进一步了解乡村研究的一般进展和相关成果。从实施情况来看，由于与城市总体规划调研和基础汇编工作在时间上重叠，学生的压力相对较大，在选题上也有待于进一步加强指导。尽管存在着一些不如意，但该项要求推出后，对于调研要求明显提高，学生在调研和撰写研究过程中的收获，也明显提高。

其三，方案设计是乡村规划设计课程中的核心环节。虽然在教学探索过程中，始终有教师和相关专家提出，应适当淡化设计的色彩并强调引导发展建设。但经过教学组的多次讨论和研究，认为在本科培养阶段，继续重视乡村规划设计明显利大于弊。其有利的方面，主要体现为，首先，可以在学生的设计及其方案修改过程中，直接冲击已经初步掌握的城市规划设计的手法。譬如初步方案阶段，很多学生都在村落层面采用了居住区设计手法，甚至在村域层面采用了一些特大城市的手法（如环状加放射路网等），更为常见的则是普遍反映出重视建设用地的增长和布局，甚至在设施增加及布局上也明显采用城市方式，而忽视了国内大多数村庄建设用地可能随着人口的外迁而有所减少、乡村社会经济特征对于村落与村域的紧密关系，以及村域层面的农田、山林、水面、基础设施等诸多空间资源的现状特征及其统筹需要。而这些问题的暴露，恰恰为引导学生正视乡村与城市间的差异，及其因此带来的乡村规划与城市规划间的明显差异，提供了条件。其次，虽然乡村规划关键在于当地村民的意愿及其实施情况，然而从教学组织的条件来看显然不可能反复组织学生赴现场，更不用说追踪实施。因此，着力于在方案层面针对所有可能出现的问题组织讨论，并聚焦在规划专业传统的空间布局层面，更具有现实性。

4　方案快题、中期教学组评图与期末专家公开评图的三大环节

在规划设计教学过程中，重点突出了三大教学环节，并在每个教学环节中都进行了专门的组织安排。

方案设计阶段重点强化了 3 周左右的快题设计。2012 年最初采取这一方式，主要是因为乡村规划设计仅仅作为城市总体规划教学的一个环节，没有充足的学时保障。但同时发现快题方式也具有独特的优势，特别是在采取了方案竞赛的情况下，最明显的优势就是激发了学生的热情。考虑到课堂教学并没有真实的甲方或者村民参与互动，模拟也未必如城市规划中有效，更多地引导学生思考乡村发展以及空间规划设计所可能发挥的作用，反而比片面强调长时间的图纸设计更有价值。因此，在此后的教学中，这一方案设计的重点环节得以保留，并辅以方案竞赛方式。实验结果表明，这一方式对于激发学生聚焦讨论并完成概念方案，发挥了积极的激励作用。

中期教学组评图被作为重要环节嵌入设计课程。具体组织方式为，由各设计小组按照要求编制初步成果，并于规定时间统一张贴，以设计指导教师为主，并邀请其他资深教师参与，共同参与评图。评图过程中，所有设计小组的学生出席，并且要求每个小组由一位学生短时间介绍方案。从 3 年来的教学情况来看，相比于学生更加熟悉的城市规划，乡村规划设计的中期教学组评图具有重要价值，特别对于集中纠正学生简单挪用城市规划中的设计方法所导致的一系列问题具有明显效果，通常而言通过这一阶段，一些明显的问题，譬如城市路网组织方式、城市居住小区用地布局方式，甚至城市公共服务设施和公共空间组织方式的滥用等，都能够得以明显纠正。更为重要的是，通过集中评图，学生更容易在听取评阅和相互讨论中发现彼此小组所存在的问题，对于学生较为深刻理解乡村生产生活及其空间组织有别于城市，具有重要价值。同时，采

取每个小组简单介绍的方式，对于锻炼学生的归纳能力和表达能力也具有积极意义。

连续 3 年，期末评图都采用了邀请国内有关专家公平评图的方式。具体而言，任课教师按照教学过程及成果独立给予学生分数，同时各设计小组还要按照统一规格另行提交成果图版并公开展示不少于一周时间。在此过程中，专门邀请国内有关专家，集中半天时间，统一公开评图，同样采取学生全部参加并介绍方案，专家现场提问，之后专家闭门讨论并最终打分，按照方案竞赛方式评奖。同期，还邀请与会专家就当年的教学情况及后期组织方式给予指导意见。由于 3 年来几位主要专家连续参加评图，同时也分年邀请不同专家参加，在听取专家意见上既保证了连续性，也能听到新邀请专家不同视角的观点。采用这一方式，不仅极大激励了学生的学习热情，也对每年的教学优化发挥了重要作用。

为进一步推进教学研究工作，教学组连续 3 年集结并出版有关教学成果，除了学生设计成果，还特邀和收纳有关专家的教学意见和建议，以及部分学生意见。2013 年的教学成果，还专门基于讲座收录了有关文稿，初步形成了乡村规划设计的指导手册。这一系列的教学组织和教研相长，不仅对同济大学城市规划系的乡村规划教学活动发挥了积极的推进作用，对于推进国内高校的乡村规划教学工作，也发挥了积极作用。

5 教学组织中的要点及当前存在的问题总结

总体上，相比开展该项教学初期的认识（栾峰，2013），通过这两年的工作，一些想法得以坚持和深化，教学中所遇到的问题也更加清晰。

从教学组织的要点来看，最为首要的依然是引领学生树立正确的认识观，但这不仅是深刻认识当前快速工业化对乡村地区的冲击，以及乡村地区与城市地区的显著差异，更重要的是站在更高层面，认识到城乡二元关系及关注乡村修复的重要意义、推进城乡一体化或者城乡统筹发展的实质内涵及其政策意义，以及乡村规划与城市规划的实质性差异。因此，不能将乡村规划简单地视为城市规划向乡村地区的延伸，特别是在相关经验和有关技术规范及指引性文件缺乏的情况下，更应坚持因地制宜的态度，聚焦乡村发展中的主要问题，尊重发展规律和城乡发展的战略部署，并在此基础上尊重村民意愿，从整合引导乡村发展建设的角度落实乡村规划，而非简单地套用城市规划及标准；其次，是帮助学生树立区域观念和村域观念，从区域发展的高度来认识乡村发展的规律和问题，进而从村域的层面入手统筹空间资源，落实各项保护要求，积极服务乡村社会发展需要。

从 3 年来教学组织的经验来看，原有的限制性因素依然存在，包括调研时间有限，缺乏多回合的村民交流与互动等。虽然近年来结合总体规划教学点相对分散的优势，实现了教学案例选择的尽量多样化和多层次互动（栾峰，2013），但是现有教学安排难以适应较长时间调研和多回合村民互动的问题必须引起高度重视。所存在的问题既有教学经费的缘故，也有传统城市规划的教学安排尚未完全适应乡村规划教学，以及支撑教学的乡村规划教学案例有限的缘故。从长期来看，在教学所在地周边寻找合适的村庄建设长期教学基地，将乡村营造的概念结合基地建设纳入整体教学环节，同时继续兼顾不同地区差异化案例纳入教学，对于培养更具适应能力的学生具有重要意义，值得引起高度关注。

参考文献

[1]李德华，董鉴泓，等 . 青浦县及红旗人民公社规划 [J]. 建筑学报，1958（10）.

[2]同济大学建筑与城市规划学院，上海同济城市规划设计研究院，西宁市城乡规划局 . 乡村规划: 2012 年同济大学城市规划专业乡村规划设计教学实践 [M]. 北京: 中国建筑工业出版社，2013.

[3]同济大学城市规划系乡村规划教学研究课题组 . 乡村规划——规划设计方法与 2013 年度同济大学教学实践 [M]. 北京: 中国建筑工业出版社，2014.

[4]栾峰 . 面向时代需要的乡村规划教学方式初探 [C]// 全国高等学校城乡规划学科专业指导委员会，哈尔滨工业大学建筑学院 . 美丽城乡，永续规划: 2013 全国高等学校城乡规划学科专业指导委员会年会论文集 . 北京: 中国建筑工业出版社，2013.

（原文曾发表于《全国高等学校城乡规划学科专业指导委员会年会论文集》，2015 年 9 月）

张　立：

副教授，国家注册规划师，中国城市规划学会小城镇规划学术委员会秘书长，上海市规划和国土资源管理局村镇发展处副处长（2015—2016年挂职）。主持国家自然科学基金、韩国国家社科基金、住房和城乡建设部等多项国家及省部级课题，发表论文50余篇。2016年出版英文著作Understanding Chinese Urbanization，曾获全国青年规划师论文竞赛一等奖、全国优秀博士论文提名奖、上海市十佳青年规划师称号，以及国家、上海市等省部级以上规划设计奖多项。

乡村规划及其教学实践初探

张 立 赵 民

　　2008年起正式施行的《城乡规划法》扩大了既有空间规划的工作范畴，即从城镇扩展到了农村。2011年，"城市规划"学科由二级学科升格为一级学科，并更名为"城乡规划学"；由此可见，国家和社会各界对乡村规划高度重视。但是必须承认，由于长期"偏向城市"，乡村[①]规划方面的工作积累非常有限。从CNKI相关研究文献搜索结果可以看出，乡村规划和城市规划的关注度差异明显（图1）。以篇名"乡村规划或村庄规划"作为关键词模糊搜索，得到所有收录文献941篇（核心期刊201篇）；以篇名"城市规划或城镇规划"作为关键词模糊搜索，得到所有收录文献23686篇（核心期刊5007篇）。这从一个侧面印证了乡村规划一直处于被忽视的境地，2006年以后学界才开始对乡村规划有了相对多的关注。

图1　CNKI搜索结果汇总

　　在社会各界燃起对农村发展和乡村规划的热情之时，同济大学城市规划系于2012年秋季学期开展了多年来的第一次村庄规划教学实践，在村庄规划内容、教学方法和教学组织等方面获得了初步的经验。笔者参与了本次教学的全过程，有所感悟，记录下来，以期有助于城乡规划教学的进一步实践和完善。

1　乡村规划的特殊性——规划理念、方法论和技能

开展乡村规划教育，首先要认识到乡村规划与城市规划在规划理念、方法论和技能上既有共性的一面，也有差异性的一面。其共性在于，两者都要以"人"和"资源环境"为基点，获得与"空间"相联系的"物质性规划设计"与"社会人文修养"的充分训练与教化（赵民，2013）。

与共性相比，乡村规划与城市规划的差异性亦很明显。首先，城市是"人口集中、工商业发达、交通便利的地区"，而乡村是"农民聚居的地方，人口分布比城镇散"（《现代汉语分类大词典》）。显然，乡村天然不同于城市，乡村具有分散、与农业紧密结合的特点；而城市则具有集聚的特征，是生产和交易的空间。相比于城市，乡村中人与土地的联系更加紧密，村民之间的交往更加密切。

其次，因为乡村与城市的不同，乡村规划的理念与城市规划的理念必定会有很大不同。城市规划强调生产（工业）与生活（居住）相隔离[②]，以减少干扰；而农村要注意生产与生活相融合，住宅的选址既要便于劳作，又要设施配套。

再者，乡村规划的方法论与城市不同，我国的城市是典型的自上而下的主导，由城市人民政府组织编制各层次的城市规划[③]；农村由于其土地集体所有的性质，严格来讲，乡村规划编制的主体应是村委会和村民，应以自下而上的方法论为主导，以村民的意愿和村庄的需求为导向，规划师仅是提供技术支持，而城市或镇人民政府根据其规划是否会产生负面的外部效应，来决定是否批准执行。

最后，乡村规划编制的技能与城市规划也很不同。城市规划尽管也要关注规划对象的社会属性和经济属性，但其核心任务是统筹空间资源，尤其是在快速城镇化阶段，其面对的是如何应对城市增长——尤其是空间的扩张；反观乡

村规划，由于农业现代化水平持续提高，农业对劳动力的需求呈日益减少的态势，加之城市对农村青年的吸引力，农村普遍处于人口逐步减少的境况，村庄建设的绝对规模趋于下降。以笔者在海门市调研的农村为例，某镇有 10.8 万户籍人口，2012 年仅有不到 80 户的宅基地建设申请，即每年的农村新建住房需求不及总人口的 1%，如果再算上其中的改建或者住房的自然毁坏，农村建设空间的增量需求实际相当少。因此，农村规划的核心问题可能已经不是空间问题，而是社会问题。比如如何应对农村人口的老龄化，如何应对农村的"三留"④问题。这就需要规划编制的技能做出相应调整。

2　乡村规划的准则——扎实调研，因地制宜

《城乡规划法》第十八条规定"乡规划、村庄规划应当从农村实际出发，尊重村民意愿，体现地方和农村特色。乡规划、村庄规划的内容应当包括：规划区范围，住宅、道路、供水、排水、供电、垃圾收集、畜禽养殖场所等农村生产、生活服务设施、公益事业等各项建设的用地布局、建设要求，以及对耕地等自然资源和历史文化遗产保护、防灾减灾等的具体安排。"清晰明确了村庄规划的三大原则和主要内容，其中三大原则虽很简练，却对规划师提出了非常明确的要求，即结合实际、尊重农民、体现特色，概括起来就是要"因地制宜"。

"因地制宜"的前提是深入"调查研究"，从而真正把握实情。虽然"调查研究"是规划编制的基本要求，"公众参与"也一直是规划编制所倡导的，但是由于城镇化的快速发展，城市规划设计单位长期处于工作任务饱和状态，且逐年来形成了城市规划编制的一套约定俗成的工作方法，或者说"套路"。长期的城市规划编制实践，使得规划师在面对乡村的时候，习惯于"城市"的思维定式，习惯于对空间的关注。

对于本次乡村规划教学实践而言，很多学生尝试"以一个农民的视角来规划乡村"，出发点显然是好的，但是大部分学生来自城市，没在农村生活过，更没有干过农活，如何能够知道农民的视角呢？即使百般尝试"身份转换"，仍然

还是以市民的视角来把自己转化为所谓的"农民",着实勉为其难。

再从乡村规划的内容来看,当下的村庄与城市不同,城市处于增长之中,而大部分村庄可能处于逐步萎缩态势,每年只有非常少的零星建设需求。那么,对于大部分村庄规划而言,更像是"旧城更新"。规划需要的是对现有空间环境的梳理,但是由于宅基地的非国有属性,规划方案的制定不能基于大的空间布局调整。因为即使微小的调整,都会触及相关的权益,要达到再次平衡绝非易事。所以对大多数村庄而言,村庄规划的重点可能是健全基层公共服务和环境设施,其重点是"环境整治",而环境整治不一定要体现在平面布局上。换言之,现实中看起来非常漂亮的规划方案,大部分时候并不符合村民需求。当然,对于部分整体迁建的村庄,应另当别论;但毕竟这种整体迁建需要一定的投资,并不是所有村庄都能做到的,只能当作个案来讨论[⑤]。

因此,在推进乡村规划教学前,需要进一步明确乡村规划的类型,是增长型的,平稳型的,还是萎缩型的?不同类型的村庄规划,其具体内容会有很大差异。而准确判断村庄发展的类型,有赖于扎实的调查和研究分析。

3 乡村规划的五种教学组织模式

同济大学在20世纪50年代就有过乡村规划的教学实践(董鉴泓,2013),但是之后中断了近半个世纪,相关的教学和实践经验未能获得积累。2012年同济大学城市规划系的村庄规划教学实践是一种积极的探索。此次教学组织方式采取设计竞赛的形式,16个小组(每组4名学生)分别做8个村庄的规划,每组有一名学生暑期进行现场踏勘,并进行问卷调查,获得部分资料[⑥]。此种模式的优点是调研组织方便,缺点是大部分学生未去现场,难以获得直观体验,也无法直接倾听规划对象的意愿。暂且可以称此种模式为第一种模式。

第二种模式是结合本科总体规划暑期实习,在总体规划调研中选择1~2个村庄,安排学生下乡踏勘和访谈,进而制定村庄规划。此种模式的优点是可以与总体规划教学实习紧密结合,不必单独安排现场调研,利于教学工作的组织。缺点是不同小组的规划内容差异较大,不利于教学的统筹。

　　第三种模式是在总体规划教学环节中加入独立的村庄规划教学环节（2～3周），组织学生到邻近地区的乡村进行村庄规划实践。优点是空间距离接近，利于现场踏勘和补充调研，也利于教学统筹；缺点是教学组织的前期协调负责，需要教师具有较强的社会活动能力。

　　第四种模式是在本科教学课程中，设置独立的"乡村规划理论与实践"课程，半学期的理论科讲授，半学期的村庄规划实践，实践部分参考第三种模式。

　　第五种模式是与居住区规划教学相结合，前半学期是城市住区（居住小区）规划，后半学期是农村住区规划。此种模式的优点是强调了农村的居住属性，与城市住区可以形成鲜明对比；缺点是可能难以深入理解农村住区的社会属性，而会偏于关注物质空间布局。

　　由于乡村规划教学尚处初期探索阶段，对以上五种模式均可以进行教学尝试，在实践过程中不断总结探索，进而找到适合自身地域、适合自身教学特色的组织模式。除了采取常规教学以外，还可以采取规划竞赛的方式，以激发学生的工作热情，并更为主动地去了解农村和开拓思路。同济大学的教学实践已经证明，竞赛是一种很好的促进学习的方式。在教学的中期环节，可以组织各教学小组进行成果交流，教师对各组方案予以点评；在教师点评过程中，学生可以相互借鉴，再行完善自己的规划方案。

4　乡村规划教学实践的五点引申思考

　　尽管乡村规划教学早有实践，但不可否认，对于当下的教师和学生而言，其仍然是一项新生事物。同济大学2012年的教学实践，与其说是第一次尝试，不如说是开启了规划教育工作者对乡村规划及教学的全面思考之门。基于笔者自身的教学经验和遇到的困惑，在此对有关问题加以梳理，并试图提出自己的见解。

　　第一，村庄规划编制的目的是什么，是为了防止村庄的无序建设，还是为了提升村庄的生活环境水平？如果是前者，那么我国大多数地区的村庄已无明显的增长动力，建设量非常之少；如果是后者，那么其物质空间规划属性是否是第一位的？如果不是，那么村庄规划的工作内容是什么？由此，只有明确编制目的，其后的内容设定才会有根基。

第二，村庄规划是自上而下的规划，还是自下而上的规划？目前的实践大多是前者，除了经济发达的村庄有自下而上的规划需求以外，大多数的村庄规划是被动编制的，不是村庄本身的要求；现实中基本是高层级政府的统一要求。基层的村民除了对道路、环境卫生、服务设施有要求外，其他的规划内容基本与之不直接相关，村民也就没有动力去关心这些内容。

第三，人口老龄化是中国的大趋势，笔者近期的农村调研表明，当前农村人口的老龄化程度远比城市高，尤其是"80后"和"90后"的村民几乎全部选择离开农村，造成农村的日益空心化，进而改变农村的社会结构。这样的结构转换是否会对农村的生产和生活模式带来前所未有的改变？这种改变的影响是什么？对此不甚了了，规划必定流于形式。

第四，规划师在村庄规划中的角色是什么？村庄规划可能更像是一种特定的社区规划——与城市社区相对应的农村社区。由社区成员（村民）参与规划，编制规划，才是村庄规划的本质。规划师可能应担当技术支持的角色，而不应是着力"推销"自己的观念或偏好。

第五，城市规划师能胜任村庄规划吗？城市规划实践中成长起来的规划师对农村普遍是陌生的，对于农业和农民也是生疏的；而"三农"恰是村庄规划的核心，因此，村庄规划的"启蒙"必须从教师做起，教师首先要深入农村、了解农民、了解农业。

总而言之，村庄规划及教学是一项具有挑战性的工作，要以责任感和使命感来探索乡村规划和教学的相关议题，在摸索中逐步形成相对完整的规划理念、方法论和技能。

本文获国家自然科学基金项目（51208362）资助。

参考文献

[1]董鉴泓.董鉴泓教授谈同济大学城市规划专业的创办与早期开展的乡村规划教学//同济大学建筑城规学院,等.乡村规划——2012年同济大学城市规划专业乡村规划设计教学实践[M].北京:中国建筑工业出版社,2013,8-19.

[2]赵民.乡村规划与乡村规划教育//同济大学建筑城规学院,等.乡村规划——2012年同济大学城市规划专业乡村规划设计教学实践[M].北京:中国建筑工业出版社,2013,40.

[3]同济大学建筑与城市规划学院,上海同济城市规划设计研究院,西宁市城乡规划局.乡村规划:2012年同济大学城市规划专业乡村规划设计教学实践[M].北京:中国建筑工业出版社,2013.

[4]董大年.现代汉语分类大词典[M].上海:上海辞书出版社,2007.

注释

①《城乡规划法》区别了乡规划和村规划。本文为叙述和理解方便,未对乡村和村庄二词进行严格区别;但本文的乡村,仅指行政村或基层村,而不是指乡集镇。

② 当然,也有产城融合的理念,但产城融合是指较大尺度的融合,在微观尺度上,仍然是产居分离的。

③ 虽然也有公众参与,但主体仍然是自上而下的。

④ 留守儿童、留守妇女、留守老人。

⑤ 实际上,对于某些特殊的村庄规划案例实践,社会上经常加以宣传,事实上却很难推广。

⑥ 具体内容参见《乡村规划——2012年同济大学城市规划专业乡村规划设计教学实践》。

(原文曾发表于《全国高等学校城乡规划学科专业指导委员会年会论文集》,2013年9月)

童　明：

1999 年于同济大学建筑与城市规划学院城市规划理论与设计专业毕业，获博士学位。1999 年留同济大学建筑与城市规划学院任教，至今担任城市规划系教授，博士生导师。同时兼任上海市规划委员会专业委员会专家，上海同济城市规划设计研究院总规划师。主要研究领域为城市设计与理论、城市社会学、城市公共政策理论与方法。

艺术村落

——以问题分析为导向的宋庄城市空间设计

童 明 包小枫 ❶

1 宋庄城市空间设计的课程背景

伴随着当前快速城市化进程，许多地处经济发达地区的大都市（如北京、上海、广州、深圳）所存在的一个显著问题就是，急速推进的城市扩张在城乡接合区域形成了不少问题空间。它们往往表现出功能组织不够完善、社会结构较为复杂、基础设施较为薄弱、生态环境严重退化等特征。其成因或者是在城市空间快速扩张过程中被直接包裹进来，未及调整和优化；或者是未能跟上周边城市环境的快速发展节奏。总体上，在城乡接合区域问题空间形成的背后，往往存在着极其难以应对的制度瓶颈和现实因素。在这样一种时代发展背景之下，传统的单纯注重城市空间形态的城市设计理念与方法将面临新的挑战。

2013 年，同济大学城乡规划专业参与了由清华大学牵头的六校联合毕业设计。联合毕业设计以北京通州区宋庄艺术集聚区为研究对象，其主旨是以城乡融合发展为宏观背景，探讨如何通过具体的城市空间设计，在现实层面逐步落实城乡统筹发展战略的具体实施。

宋庄艺术集聚区成型于 20 世纪 90 年代初期，由于宋庄村民住宅院落较大，租金相对较低，陆续有艺术家到宋庄镇小堡村租房开办工作室进行艺术创作（图 2-19）。2005 年，宋庄已经形成以画家为主的 316 名艺术家群落，成为中国最大的一个原创艺术家聚居群落。当地政府为此提出"文化造镇"战略,对宋庄的艺术发展采取了顺势引导的方式,并举办宋庄文化艺术节、成立宋庄艺术促进会。

2006年12月,北京市认定了首批十个文化创意产业集聚区,宋庄艺术集聚区是其中面积最大的一个,并逐步形成了产值3亿元以上,集现代艺术作品创作、展示、交易和服务于一体的艺术品市场体系。为加快集聚区发展,2008年1月,通州区成立了集聚区管委会,具体负责辖区范围内产业发展、开发建设和各项相关管理工作。然而,宋庄在为艺术家提供多种生活方式、生活环境和创作环境的同时,目前也面临着多种现实问题的困扰,以及各类未来前景的挑战。

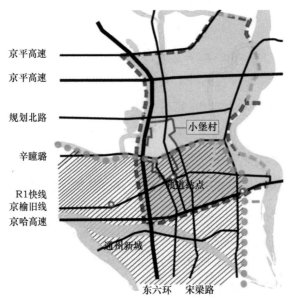

图1 处在通州新城与宋庄村落接合区域的小堡村原创艺术集聚区

在本次联合毕业设计课程中,同济大学城乡规划专业共有8名学生参与其中,并辅以2名指导教师。在确定课程的基本内容、成果要求和组织方式之后,本课程选择宋庄镇小堡村作为重点研究对象,这意味着课程所面对的既是一项复杂的宏观课题,也是一项具体的微观课题,它的复杂性与困难点在于:

(1)研究对象空间格局的复杂性

宋庄是北京市通州区确定的"一城""五镇"发展战略中的一个重点镇,

因此在已经确定的上位规划中，小堡村南部地区已被纳入通州新城，是通州新城的重要区域和城乡一体化的重要节点之一；而小堡村北部地区仍然被留在农村属性的北寺组团，属于农村保护地区。这就造成了当前的小堡村原创艺术集聚区将被分割成为南北两个不同属性的城乡空间。新城建设在为小堡村带来发展机遇的同时，也使得小堡村原创艺术集聚区既有的内生动力、空间环境、功能构成、政策管理等方面面临着重新理解和路径选择。

（2）研究对象现状特征的复杂性

伴随着从初起、成形、扩张的发展历程，小堡村原创艺术集聚区的建成环境目前已经基本覆盖整个村域。但是由于不同时段发展的不同特征，小堡村在空间格局上形成了若干形态特征截然不同的区域，其中有小堡村原始村落、佰富苑工业区、艺术家自建区、国防艺术园区、艺术机构区……在这些不同区域之中，最新介入的一些高密度商业开发也穿插其间，同时还并存着一些关停并转的废旧厂区，从而导致当前小堡村的空间结构极其混杂（图2）。

（3）研究对象构成内容的复杂性

截至2013年，宋庄已有注册艺术家7000人左右。除画家外，小堡村还汇集了雕塑家、观念艺术家、新媒体艺术家、摄影师、独立制片人、音乐人、诗人、自由作家等众多领域的艺术家，艺术家结构已趋多元化。同时即使在同类艺术家的圈层里，他们的发展状况也各不相同，有些早已成名成家，蜚声国际，有些则刚刚起步，徘徊于创业阶段。另外，再加上一些著名艺术机构、文化创意企业陆续入驻宋庄，与大量的民间小型画廊混合在一起，与仍然保持着自然属性的村舍、村民混合在一起，构成了一幅复杂的多元化图景。

图2　宋庄小堡村原创艺术集聚区的表象问题
（主要表现为空间无序发展、功能结构混乱，乡村环境衰退等）

（4）研究对象发展机制的复杂性

小堡村本质上是一个在市场主导下自发形成的原创艺术集聚区，是一个具有生态特征、以原创为主要特色的艺术家工作室集群。这种模式有别于许多国家和地区所采取的政府主导的园区模式，而是在一个特定的开放的地域空间中，对创意阶层和企业的聚集行为加以规划和引导所形成的松散型、与原住居民混居的模式。针对小堡村的现状进行空间梳理，需要在充分理解并尊重原有发展机制的前提下进行，而不能武断地植入常规的城市空间秩序。

总体上，本次毕业设计选择宋庄作为研究对象，其本身就为城市设计课程提供了一种不同寻常的时空背景和空间尺度。它不仅超越了以往各种城市空间设计的狭义范畴，同时还涉及更为复杂的创意产业的经济话题、城乡协调的社会话题。因此，本次毕业设计虽然针对的是北京城乡接合区的一个微观领域，但是由于特殊的空间区位和产业特征，这个微观领域折射出当前我国城乡发展工作中最为迫切的研究领域。

2 课程设置目标——课题研究与规划思想

本次毕业设计要求学生一方面从理论角度学习文化创意产业经济的概念、理论和方法，了解城乡统筹发展的战略思想，综合考虑艺术聚落的功能特征、行为网络、历史文化、空间形态、生态机制等各方面因素；另一方面也需要熟练掌握和应用城市设计的主要方法与核心技能，采用具体的空间设计方式来探讨城乡统筹、文化创意、产业转型、都市旅游、空间格局、文化传承、生态空间等研究课题，以低碳和可持续发展为原则，探索宋庄在新的发展机遇与挑战格局下，如何持续拓展文化创意产业的多种发展路径，如何提升城乡融合发展的未来前景和整体思路，并具体落实与之相关的规划路径和实施方案。

为了达成此项目标，在本次毕业设计课程中，需要参与学生既要思考宋庄过去发展的机制和轨迹，也要在未来的城市发展格局中促进宋庄的转型与提升，因此课程设置具体落实为：

（1）理解城市发展基本原理

系统性研究文化创意产业的发展规律和特征，通过借鉴国内外相关成功案例，参考各类文化创意产业的发展经验，同时注重考虑基地及区域自身特点，在充分尊重小堡村原创艺术集聚区构成内容、运行机制的基础上，结合通州创意文化产业集聚区发展规划前景，整合、优化、提升小堡村这个艺术村落的整体空间品质。

（2）整合现有人文空间资源

依托小堡村现有的当代艺术家群落的核心资源，以小堡村为中心，发展以绘画创作为核心的文化产业以及艺术品展销、交易、培训等服务产业。依托佰富苑工业区建设，积极推动产业结构的升级改造，引导艺术品加工等相关衍生产业。同时依托良好的人文、生态环境资源，在镇域东部地区引导发展具有特色的文化旅游、艺术会展等休闲产业，创建当代的文化艺术基地。

（3）完善城镇公共服务体系

提升村落公共设施建设，形成通州新城以北、辐射周边农村地区的镇级公共服务中心；同时以公共性为目标，营造人性化的城乡空间环境，体现小堡村特有的艺术文化气质；努力创造具有活力的城市街道，通过小尺度、路径丰富且富有变化的街区组织方式，延续小堡村现有典型的紧凑、密集的布局方式，营造一个富含活力的城市区域；从建筑、空间、环境三方面研究村镇整体空间环境，协调未来城市轨道交通的发展，形成连续、立体、内容丰富的公共活动体系。

（4）凸显城乡空间结构特色

通过对地区整体风貌的研究，提出小堡村的空间景观构架，注意与周边区域协调关系，突出乡村环境，体现区位特色；研究各功能组团的总体布局，针对用地布局进行更细微的划分，提倡土地的混合利用，充分挖掘土地的潜在价值。

（5）展示新型城乡和谐发展关系

注重城镇建设与乡村环境之间的融合，充分结合原有农村地区的生态自然结构，营造具有地方特色的城镇公共环境。通过多元化的活动和有机性的交通组织，将现状中的自然元素与城区的工作、居住、休憩紧密结合，使市民能时时感受到乡村空间的润泽。

（6）落实可持续发展目标策略

宋庄当前的郊区区位及生态优势应当成为创意文化产业集聚区建设的重要基础，这需要保护和利用好基地的自然优势，体现低碳、生态和可持续的发展要求；同时课程设计以"集约土地、低碳发展"为目标，注重轨道交通枢纽地区的规划设计，倡导公交优先，合理组织基地内外交通系统、停车系统及步行系统，建立高效、便捷、绿色的交通活动空间。

总体而言，本次联合毕业设计希望通过在宋庄小堡村的城市设计工作，强调城市规划工作的整体性、连续性和高效性，要求学生通过细致的城市设计研究提出该地区的规划建设准则，具体营造有序又有变化的城市空间环境。

3 以问题分析为导向的教学方法

为了提升毕业设计课程的研究内涵及其质量，本课程以现实环境问题作为思考对象，以实践操作能力为培养目标，力图将城市设计的理论、方法和技能训练有机结合起来。课程取题"基于可持续发展立场的宋庄城乡空间设计"，此处的可持续发展不仅意味着城乡空间环境发展的可持续性，同时也意味着在新型城乡统筹发展的格局中，原有自发形成的村落艺术集聚区的可持续发展。

为了综合思考宏观与微观层面上的各种因素，本课程要求学生从表象问题调研分析着手，结合相关理论的系统性学习，逐级思考讨论，一直延伸到当前城乡发展中的各类深层问题，从而形成核心观点。与此同时，课程设计又需要从基本原理着手，按照各类线索进行细化，逐步落实为具有物质环境操作基础的空间设计。通过现场的详细调研工作，学生从表象层面上发现，作为传统的农村社区，宋庄给人直观印象方面的现实问题在于：

（1）空间格局零散无序

由于村、镇工业大院的兴起，村庄建设用地不断扩大，导致宋庄小堡村目前的建设密度较大，建设用地布局分散。北部以艺术家集聚区为主，中部以工业用地为主，南部以农村居民点为主，公共服务设施主要分布于徐宋路两侧，局部地区用地零散，基地内部弃置待开发土地较多。

（2）产业结构多元混杂

小堡村现状产业结构中，农业生产已经基本消失，工业生产由于效率不高而局部停滞，创意服务产业主要以艺术相关产业为主。独立艺术家工作室集中在北部环水域区域和南部原始村落内，而画廊及其他艺术机构建设集中在村域东北部与徐宋路沿线，酒店、餐饮等生活服务业主要分布在沿徐宋路南段和小堡广场。

（3）交通网络断裂无序

徐宋路及小堡西路等干道与支路呈鱼骨状布局，交通性道路过宽且容易对基地内部功能连续性产生分割，村民出行不方便。同时由此导致支路系统联系不紧密，各片区与组团之间产生隔离，不利于网络结构活力点的形成。

（4）服务设施匮乏不整

小堡村内部基础设施较为匮乏，公共服务设施水平较为低下。小堡村部分高压线与部分现状道路走线重合，对道路空间安全产生了较大的威胁，并且对现状景观节点与公共绿地造成了干扰，降低了公共环境品质。

（5）生态环境逐步退化

小堡村的农业环境主要集中在北侧、西侧和东侧。随着村镇建设的不断扩展以及无序建设，不仅导致农田系统遭到蚕食、自然环境支离破碎不成体系，而且也导致原有生态系统遭到破坏，水面环境不佳，中坝河水质黑臭。小堡村内也存在不少在建工地和荒地，空间使用效率不高。

同时，通过进一步的分析，学生发现在小堡村当前环境背景中，业已成形的艺术集聚区也存在更为深层的发展问题，其中较为典型的有：

（1）空间成本显著上升

在小堡村原创艺术集聚区形成的过程中，吸引大量艺术家前来创办工作室进行艺术创作的一个重要原因是低廉的租金。由村民自建住房租赁、村委会将空置的废旧厂房改造成工作室出租，以及村集体出租土地供艺术家自己建房，这种方式保留了艺术家所追求的原有的居住创作格局，保持了乡村的田园风貌，生活居住成本也没有大幅度提高。然而随着越来越多艺术家集聚小堡村，可租用房屋数量有限，租金相应上涨。

（2）空间资源消耗殆尽

随着宋庄艺术集聚区的社会影响力逐年增大，小堡村不仅吸引大量艺术家前来定居，同时也吸引大量艺术机构、企业前来入驻，从而导致土地资源紧缺，空间成本上升。土地的资源稀缺性导致小堡村的房价持续上涨、物价抬高，直接或间接增加了村民、艺术家及外来务工人员的生活成本；

（3）产业转型缺乏引导

宋庄艺术集聚区的当前发展趋势就是需要从一个自发形成的艺术村落转变为正规的创意产业集聚区，这使得小堡村需要从自由发展的构成途径转变为通过规划组织和引导的发展模式。然而由于目前的规划管理体系尚未成形，小堡村目前的产业结构、人口结构仍然非常复杂，如何为该地区引入新的经济职能以应对由于核心产业缺失所带来的发展问题？如何利用有利契机，带动原本相对孤立且功能单一的区域融入城市整体发展的格局之中？这是小堡村产业转型发展的一个主要难点。

（4）横向联系乏力不足

尽管小堡村原创艺术集聚区已经形成多年，但是由于村落内部环境错综复杂，中部地区又经历过一段村镇工业化的发展阶段，从而导致各类艺术家在小堡村内被划分为南北两个组团，同时他们又各自与原有村民、外来人口混居在一起，艺术家之间的横向联系相对不足，成熟艺术家与底层艺术家之间的交往不够充分，导致艺术创作的提升动力机制没有充分发挥出来。

面对这些挑战，课程要求学生在宏观背景分析与理解的基础上，采用城市设计方法去探讨区域发展、产业转型、都市旅游、空间格局、文化传承、自然保护、旧建筑利用等城市设计课题，并具体落实小堡村可持续发展的整体思路、规划路径和实施方案。

在组织方式上，本次毕业设计分为两个阶段，第一阶段以集体成果为主，8位同学分工合作，完成小堡村总体发展背景分析及空间策略研究，以期培养学生的团队合作精神和协同工作能力。在小堡村开展的初期现场工作中，教学团队按照研究主题分为 4 个小组进行调研，了解基地的地形地貌、空间布局、建筑构造以及产业流程，并参观了宋庄美术馆、上上美术馆、各类画廊以及画家工作室，了解宋庄发展历史，感受宋庄文化。

在第一轮现场调研和专项研究的基础上，经过短短 1 个多月的快速整理和深化工作，4 个设计小组提出了各自的主题和设想，从本质问题着手，分析原先影响并促成宋庄艺术集聚区形成发展的四个主要因素，并相应提出规划策略（图 3），这四个研究角度分别为：

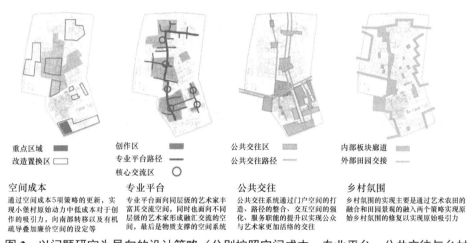

重点区域　　　■
改造置换区　　□

创作区　　　　　■
专业平台路径　　—
核心交流区　　　○

公共交往区　　　■
公共交往路径　　—

内部板块廊道　　■
外部田园交接　　□

空间成本
通过空间成本5项策略的更新，实现小堡村原始动力在中低成本对于创作的吸引力，向南部转移以及有机疏导叠加廉价空间的设定等

专业平台
专业平台面向同层级的艺术家丰富其交流空间，同时也面向不同层级的艺术家形成融汇交流的空间，最后是物质支撑的空间系统

公共交往
公共交往系统通过门户空间的打造、路径的整合、交互空间的强化、服务职能的提升以实现公众与艺术家更加活络的交往

乡村氛围
乡村氛围的实现主要是通过艺术农田的融合和田园景观的融入两个策略实现原始乡村氛围的修复以实现原始吸引力

图 3　以问题研究为导向的设计策略（分别按照空间成本、专业平台、公共交往与乡村氛围为主体，从小堡村原创艺术集聚区的发展原初动力着手，探讨具体空间设计手段）

（1）如何控制空间成本

宋庄艺术集聚区的第一个优势在于空间价格。对于定居在此的艺术家来说，在最初的吸引力中，价格因素无疑占据了重要位置。然而随着城乡环境的不断发展，小堡村的空间成本逐年上升，为了维护空间成本的优势，需要按照现有空间格局和周边环境发展趋势，提出相应的空间发展策略。对此，学生在经过多轮次的讨论后，提出了按需设置准入制度、实行商业反哺艺术、择地提供廉租空间、实行城市有机更新等策略，通过局部有限调整来降低城镇空间发展的成本代价。

（2）如何完善专业平台

宋庄艺术集聚区的第二个优势来自较为成熟的专业平台。成熟的艺术圈子已经形成了较为固化的业内社交空间与话语。年轻人慕名来到宋庄，寻求艺术家园的庇护，但这些大家似乎离他们都太过遥远。支撑的系统还不够完善，他们不得不依靠个人的力量在这边生活边创作。对此，学生提出了在维持艺术家独立创作环境的同时，强化同层级的交流平台，搭建不同层级艺术家之间的沟通渠道，同时辅以完善的支撑服务体系，以促进不同圈层、不同层次艺术家之间的专业互动，提升小堡村的创新环境。

（3）如何强化公共交往

宋庄艺术集聚区的第三个优势在于多元化的市场系统。目前小堡村内部的大小画廊星罗棋布，每年一次的艺术节也为宋庄带来了大量的艺术爱好者与游客。然而由于缺少合理的规划与组织，目前小堡村的市场网络系统并不完善，公共环境品质不足，服务设施体系不够健全，从而影响宋庄作为文化创意产业集聚区的发展趋势。对此，学生提出了增强艺术圈层与社会圈层之间的交往空间，结合 P+R 换乘站点设置 TOD 交通枢纽，将高速运行的城市生活引入基地内部，促进艺术家与外部交往的可能。同时设置 LOFT 生活产业园区域，主要吸引草根艺术家及处于起步阶段的艺术家群体，共同拥有的展示空间能够使艺术与外部圈层之间发生交互行为的可能性最大化。

（4）如何促进城乡融合

宋庄艺术集聚区的第四个优势在于乡村环境。淳朴的田园风光往往会吸引许多艺术家进入，然而大量人口的进入使村庄面临着前所未有的挑战，无论是置之不理或是过分规划，乡村风貌都会面临逐渐衰退的危险。对此，学生提出了促使艺术和农业有机结合，融合艺术家和当地农民关系。通过规划将艺术和农业相结合，不仅能够形成有小堡特色的乡村艺术景观，也可以融合艺术家和当地农民的关系。另外，通过将周边农田分层次地渗透入小堡村内，将田园乡村风貌植入小堡村的景观设计之中，采用农业元素来表达城市景观的公共空间，从而打造具有村落特色的艺术园区。

在毕业设计的后半学期，课程小组遵照前期确定下来的总共 14 个城市空间设计策略，形成个人设计成果，每位学生选择大约 30hm² 的地块进行深化详细设计工作（图 4）。在详细设计阶段，每位学生在充分了解小堡村的历史文脉传承以及当地居民生活方式基础上，有选择性地对基地进行功能调整和空间设计，

充分把握和利用城市产业结构调整带来的发展契机，完善城市功能、激发城市
活力、提升城市形象。

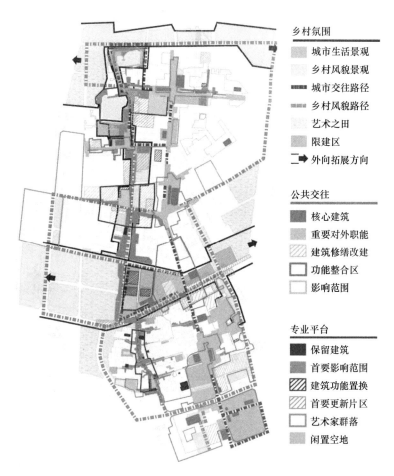

图 4   根据 4 个策略层面的分析，综合 14 个具体设计策略的总体空间设计策略图

4 宋庄城市空间设计课程的经验总结

毕业设计是城乡规划专业中一项高度专业并且高度复合的教学环节，它既
需要有效的方法体系来进行普适性教学，也需要根据学生的不同特点来进行具
体指导；既需要学生熟练掌握传统的技能方法，也需要学生融合现代技术的手
段。因此，本次联合毕业设计也使教师更加充分认识到城市研究对于毕业设计

课程建设的重要性。将毕业设计课程基于一定的城市研究基础之上，通过以问题研究为导向的城市设计工作，可以强化训练并系统提高学生在城乡规划领域知识与方法的储备，提高学生的理论修养及判断分析问题的水平，提高学生对城市的观察、解读能力和分析具体问题的能力，从而也能够提高学生在城乡规划与设计成果表达方面的能力。具体学生的规划设计如图 5、图 6 所示。

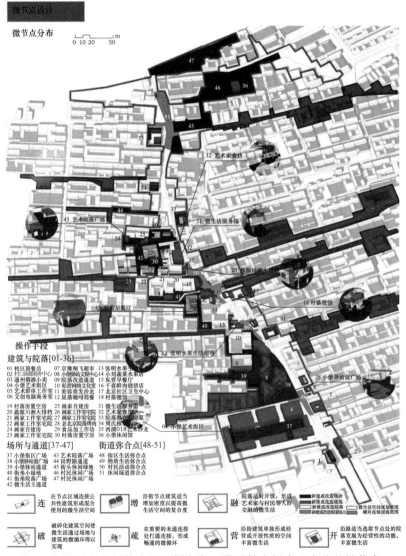

图 5　小堡村艺术村落有机更新方案，通过整合村内现有公共性节点，
提升艺术家与村民的互动空间（叶启明）

图 6　将村边原先逐渐衰退的农地改造为艺术公园，
为小堡村的日常生活和艺术活动提供带有乡野特色的景观场地（项伊晶）

将城市研究融入城市设计课程中，可以加强学生团队工作与社会工作的能力，通过注重个体设计研究和团队协作能力的训练，鼓励学生根据自己的兴趣点以专题研究的形式发现问题、研究问题、解决问题；培养学生的团队合作精神，以及与其他成员分工合作完成实际项目的协作能力。

同时，将城市研究融入城市设计课程中，也可以完善并提升现有的课程教学系统，在理论核心部分进一步完善有关城市规划领域的概念、目标和理念，综合考虑城市空间发展的生态格局、景观特征、空间形态和历史文化，进一步加强与其他课题领域教学团队的配合，使城市设计课程能够较充分地融合当前城市发展中的热点课题，并且具体落实城乡可持续发展的整体思路、规划路径和实施方案。

（原文曾发表于《全国高等学校城乡规划学科专业指导委员会年会论文集》，2013 年 9 月）

田宝江：

男，1970年4月出生。同济大学建筑与城市规划学院副教授、博士、国家注册城市规划师，硕士研究生导师。江苏省泰州市、浙江省衢州市、台州市、龙游、常山、甘肃华亭等地的城市规划建设顾问。研究方向为城市设计、城市开发控制及城市景观规划，主持编制完成大中型规划设计项目百余项，出版《总体城市设计理论与实践》《全国注册规划师执业资格考试考点讲评与实测题集——城市规划原理》等专著8部，《控制性详细规划》教材一部（合著），在专业杂志上发表论文多篇。

授人以渔

——以方法论为导向、注重知识综合运用的毕业设计教学实践

田宝江

　　毕业设计与一般的课程设计有什么不同？作为本科阶段最后一个设计，毕业设计也是本科阶段最"大"的一个设计，是对本科阶段所学知识的系统总结和运用，也是对学生综合能力的一次检验和提升。与一般的课程设计相比，毕业设计更具综合性和实践性的特征。一般课程设计往往是针对某一特定的规划阶段或具体的问题展开设计，如居住小区规划、某地段城市设计、某地区控制性详细规划等，而毕业设计往往是更具综合性的城市总体规划，或者综合运用所学专业知识对某一地区的整体性问题提出解决方案的设计，其综合性还体现在不仅要综合运用设计技术，还要全面运用所学的专业理论知识，对问题进行分析、比较、提炼，找到解决问题的途径，因此在题目性质、知识运用、课时容量以及最后的成果表达等方面都是最综合、最全面的一次设计过程；毕业设计的实践性主要体现在题目一般为真实的课题（或真题假做），具有真实的基地、真实的建设或改造需求，要解决实际问题。毕业设计是一次实战练兵，也是向职业化的过渡，为学生毕业后走上工作岗位或者继续深造打下良好基础。

　　针对毕业设计综合性、实践性的特点，毕业设计的教学在理念、方式及教学安排等方面都要做出积极的调整和应对。此前的课程设计重在"教"，让学生掌握某个知识点或专业技能，学生主要是"吸收"；而毕业设计则要求学生往外"拿"东西，重点在如何"运用"。因此毕业设计的教学方式与课程设计有很大不同，具体而言应实现两个转变，即从过去的以传授知识内容为主转为以引导、启发学生的自主能力为主，从让学生掌握知识转为让学生运用知识解决实际问题。为了实现这两个转变，必须更加注重方法论的建设，不是仅仅着眼

于某个具体问题的解决，更在于解决问题中通用的、普遍性的方法的提炼和掌握，不是授人以鱼，而是授人以渔。一套行之有效的分析问题、解决问题的正确方法将使学生终身受益，这也是毕业设计的真正意义所在。本文将以同济大学 2014 届城市规划专业毕业设计课题为例，阐述以方法论为导向、注重知识综合运用的教学方法与实践。

1 毕业设计课题概况

　　同济大学 2014 届城市规划专业毕业设计题目是"南京老城南地区有机更新城市设计"，基地选取了南京老城南地区，包含夫子庙、门东、门西等区块，规划面积约 5.48km^2。老城南地区是南京之"根"，也是南京历史积淀最为深厚的老城区。近年来，城市发展与历史保护的矛盾日益突出，老城南的改造方式也曾引发诸多争议。本次毕业设计基地选择老城南地区，也就是选择了城市发展进程中保护与发展矛盾最为突出、现实问题最为集中的地区。毕业设计的目标是从全局出发，结合南京城市发展战略，考虑老城南地区在区域及南京整体城市结构中的功能定位，结合《南京历史文化名城保护规划》《老城南历史街区保护规划》，进一步发掘老城南地区的文化价值，在保护的基础上，探索城市有机更新的发展策略，引导老城南地区和谐健康发展。

2 运用"四向结合法"确定规划定位与发展目标

　　所谓"四向结合法"，是指横向比较与纵向分析结合、问题导向与需求导向结合，通过这四个维度的综合分析，确定地区功能定位与规划目标。横向比较主要指通过区域分析，明确基地在区域、城市乃至片区层面所具有的比较优势，从而确定本地区的性质和功能定位；纵向分析主要是通过考察本地区空间演变的历史阶段和进程，在城市发展中动态地把握本地区的空间特征及所处的发展阶段，从而确定未来空间发展的方向；问题导向的思路主要在于发现基地存在的关键问题和主要矛盾，从而明确规划的切入点和落脚点；需求导向则是分析本地区未来发展的核心需求，指明规划的方向。

"四向结合法"就是从上述四个维度将问题加以细化和系统化，通过对比交叉分析得出结论。与传统的 SWOT 分析法最大的不同在于，SWOT 分析法只是罗列了四个象限的内容，没有阐释它们之间的内在联系对城市发展的作用和影响；而"四向结合法"则是通过横向、纵向的交叉确定空间定位坐标，通过问题导向与需求导向的对接确定发展阶段定位，强调的是各要素间的内在关联以及作为内在动力机制对城市发展的影响。

在本次毕业设计中，有意识地引导学生运用此方法对老城南地区发展定位进行分析与研判。

2.1　横向比较：确定了长三角、南京市及秦淮区三个层次进行比较分析

长三角层面：明确了南京作为向长江中上游辐射的主轴线的门户城市，成为长三角辐射带动中西部地区发展的重要核心。历史文化方面，南京集历史、近代、现代特色文化于一身，融吴楚文脉、南北文化、中西文明于一体。基地内的夫子庙秦淮风光带是国家 5A 级旅游景区，在区域范围内具有极高的知名度和美誉度，成为长三角地区重要的旅游节点。反观产业经济层面，长三角作为我国经济最发达的地区之一，已经处于工业化后期阶段，现代服务业发展迅猛，与之相比，南京重工业基础坚实，但新兴产业发展相对滞后和缓慢。

南京市层面：《南京城市总体规划（2007—2020）》确定了南京城市空间"多心开敞、轴向组团、拥江发展"的总体格局，确立了新街口、河西和南部新中心区三个市级中心，而老城南地区正好处于这三个中心的几何中心位置，可谓是中心的中心（图 1），区位优势十分显著。同时，《南京历史文化名城保护规划》确定了"一城、二环、三轴、三片、三区"的空间保护结构，老城南处在"一城"即南京老城范围内，并具有明城墙、内外秦淮河等历史文化景观资源。这既是基地独有的文化优势，同时也是城市更新过程中保护与发展矛盾最为突出的原因所在。

秦淮区层面：《南京市秦淮区总体规划（2013—2030）》对本区块的空间结构和产业结构做出了明确界定，提出大力发展历史文化、商贸旅游和创意产业。

本区域内以夫子庙秦淮风光带为代表，历史文化资源异常丰富，有历史地段 11
处，历史街巷 98 条，区级以上文物古迹 56 处，其他文保单位 96 处，非物质文
化遗产 33 处，这无疑为发展旅游和文化创意产业奠定了坚实的基础。

图 1　老城南区位

2.2　纵向分析：老城南地区空间演变历史阶段的动态把握

　　通过对南京城市空间格局发展演变的历史过程分析可知，其空间形制最具
特征的有四大阶段：一是春秋战国时期确立了独特的山水城市格局；二是六朝、
隋唐时期，由地方城市成为都城，都城形制对城市产生了根本性影响；三是明、
清时期，形成"大山水"和城、陵一体的城市空间格局，奠定了现代南京城市
基本框架；四是民国时期，受"首都计划"和中山陵及中山大道建设影响，城
市格局发生巨变，并逐步形成新的城市街道系统（图 2）。

　　通过横向和纵向的交叉分析，学生的思路开始清晰起来。横向比较，可以
看到老城南在区域中的地位和价值，主要体现在区位优势（三个市级中心的几
何中心）和丰厚的历史文化资源两个方面，因此其功能定位也体现在这两个方
面，即城市的活力中心和历史文化体验中心，对更大的区域而言，这两个方面
整合在一起，就成为城市文化的名片；纵向的空间发展分析则表明，与六朝、
隋唐及明清较为稳定的阶段相比，目前老城南地区仍处于城市空间发展的变动
期，城市空间异质化明显，这种不确定性既造成了目前该地区空间环境质量参

差不齐，同时也为下一步更新发展提供了契机。

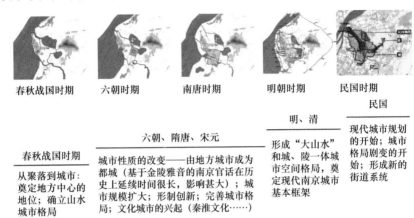

春秋战国时期	六朝时期	南唐时期	明朝时期	民国时期

			明、清	民国
		六朝、隋唐、宋元	形成"大山水"和城、陵一体城市空间格局，奠定现代南京城市基本框架	现代城市规划的开始；城市格局剧变的开始；形成新的街道系统
春秋战国时期				
从聚落到城市：奠定地方中心的地位；确立山水城市格局	城市性质的改变——由地方城市成为都城（基于金陵雅音的南京官话在历史上延续时间很长，影响甚大）；城市规模扩大；形制创新；完善城市格局；文化城市的兴起（秦淮文化……）			

图 2　南京城市空间发展历程

2.3 问题导向：把握老城南发展的核心问题

问题导向的分析方法，就是让学生通过现场踏勘、调研、文献资料的整理等，发现本地区的核心问题和主要矛盾，而解决这些问题和矛盾就成为规划的切入点和落脚点。通过分析可知，老城南现状问题十分突出，主要表现在用地凌乱混杂，城市空间异质化冲突，历史保护遗留问题与开发模式争议，仍以传统观光式旅游为主，缺乏产业链深度挖掘，城墙的空间阻隔作用明显且被边缘化，交通、环境和基础设施亟待改善等。整体来看，核心问题就是老城南目前的发展状况与其区位优势和历史价值极不相称，老城南的历史文化遗存本来是重要的资源，如今却成为某种"包袱"和负担，这种情况的出现一定是发展定位和产业选择出现问题，未能将这些资源有效地纳入产业发展之中，在空间上则反映为被遗落和边缘化。

2.4 需求导向：把握老城南发展的方向和路径

作为城市之根的老城南地区，有过辉煌的过去，而在快速城市化过程中，其空间形制和历史遗产与现代城市发展产生了某种错位，使老城南发展明显滞后。因此，激活老城南，打造城市活力中心、历史文化体验中心，选择适合的产业类型，重塑老城南在新时期的辉煌，成为老城南发展的最大诉求，也是本次规划的目标所在。

综上所述，学生运用"四向结合法"，确定了老城南地区的功能定位（城市活力中心、城市历史文化体验中心、城市对外的名片）、发展阶段（城市空间发展的不稳定期，空间可塑性强）、核心问题（发展状况与其地位、优势极不相称）和发展目标（利用特色优势，重塑新时期老城南辉煌）。

3 以方法论为主导的产业选择专题研究

产业是城市发展的内在动力和支撑，也是实现规划定位和发展目标的关键，因此把产业选择作为规划编制的切入点。以产业发展作为城市更新的切入点，还可以有效避免过去以空间整治为手段进行更新改造带来的"拆真建假"、缺乏人气等诸多问题。从产业选择入手，不但为老城南发展注入内在的动力，同时适合本地区的产业类型，如文化创意、旅游等能有效整合区内丰厚的历史文化资源，达到文化提升、创造价值的目的，而且将这些产业落实到空间的过程，也可带动区内空间环境的优化和提升。

3.1 运用"差异引导法"确定体验式旅游产业

"差异引导法"，即以现有的某种产业类型为基础，对其发展阶段和发展趋势进行分析，比较升级后产业与现有产业的差异与优势，根据地区经济社会发展实际，因势利导，引导现有产业向更高层次转化和升级。

目前，南京的旅游产业仍然以传统的观光式旅游为主，产业附加值低，未能有效整合地区丰厚的历史文化和景观资源，与其他江南地区存在同质化竞争现象。《南京市秦淮区总体规划（2013—2030）》也明确提出本地区要大力发展旅游业，在此背景下，启发学生运用"差异引导法"，分析老城南旅游从浅层观光式旅游向休闲、度假等高端体验式旅游升级转型的可能性。根据国际旅游组织的研究，旅游方式与经济发展阶段密切相关，一般认为当人均 GDP 为 1000 美元时，观光式旅游占主导；人均 GDP 达到 2000 美元，以休闲旅游为主；人均 GDP 达到 3000 美元，以度假式旅游为主；人均 GDP 达到 5000 美元以上时，将会进入成熟的度假旅游阶段。据统计，南京所处的江苏以及周边的浙江和上海，2013 年人均 GDP 都已经超过 1 万美元，可以说发展休闲、度假等高端体验式旅游已经具备了充分的经济条件，在强调个性、参与和自身体验的今天，体验式旅游必将迎来发展的黄金期，加之老城南地区丰富的历史文化和自然景观资源，更为发展体验式旅游奠定了坚实的基础。

在确定了体验式旅游的产业方向后，进一步引导学生深入思考：适合本地区的体验式旅游项目有哪些，如何与现有文化遗存和景观资源有机融合，如何将项目落实到空间中去，带动空间的优化和发展？通过系统分析，确定老城南体验式旅游分为三大体验区：内秦淮河体验区（图 3）、明城墙及外秦淮河体验区（图 4）和历史环境人文体验区（图 5）。通过对相关资源的评价和发掘，具体策划和确定每个体验区内的旅游项目并进行空间落实，做到每个体验项目都有物质空间载体，从而最大限度地将本区文化资源和景观资源有机整合，带动地区空间的优化和公共配套服务设施水平的提升。

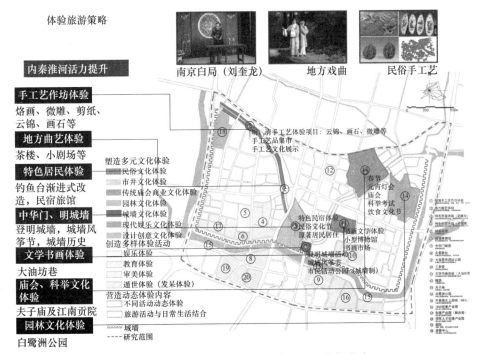

图 3　内秦淮河体验区体验旅游项目及空间落实

图4　明城墙及外秦淮河体验区体验旅游项目及空间落实

图5　历史环境人文体验区体验旅游项目及空间落实

3.2　运用"内生引申法"确定小微型创意企业

"内生引申法"，是指对现有或既定的产业门类，根据其自身的特点、发展需求以及与地区条件的关联程度，对大的产业门类进行细化和具体化，确定明确的产业亚类型及其空间落实策略。

在旧城更新过程中，创意产业往往是最容易被选择的产业类型。各地也有较为成功的案例，如北京的 798、上海的苏州河沿岸等。上位规划也将文化创意产业作为老城南地区的主要产业类型之一，但发展何种创意产业则需要更加深入的思考。运用"内生引申法"分析后，学生们认为本地区拥有大量的传统民居和街巷，单体建筑尺度较小，是典型的低层高密度布局形态，在一般大型工业建筑遗存中的创意产业类型并不适合老城南地区。结合本地区的发展条件和建筑空间特点，非常适合发展小微型创意企业，通过对传统街巷和建筑的适当改造，使其转化为小微型创意企业的总部或办公空间，既满足了小微企业灵活、个性的需求，同时又与老城南的空间特征相契合。在此基础上，进一步分析细化产业的具体类型，最终确定了两种适合本地区空间特点与历史文化特色的产业类型：一是以动漫、网游和软件设计、新媒体研发为主的信息类科技小微企业；二是最具南京特色的金陵琴派古琴艺术制作与展示、云锦木机妆花手工织造技艺研究的家庭式企业。这两类小微型创意企业，在产品内容上与老城南历史文化高度契合，在企业空间需求上与地区建筑类型高度吻合，可以充分利用现有条件，不必对传统街区大动干戈，最大限度保持老城南的传统风貌（图 6）。

3.3　运用"社会热点提炼法"确定养老服务产业

"社会热点提炼法"是指，根据当下社会普遍关注的热点问题，结合未来发展趋势与基地资源条件（土地、人口等），确定相应的产业类型，回应社会热点的关切，适应社会发展的新形势，发展新兴的朝阳产业。

随着《国务院关于加快发展养老服务业的若干意见》（国发 [2013]35 号）的颁布，2013 年也成为我国养老服务业发展元年。截至 2013 年底，全国 60 周岁以上人口已经超过 2 亿，占总人口的 14.9%，我国已经进入老龄化社会，养

传统街区小微企业新建筑嵌入示意

示范地块——钓鱼台风貌区北侧地块23.6hm²

方案初步设想

图6 小微型创意企业在传统街区的空间落实

老问题已经成为社会关注的热点，与此相对应，养老服务产业也将成为新兴的朝阳产业。基于这样的认识，引导学生从社会热点入手，可以看到作为旧城区的老城南地区，养老服务问题更加突出，发展养老服务业前景广阔。结合老城南的实际，确定养老服务产业主要包括三个方面：一是大力发展社区养老服务，包括建设老年食堂、日托所、配餐点、社区医疗服务、文化教育服务等，同时对现有社区进行适老化改造，完善无障碍设施，增加电梯、照明、引导系统等（图7）；二是引入社会资本，建设养老机构，为不同年龄和健康状况的老年人提供养老、康复和护理服务；三是为具有一技之长的活力退休老人提供展示的舞台，如传统工艺制作、传统戏曲表演等，既丰富了老年生活，同时也可与体验式旅游和文化创意产业有机结合（图8）。

图 7　适老化社区改造

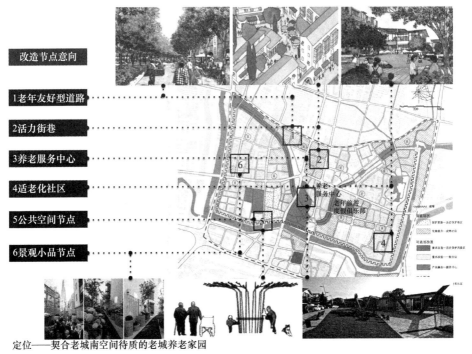

图 8　适老化改造空间节点意向

4 结语

本文介绍了以方法论为导向、注重知识综合运用的毕业设计教学实践，在实际课程教学中，不是仅仅着眼于某个具体问题的解决，而是注重让学生掌握一种具有普遍意义的基本方法和思考模式，综合运用所学知识，对问题进行分析、对比、提炼，从中发现解决问题的途径。文中提出的"四向结合法"适用于确定地区功能定位与规划目标；产业选择中的"差异引导法"较适用于分析产业的升级与转型；"内生引申法"适用于对大产业门类的细化与具体化；"社会热点提炼法"较适宜发展新兴产业。以上是针对毕业设计综合性与实践性的特点，在教学上做出的一些探索和实践，以期为提高毕业设计的教学质量提供借鉴和参考。

参考文献

[1] 吴琼 . 传统手工艺产业的现代化改造 [J]. 艺术设计论坛，2007，166（2）：10–11.

[2] 陈友华 . 居家养老及其相关的几个问题 [J]. 人口学刊，2012，4：51.

[3] 杨宗传 . 居家养老与中国养老模式 [J]. 经济评论，2000（3）.

[4] 唐咏 . 居家养老的国内外研究回顾 [J]. 社会工作，2007，2：12.

[5] 徐林强，黄超超，沈振烨，等 . 我国体验式旅游开发初探 [J]. 经济地理，2006（26）：24–27.

[6] 曹力尹 . 基于可持续发展观的体验式旅游规划研究 [D]. 西安：西安建筑科技大学，2009.

[7] 张零昆 . 城市历史街区保护与旅游利用方法研究 [D]. 上海：同济大学 ,2007.

[8] 郭湘闽 . 以旅游为动力的历史街区复兴 [J]. 新建筑 ,2006,3:30–33.

[9] 李建波，张京祥 . 中西方城市更新演化比较研究 [J]. 城市问题 ,2003（5）:69–71.

[10] 于涛方，彭震，方澜 . 从城市地理学角度论国外城市更新历程 [J]. 人文地理，2001，16（3）：41–43.

[11] 张更立 . 走向三方合作的伙伴关系 : 西方城市更新政策的演变及其对中国的启示 [J]. 城市发展研究，2004，11（4）：26–32.

（原文曾发表于《全国高等学校城乡规划专业指导委员会年会论文集》,2014 年 9 月）

张　松：
同济大学城市规划系教授、博士生导师，东京大学工学博士，国家注册规划师，兼任上海同济城
市规划设计研究院总规划师。主要学术兼职：中国城市规划学会规划历史与理论学委会副主委，
中国建筑学会工业建筑遗产学委会副主委，中国文物学会 20 世纪遗产、历史文化名街委员会委员，
上海市规划委员会专家委员，《城市规划学刊》《建筑遗产》《城乡规划》《上海城市规划》等
杂志编委，南京、杭州、苏州等名城保护专家委员。出版有《历史城市保护学导论》《为谁保护
城市》等书籍。

城市规划专业教学体系中遗产保护课程建设探讨
——以同济大学的教学实践为例

张　松

遗产保护（heritage conservation）作为一门新兴学科，涉及建筑学、城乡规划、旅游开发、社会经济等学术领域。遗产保护作为城市发展中重要的战略构成，已成为城乡规划建设中不可或缺的因素。城市遗产保护不仅意味着针对文物古迹、历史建筑和历史街区开展切实有效的保护，而且还包含城市的历史风貌、地域特色和文化特征等多种积极因素的积极利用和世代传承。保护既是认知城市特色、指导城市建设的观念尺度，也是规划设计的方法与手段，同时还是规划实施所期望实现的社会、文化、生态等综合性目标。

由于文化遗产保护与城乡建设、旧城更新的关系极其密切，而城乡规划对历史文化的认识与关注程度又会直接影响历史城区和传统风貌的保护、维持。正因如此，2005 年 12 月国务院下发的《关于加强文化遗产保护的通知》中明确指出：“在城镇化过程中，要切实保护好历史文化环境，把保护优秀的乡土建筑等文化遗产作为城镇化发展战略的重要内容，把历史名城（街区、村镇）保护规划纳入城乡规划。”

城市文化遗产保护课程是同济大学为适应我国城市和社会全面发展以及与国际高等教育接轨而新开设的一门课程，也是同济大学城市规划专业的特色课程之一。作为在国内建筑学等工程技术领域率先开设的遗产保护课程，在相关学科领域有一些影响[①]。本文围绕同济大学城市规划专业教学体系中历史文化保护课程建设的历程、基本特征和未来发展方向，结合“卓越工程师教育培养计划”的试行等新形势展开粗浅的分析与探讨。

1　城市历史保护课程的创设简史

在同济大学，由董鉴泓先生开设的"城市建设史"课程一直是城市规划专业的重要基础课程。早在 20 世纪 80 年代，同济大学城市规划专业就开始关注历史文化名城和风景名胜的保护问题，并在城市规划、建筑学等专业的理论课程和设计课程中增加相关教学内容。90 年代，由阮仪三先生在"城市建设史"课程的后半部分开始增讲部分历史名城保护方面的内容，后逐步扩展延伸至中外城市遗产保护方面。

鉴于国内历史环境保护规划工作的实际需要，特别是历史文化名城保护出现了"空前重视"与"空前破坏"并存的局面，1999 年在积累数年培训名城保护规划技术官员经验的基础上，编写出版了全国第一本专业课程教材《历史文化名城保护理论与规划》。2001 年，在"城市建设史"课程中将历史与文化保护部分完全独立，为城市规划和旅游管理专业五年制本科生正式开设一门专业特色课程——城市历史与文化保护（课程编号: 022292，英文名称: Conservation Planning for Urban Heritage，34 学时，2 学分）[②]。

课程系统讲授国内外历史城市保护规划的原理、方法和实践探索。10 多年来，城市规划、旅游管理等专业的学生普遍增强了遗产保护的意识，并初步掌握了名城保护规划的基本理论和设计方法。2003 年，该课程被选定为同济大学校级精品课程，2007 年被评为上海市级精品课程。

2　城市遗产保护课程的内容构成

"城市历史与文化保护"课程设置的目的是使学习者初步了解国内外城市文化遗产保护的观念、发展历程以及主要理论，对我国历史文化名城保护的发展过程有全面系统的认识，在历史文化名城、历史街区、文物古迹保护的内容和方法上，实现全面和系统的知识建构，初步掌握历史文化名城保护规划的编制要点、规划审批程序，为专业设计等实践环节打下一定的理论基础，以便将来更好地从事规划设计和规划管理工作。

保护课程作为城市规划专业方向的专业基础课，课程内容涵盖了保护制度法规、文化遗产管理、保护规划设计以及调查分析方法等模块，具体包括中外城市遗产保护发展历程、国外文化遗产保护规划及管理、保护规划理论与设计方法、历史街区调查研究与整治技术、文化景观保护与旅游开发、世界遗产保护理念和发展趋势等内容（表2-1）。

课程内容模块构成一览表　　　表2-1

结构模块	主要内容	重点与难点	课时分配
遗产相关基础知识	城市遗产的基本概念 城市遗产的主要类别 城市遗产的保护原则 遗产保护的重要意义	遗产类别、评价标准、保护原则等	4学时
中国历史名城保护	历史文化名城保护制度 历史文化街区保护实践 城市历史建筑保护条例 上海城市遗产保护管理	历史文化名城的核定标准、快速城市化进程中的历史保护问题、保护法规制度的建设	8学时
国际国外遗产保护	国际文化遗产保护运动 文化遗产保护国际宪章 英法文化遗产保护制度 美日历史保护体系构成	理解文化多样性的意义、不同文化背景下的各国特色、指定保护与登录保护制度的区别	8学时
保护规划设计方法	文化遗产资源调查分析 历史文化名城保护规划 历史街区保护整治设计 文物古迹保护规划设计	城市遗产的价值评估、保护范围划定、高度控制规划、历史城市的整体性保护	8学时
保护案例分析比较	世界遗产城市平遥 世界遗产城市丽江 江南水乡古镇保护 福建土楼保护规划	保护实践探索意义与差异性、比较分析的观念建立	4学时

课程全面介绍中国历史城市的特点、历史文化名城制度的形成与发展，讲授法国、意大利和日本等国的保护制度建设和保护规划技术，结合巴黎、博洛尼亚、京都、奈良等历史名城的保护规划历程，就遗产管理、法规制度、整治措施的理论研究和工程实践进行系统分析和介绍。

3 城市遗产保护课程的特色创新

按照同济大学知识、能力、人格三位一体的人才培养总体目标，遗产保护课程在专业培养过程中突出"文理工兼容""理论与应用并举""基础与创新并重"等教学理念。培养城市规划和景观设计等专业学生的社会责任感和价值观，将来在城市规划建设中具备对于文化资源的辨识能力和城市遗产保护管理能力，从而促进城市的可持续发展。

按照上述目标，通过课程教学使学生了解中外城市遗产保护的发展历程和世界遗产保护理念和发展趋势，理解历史文化遗产的概念及其价值，掌握城市文化遗产调查、分析、评价方法，掌握保护、修缮及利用的规划设计方法，理解历史文化遗产保护制度和法律体系，理解城乡文化景观保护与旅游开发的关系。

显然，在城市规划专业方向的遗产保护教育领域，我们是后来者。在课程建设和教学实践过程中，尽可能地学习和借鉴国外相关课程方面的先进经验。如借鉴和参考了日本东京大学、法国遗产保护专业培训学校"夏约高等研究中心"（CEDHEC），美国哥伦比亚大学等学校的相关经验，但在教学内容上则充分考虑中国特色和实际需求。

城市文化遗产保护涉及城市史、城市文化、城市社会学等多方面的知识，是城市规划领域中的新方向和新学科。同济大学师生参与历史文化名城保护已有 20 多年实践积累和广泛的社会影响，保护规划已成为同济大学城市规划专业在国内处于领先优势的学科方向之一。

城市文化遗产保护课程建设，经过 10 年的教学实践和科研积累也取得了相应教学成果。课程相关教师于 1999 年编写出版《历史文化名城保护理论与规划》教材后，2001 年编写完成《历史城市保护学导论》，两书成为课程的主要理论性教材。此外，编著《在城市上建造城市——法国城市历史遗产保护实践》《法国建筑·城市·景观遗产保护与价值重现》《城市风景规划——欧美景观控制方法与实务》等介绍国外遗产保护理论的书籍；出版《历史环境保护的理论与实践》《城市遗产保护论》《城市文化遗产保护国际宪章与国内法规选编》等学术著作和参考资料；在保护规划工程实践方面，出版《城市文化遗产研究与保护》（《理想空间》第四辑）《历史城市保护规划与设计实践》（《理想空间》第十五辑）等设计案例资料集；初步形成了比较完善的教材和教辅资料系统。

4 课程的教学难点及其解决途径

通过多年的教学实践不难发现，遗产保护课程的教学难点在于：① 如何使学生理解文化多样性背景下城市遗产的价值和保护意义；② 如何讲解城市遗产保护规划中可能面对的错综复杂关系；③ 如何通过城市规划手段和管理措施来有效保护城乡文化遗产。

为解决课堂教学过程中出现的较为普遍的问题，在教学中采取比对讲授英国、法国、日本、美国等国的文化遗产保护制度，就法规制度、遗产管理等方面进行系统分析，着重讲解保护规划与一般城市规划的不同点与特殊性，进而证实历史文化保护对于营造可持续的人居环境所具有的重大现实意义。

通过尝试与实践环节密切的教学方式，提高学生对保护规划理论与方法的兴趣，重视学生的自主学习和研究型学习，取得了一定的成效。

第一，城市遗产相关社会调查。结合教学内容安排学生到城市历史街区或郊区古镇、古村落进行实地调研。通过这一环节，学生不仅对文化遗产的多样性有了一定的认识，同时也切实体验了城乡文化遗产保护的迫切性。

第二，充分利用"城镇遗产创新实践基地"等现实案例教学，促使学生真正理解城市遗产保护的复杂性和综合性。此外，还结合国际交流和学术讲座，邀请国内外知名专家学者与学生进行直接对话和交流。

第三，利用多媒体手段和网络资源，在课堂内外让学生获取更多的信息，从而了解国内外遗产保护的动态和热点，如结合上海、北京等历史文化名城的保护热点话题进行课堂讨论。

近年来，学生完成的课程考查论文涉及的主题包括：历史文化名城保护法规制度、国内外保护实践比较、遗产保护与城市特色的关系分析、产业遗产保护与再利用、历史街区的保护整治、古镇保护与旅游开发、上海城市遗产保护以及其他相关热点话题。其中的优秀论文已汇编成《我们的遗产·我们的未来——关于城市遗产保护的探索与思考》学生论文集，正式出版发行。

5　新形势下教学改革的若干思考

　　"城市历史与文化保护"作为一门新开设的专业特色课程，虽在教学体系、教学方法、教材建设等方面做了一定的探索和尝试，但随着城市规划学科体系改革和学科建设的深化完善，亟需研究遗产保护课程改革和模式创新在整体教学体系改革过程中的发展方向和具体对策。另外，历史文化名城和文化遗产保护规划在我国尚处于发展探索阶段，在更多地借鉴国际和国外先进经验的同时，随着我国城市建设发展和遗产保护实践的推广，将具有中国特色的保护案例和地方的成熟经验等尽快编入相关教材和教学参考资料中，也是需要进一步关注和推进的基础性工作。

　　首先，同济大学已列入国家第一批"卓越工程师教育培养计划"[③]实施高校，建筑与城市规划学院从 2010 年秋季即开始全面实施杰出工程师培养计划的"4+2+3"培养模式。城市规划专业的人才培养方案、培养模式、教学方式等都将面临重大改革。

　　"产学研"合作教学是实施"卓越工程师教育培养计划"的核心和重点，在"产学研"有机结合的平台下，专业技术类课程的授课方式、训练方式和考试方法三大环节也将进行更为深化的改革，在不少专业课程的课堂授课学时必须压减的前提下，将城市遗产保护教学环节纳入"产学研"合作框架中进行重新定位思考，成为课程改革面临的首要课题（图 1）。

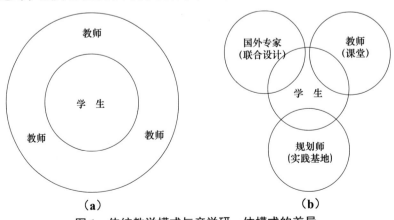

图1　传统教学模式与产学研一体模式的差异
（a）传统教学模式；（b）产学研一体模式

如前所述，城市遗产保护涉及面广，在专业基础理论、规划设计方法和建设工程实践三大板块均与"产学研"关系密切（图 2）。因此，遗产保护课程教学需要在"产学研"合作教学新模式中寻找更为广阔的天地，以适应不同层面、不同阶段人才培养的实际需求，并在城市规划工程设计和规划管理等实践环节，强化学生对文化遗产价值认识水准、保护规划实务的理解能力和街区整治工程实际操作能力的全面培养（图 3）。

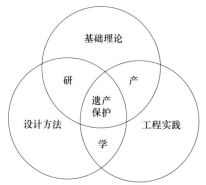

图 2　产学研教学模式中遗产保护的位置关系

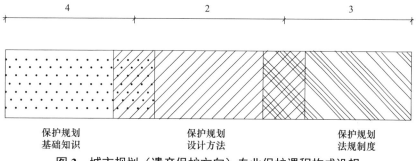

图 3　城市规划（遗产保护方向）专业保护课程构成设想

其次，自 2008 年实施《城乡规划法》以来，城乡规划方面的法规体系由之前的"一法一条例"扩展为"一法三条例"[④]，国家通过完善城乡规划法规体系，强化了对生态环境、历史环境和风景名胜的保护要求（表 1）。《城乡规划法》明文规定，在城市总体规划的编制中，对于涉及资源与环境保护、城市历史文化遗产保护等重大专题，要求在城市人民政府组织下，由相关领域的专家领衔进行研究。编制城市规划，要妥善处理城乡关系，保护自然与文化资源，体现城市特色。风景名胜资源管理、自然与文化遗产保护等应当确定为必须严格执行的强制性内容。

城乡规划相关主要法规构成演变　　　　　　　　　表1

时段	1990—2007 年	2008 年之后
国家法律	《城市规划法》	《城乡规划法》
行政法规	《村庄和集镇规划建设管理条例》	《历史文化名城名镇名村保护条例》 《风景名胜区条例》* 《村庄和集镇规划建设管理条例》
部规章	《城市规划编制办法》 《城市紫线管理办法》 《城市绿线管理办法》等	《城市规划编制办法》 《城市紫线管理办法》 《城市绿线管理办法》等

注：*《风景名胜区条例》为 2006 年颁布实施。

　　城市总体规划、历史文化名城保护规划，既属于专业性很强的工程技术领域范畴，又是涉及广大市民长远利益的公共政策。在快速城镇化的进程中，自然环境、历史文化和公共资源的切实保护问题显得越来越重要。城市规划专业的学生必须在本科生和研究生学习阶段就打下良好的规划设计等工程技术基础，同时还要在依法规划管理城市（包括城市文化遗产）的政策实务等方面得到有效的训练和培养，这也是在"卓越工程师教育培养计划"试行中城市规划专业方向所不可或缺的基本方面。

　　第三，为了有效解决以往遗产保护专业理论课程教学与课程设计、毕业设计结合不够紧密的欠缺，同时面对课堂教学实际学时减少和相关知识膨胀的矛盾局面，不同性质课程间如何整合资源、协调关系，成为未来遗产保护等相关课程教学改革的重点所在。因而需要抓住遗产保护课程综合性、实践性较强的特点，通过国际化联合教学实践拓展学生对不同文化背景下遗产保护知识的掌握；通过遗产资源调查实践提升学生的社会责任感；通过联合设计教学培养学生的团队协作能力，提升其保护规划设计的水准；这些方面可能是今后课程创新和教学改革需要进一步努力的方向。

6　结语

　　2007 年 5 月同济大学百年校庆的前夕，温家宝总理在建筑与城市规划学院钟庭的讲话中，两次提到有近千年历史欧洲最古老的大学意大利博洛尼亚大学，他指出"有一千年历史的博洛尼亚大学，现在的墙壁四周还是断壁残垣，有的地方不得不用一根水泥柱顶起来，防止它倒掉。当然，它一方面保护了千年的古迹和文化，但我以为更重要的是保护了一种精神、一种美德。"大学如此、城市如此、国家亦是如此，城市遗产的保护关系到城市文化的复兴和美好生活的创造。

　　温总理还谈到"我们培养的人，应该是全面的、具有综合素质的人。……学习理工科的，也要学习人文科学，学习文学和艺术。同样，学习人文科学和文学艺术的，也要学习自然科学。"有意思的是"城市历史与文化保护"课程，包含了人文和科技两方面的内容，是涉及保护由历史文化和自然环境所共同构成的人类遗产的专业基础课程。建构具有中国特色城市规划教学体系和创新改革，都不应忘记了总理这些殷切教诲所指引的方向。

参考文献

[1] 同济大学建筑与城市规划学院编. 开拓与建构: 同济大学建筑与城市规划学院教学论文集 I [C]. 北京: 中国建筑工业出版社, 2007.

[2] 同济大学建筑与城市规划学院编. 传承与探索: 同济大学建筑与城市规划学院教学论文集 II [C]. 北京: 中国建筑工业出版社, 2007.

[3] 董鉴泓. 同济生活六十年 [M]. 上海: 同济大学出版社, 2007.

[4] 王景慧, 阮仪三, 王林. 历史文化名城保护理论与规划 [M]. 上海: 同济大学出版社, 1999.

[5] 阮仪三. 城市遗产保护论 [M]. 上海: 上海科学技术出版社, 2005.

[6] 张松. 历史城市保护学导论 [M].2 版. 上海: 同济大学出版社, 2008.

[7] 张松, 王骏. 我们的遗产·我们的未来——关于城市遗产保护的探索与思考 [C]. 上海: 同济大学出版社, 2008.

[8] 周俭, 张恺. 在城市上建造城市——法国城市历史遗产保护实践 [M]. 北京: 中国建筑工业出版社, 2003.

[9] 朱晓明. 当代英国建筑遗产保护 [M]. 上海: 同济大学出版社, 2007.

[10] 邵甬. 法国建筑·城市·景观遗产保护与价值重现 [M]. 上海: 同济大学出版社, 2010.

注释

① 据不完全调查了解, 国内大多数设置城市规划专业的大学在本科阶段还未开设遗产保护理论课程, 少数学校如东南大学等开设有"城市更新与历史保护"、苏州科技大学等开设有"历史文化名城保护规划"等类似课程, 课时多在 18 学时左右。

② 课程名称为向学校申报时所确定, 含义相当宽泛, 课程英文名称为制定教学大纲时所确定, 相对准确一些。

③ "卓越工程师教育培养计划"为教育部批准在清华大学等 61 所高校于 2010 年开始试行的培养模式, 以"4+2+3"为基本培养模式框架。4 年本科阶段学习, 在三年级实施分流, 60% 的学生通过保送或免试直升方式进入硕士层次(其中约 50% 的学生为联合培养), 2 年硕士课程结束后可进入博士研究生阶段继续深造。

④ 全国人大常委会法制工作委员会等编, 中华人民共和国城乡规划法解说, 知识产权出版社, 2008, p.13

(原文曾发表于《全国高等学校城乡规划专业指导委员会年会论文集》2010 年 9 月)

刘　冰：

同济大学建筑与城市规划学院教授、博士生导师。研究方向：交通与可持续发展。主要研究领域为：
绿色交通规划与政策、空间结构与交通网络分析、多模式交通一体化设计、交通综合评估技术、
体力健康交通等。主持国家自然科学基金项目《多尺度建成环境下的公共自行车使用特征、行为
机制和绿色导向机制》《基于呼吸暴露的体力型出行活动模式、影响机制和规划应对研究》和住
房和城乡建设部《面向城市规划设计的交通评价信息系统集成与开发》课题，获多项国家及省部
级科技咨询和城乡规划设计奖。

"竞赛嵌入式"教学方法改革初探

——以城市交通课程为例

刘　冰

1 教学理念的转变及其意义

随着城乡规划中各种社会、经济、环境问题的广泛交织，城乡规划学科更加注重与其他相关学科的交叉发展。城市交通与社会、经济、环境等条件密不可分，其外部性又直接表现在对社会、经济和环境的诸多影响上。因此，当前城市交通的发展已逐步从畅通目标导向的"工程思维"转为城市目标导向的"多方位思维"，而长期偏重工程的城市交通课程显然难以适应人才培养要求的这一变化。在城乡规划学科发展的新形势下，城市交通课程建设的改革势在必行，要突破传统教学理念、调整教学内容、改进教学方法，以提高学生对交通问题的多视角分析和综合解决能力。

城市交通课程作为城乡规划的一门基础理论课，与社会学、经济学、地理学、环境学等理论课程密切相关，并与修建性详细规划、控制性详细规划、城市设计、总体规划、乡村规划等设计课程交互渗透。因此，城市交通课程的关联性扩展不仅关系到自身建设，对于强化课程之间的融贯沟通也具有积极意义。

为帮助学生认识城市交通问题及其解决方案的多面性，笔者在城市交通课程教学中引入了"多目标导向－多方位路径"的教学理念（图1），即从城市发展的战略高度，考察交通供给和需求之间的关系，树立社会、经济、环境等多目标导向的交通发展观；同时，认识交通"硬件"设施规模容量的约束，更加注重需求管理、运行组织、新技术等"软件"手段的作用，通过"软硬结合"

的多方位路径，促进交通供需的协调发展，提升交通服务品质和综合效益。

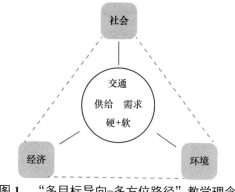

图1　"多目标导向-多方位路径"教学理念

2 "竞赛嵌入式"教学的可行性

按照上述教学理念，城市交通课程的教学内容需要进行扩展，但由于交叉领域很广，依靠课堂教学进行知识传授，会产生信息量大、知识点分散、吸收难度大等问题，且占用课时长，易对常规教学造成一定的冲击。为此，笔者尝试采用"嵌入式"教学法，即在传统的讲授模块中，适时适量地局部嵌入拓展性的内容，引导学生加强自主学习，从而达到"强基础 – 重拓展"的双重教学目标。

全国高等学校城乡规划学科专业指导委员会（以下简称"专指委"）近年组织开展的"交通出行创新实践竞赛"（以下简称"竞赛"），为城市交通课程的"嵌入式"教学法实践提供了良好的契机。这一竞赛的目的是"发掘和推广已经存在的许多软性的、具有创造性的解决方案，最大限度地发挥交通基础设施的效能，有效地减少城市交通的环境、安全问题，并改善社会弱势群体的出行条件"。该竞赛具有社会公正、环境保护、出行改善的多目标导向，同时注重多样化的软性创新策略，与城市交通课程的教学理念十分吻合，适合将其嵌入常规的理论教学模块有机地穿插组织。

这种"竞赛嵌入式"教学法，有助于学生综合运用课堂所学的基础理论知识，自主开展与竞赛主题相关的拓展性学习。学生能够针对某一现实的交通服务，探讨其在交通技术、政策方面的特点和取得的主要成效。竞赛设置了具体的参赛和成果要求，为课外拓展性学习提供了明确的教学目标和考核标准，有利于加强教学组织的紧凑性和教学指导的针对性。这一方法还具有较强的灵活性，易于根据学生的实际学习状况对教学过程进行合理调控。

3 "竞赛嵌入式"教学的方案设计和实施环节

3.1 整体方案设计

（1）平行推进

为了使依托竞赛的拓展学习能够系统、有序地"嵌入"城市交通课程的理论教学模块，需要对相关的教学内容和进度做适当调整，以实现两者的平行推进。

结合竞赛的要求，拓展性学习被划分为五个阶段：选题论证、调查分析、深化研究、提升推广、完善总结；与之相对应的，课程教学模块依次分为交通概论、居民出行、子系统规划、整合规划等部分（图2），由此使整体教学工作得以由浅入深、环环相扣地进行。

图2 "竞赛嵌入式"交通课程总体教学方案

（2）内容衔接

基于明确的教学阶段，对竞赛和课堂的教学内容进行"嵌入式"对接，使各模块的课堂内外教学能够更加紧密地结合。例如，将"选题论证"嵌入"交通概论"模块，引导学生探究最新的交通发展动态；将"调查分析"嵌入"居民出行"模块，指导学生采取多种调查方法了解实际的交通需求；将"深化研究""提升推广"和"完善总结"嵌入"子系统规划"和"整合规划"模块，帮助学生灵活地运用相关理论与方法，对具体竞赛项目进行深入剖析和优化改进。

"竞赛嵌入式"教学法将理论与实践紧密结合，能够使课堂内外的教学相得益彰。学生通过运用所学的理论知识来解决竞赛中的实际问题，不仅可以提高学习自主性，也有利于加强学生对抽象理论知识的理解。

3.2 教学组织环节

对于"竞赛嵌入式"教学，如何协调常规教学与拓展教学的关系十分关键。在一学期共 17 周的教学时间内，只有合理安排教学环节、把握"嵌入"重点、及时指导反馈、有效深入推进，才能取得良好的成效。

（1）学生分组

对选课学生实行自由分组，通常以 4～5 名城市规划专业学生的小组为主，也有一些由城市规划、建筑学、景观、交通等跨专业学生组成的小组。考虑到不同专业培养要求上的差异，竞赛不作为强制性的教学活动，但需要有其他类似的课外调研活动作为替代。

（2）进度把控

为了如期提交竞赛成果，在"竞赛嵌入式"教学中尤其要重视中间过程的控制，明确各个时间节点的成果内容和要求，督促各竞赛小组严格按照教学进度完成阶段性成果。其中：

1）选题阶段，重点在于明确主题和选择典型的创新性项目。学生通过查阅各种资料、信息，在小组讨论和预调研的基础上，"先放后收"地确定竞赛的题目，使得选题不偏离竞赛的方向，且有可获得、可挖掘的鲜活案例。

2）调研阶段，重点在于合理制定和具体落实调查方案。学生要根据所选取的案例项目，准备详细的调查方案和实施计划，包括调查方法、问卷设计、访谈提纲、步骤安排等。各小组经过试调查，对原有调查方案进行修改完善，再开展正式的实地调查。调研阶段是整个竞赛教学活动的重中之重，要帮助学生抓住关键问题，采取适用可行的调查手段，深入人群、企业和机关，以便充分地论证项目取得的成功经验。

3）深化－提升阶段，重点在于对竞赛项目的深度挖掘和延伸探索。根据调查所获得的第一手数据和资料，运用专业技术方法，对项目的创新特点、主要经验、矛盾破解、突出成效等方面进行深入剖析，形成主要的分析结论。针对项目尚存的不足和局限性，进一步探索竞赛项目可持续发展的途径。在这一阶段，还需指导学生根据调研内容的调整深化适时进行补充调研。

4）成果阶段，重点在于提炼观点结论和改善表达效果。对项目进行概括总结，突出重点、去粗存精，并对题目、版面、文字、图表等进行细致推敲，以形成观点鲜明、表达清晰、论据充分、图文并茂的最终成果。

（3）按需辅导

1）团队组织："嵌入"城市交通课程的竞赛教学任务由城市交通教学团队承担，其中日常教学指导工作由城市交通课程的主讲教师具体负责，在初期调研选题、中期报告初稿、终期成果制作等重点环节由教学团队提供特别的技术指导。

2）多种形式："嵌入式"教学采取"按需辅导"原则，实行全班指导和单独指导相结合的灵活方式，并通过集中点评、书面反馈、当面沟通等多种形式，为学生提供及时有效的反馈和建议。

3）主动介入："嵌入式教学"的节奏快，为提高教学效率，尽可能避免常见问题和不必要的反复，要主动介入学生的自主性学习过程。指导教师的主要作用在于帮助学生辨析项目的创新性、提高调研方案的合理性、加强论证分析的聚焦性、探寻优化突破的方向性，以解决诸如实际进展与初始目标偏离、调查方案计划不周密、调研分析针对性不强等突出问题。

4）因势利导：除了选课学生的专业背景不同，各小组在教学过程中也会逐渐分化而表现出明显的差异性。这就要求发挥"嵌入式教学"的灵活性特点，对教学指导工作进行动态调整，以便兼顾学生的特殊情况，使后续的教学活动能够顺利进行。对于选题延期未定、调研工作受阻、调研后发现项目成效不及预期的小组需要特别关注，为他们提供替代选题、协助沟通联络、调整调查方案或转入其他非竞赛的拓展教学活动。

3.3 教学考核

"竞赛嵌入式"教学注重课内基础理论教学与课外拓展教学的结合，因此交通课程的学期总成绩将竞赛教学环节的成绩纳入其中。考核标准会参考竞赛的深度要求，但由于并非所有小组的调研项目都符合参赛主题，这一成绩侧重于评价学生的总体学习表现和综合水平，不以是否入围竞赛为评判条件。

4 教学效果分析

4.1 主要成效

经过一个学期的实践，"竞赛嵌入式"教学取得了令人满意的教学效果。在 2014 年于深圳大学召开的专指委年会上，笔者所在教学团队指导的 4 份参赛作品全部获奖，其中一等奖 2 项、二等奖和三等奖各 1 项。

突出的教学成效还体现在以下几个方面：

（1）深入社会、拓宽视野

"竞赛嵌入式"教学促使学生走出校门，深入了解城市交通的实际问题和各方努力。学生选题方向的丰富性反映出他们考察问题的开阔视角，如让公交更绿的大小车"混搭"、让乘客掐"点"乘车的公交实时 APP、鼓励骑行的免费自行车停车场、多模式便利换乘的"X+R"枢纽点、高效利用交通资源的"顺风车"、以公交为家的"乘客委员会"、穿连城中的"穿梭巴士"、公交衔接地铁时刻表的"日夜兼乘"、缓解停车难的"共享停车"等，涵盖了运营组织、智能化、环保化、人性化、公众参与等多个方面。

（2）自主探索、提高能力

由于竞赛的激励作用，学生自主探索的热情受到激发，学习兴趣大大增加。为了深入剖析案例项目，他们采用了多种可用的调查方法，包括实地踏勘和观测、出行活动问卷调查、站点和随车客流调查、相关人员和部门访谈，甚至通过网络调查等新手段来获取数据。在分析方法上，除了数据统计和相关性分析以外，能够利用 GIS、空间句法、交通评价等技术，对特定地区的出行需求特征、网络结构特征、系统服务水平、空间环境特征等进行综合分析，还有少数学生尝试了较为复杂的行为选择分析。总之，从选题、调查到论证，学生自学了大量文献资料、涉猎了较多专业理论、应用了多种技术方法，促进了城市交通与其他课程的交叉学习，综合能力得到了明显提升。

（3）活学活用、融会贯通

将竞赛实践活动嵌入理论教学模块之中，为理论结合实践和学以致用创造了条件。公交案例是为数最多的竞赛项目，基于课堂讲授的基本理论，学生开展了类型广泛的实际调研：在地域空间上有老城区、中心区、边缘区，在技术形式上有轨道交通、常规公交、社区巴士及其衔接系统，在创新点上有布局优化、时刻表对接、管理模式等方面。学生不仅考虑了乘客需求和客流变化规律，还关注到了企业的运营成本和效率，从而能在供需角度不断加深对发车间隔、时刻表、线路和站点设计等公交技术要求的理解。又如某个小组巧妙运用了各交通方式优势范围的基本理论，提出了将"P+R"向"X+R"绿色转型的思路，并在优化方案中把多模式交通一体化设计的理论方法融会贯通地加以应用，做到了竞赛水平提升和理论知识巩固的双赢。

（4）师生互动、教学相长

由于参加竞赛的学生是城市交通课程的初学者，他们客观上对专业性的竞赛要求存在认知问题，因此"嵌入式教学"中增加了沟通环节，促进了师生之间多渠道的交流，答疑、点评和指导反馈的次数明显增加。针对学生在拓展学习中遇到的问题和难点，教师在课堂理论教学中可以更加有的放矢，并增强学生的参与性。同时，课外教学加大了学生自主学习的深度和广度，对学生各种问题的解答也促进教师不断更新知识和学习思考，从而提高专业理论和教学水平。

4.2 学生反馈

"竞赛嵌入式"教学方法的效果不仅体现在获奖数量的多少，更重要的是帮助学生全面认识城市交通问题，树立科学的交通规划观以及培养综合的专业素养。从期末总结可以看出，学生对"竞赛嵌入式"教学的反响十分积极，总体上达到了预期的教学目标。表1列举了几个竞赛小组的学生在规划观念、自主学习、调研能力、理论提升、合作精神等方面的学习体会。

表 1

"竞赛嵌入式"教学的学生意见反馈

类别	学习反馈	竞赛项目
规划观念	交通不仅仅指车流或者道路，交通政策的影响同样可以涉及社会、生态、经济等多个方面，对人们的生活产生巨大的影响。任何交通政策的改变都可以迅速而深刻地改变一个人的生活	为你看车
	城市中的小问题也是大问题，城市中的交通规划是一件非常细致也非常复杂的工作，涉及城市的方方面面，要通过不断地学习理论知识和切身实践来探索和追求更好的城市生活	错时停车
	在这之前我对上海公交 APP 并不了解，我也不喜欢乘坐公交，但现在却有种迫切的心情想要看到 APP 的推广，因为对于上海这样的大城市来说，公交是一种缓解交通压力又十分环保的出行方式	公交 APP
自主学习	以前，对于一篇完整且又富于科学性和可读性的调研论文没有概念，而这篇论文让我有了一个全面的认识	公交 APP
	持续一个学期的调研，让我学习到了许多调研新思路、调研方法、探究问题的方式等。一学期经历的种种皆是一个不断学习的过程	错时停车
	调研是一个逐渐明朗的过程，通过一个学期调研的不断深入，反复推敲调整，最终才能真正很清楚我们要研究的问题、对象、意义是什么	为你看车
调研能力	调研过程中的最大收获就是能够走出校园，以学习者的身份去深入了解某一个问题，甚至是深入地体验其他人截然不同的生活	大小车
	通过本次调研多次去基地发放问卷与访谈，自己与人沟通交流、获取有效信息的能力得到很大提升	为你看车
	问卷数据分析强调的是数据罗列和初步分析，这很有必要，但我们的进一步思考更有意义，而迸发出这些思考火花的源泉就在于和市民最直接的交流和有效信息的获取	为你看车
理论提升	以亲身实践的方式，对我们的调研问题产生感性认识。最后再通过数据分析的方式，对问题产生进一步的理性的认识	大小车
	通过这一学期关于错时停车的调研分析，让我认识到资源共享对于交通乃至整个城市的重要意义	错时停车
	读万卷书，行万里路。通过实践，着实让我对课本上的知识有了进一步的理解	为你看车
合作精神	虽然调研的过程历经千辛万苦，但是大家都是朝着一个目标前进着。今后很有可能成为城市规划从业人员，这种团队合作能力是非常需要培养的	公交 APP

资料来源：节选自同济大学 2014 年城市道路与交通课程的参赛学生反馈意见。

5　主要问题和相关建议

尽管"竞赛嵌入式"教学实践取得了明显的成效，但在教学过程中仍面临一些实际的局限和困难。

首先，学生在参赛初期尚未接受城市交通课程的学习，对竞赛要求的认识相对薄弱，部分学生进入状态较慢。且竞赛选题类型多、内容跨度大，与课堂理论教学的进度无法完全对应。建议将竞赛选题环节前置于前修课程中，使前期选题论证的时间更加充裕。

其次，在竞赛"嵌入"交通课程之后，课外教学内容增加，加之选课人数和竞赛分组数量多，教学工作量明显上升。在本课程中，竞赛与非竞赛教学又有所交叉，要兼顾不同学生存在较大难度。当师资紧张时，增加研究生助教参与课外教学辅导较为可行，而且对本硕教学的结合也会有促进作用。

此外，受到城市规划四年制教学计划的影响，多数选课学生要同时参加若干项竞赛，容易出现精力分散、学习压力大的情况。这一问题将随着整个教学计划的调整而得到有效缓解。

6　结语

随着交通发展模式的转变，城市交通教学的理念、内容和方法需要不断完善。"竞赛嵌入式"教学方法改革为多目标导向的交通课程建设提供了有力的支持，使学生能更全面地认识交通的多种"软性"策略，更好地适应规划教育对广视野、高素质专业人才培养的要求。实践表明，该方法具有理论与实践结合紧密、教学组织灵活、激发学生自主学习的特点，教学效果十分突出，具有积极的推广价值。

参考文献

[1] 全国高等学校城乡规划学科专业指导委员会 2015 年年会第 4 号通告 , 特定竞赛单元：城市交通出行创新实践竞赛 .http://www.nsc-urpec.org/index.php?classid=5924&newsid=8695&t=show.

[2] 王育华 , 李艳廷 , 孙秀果 . 嵌入式自主学习教学法初探 [J]. 黑龙江教育（高教研究与评估版），2013，6.

[3] 刘冰 . 自主性参与、拓展性学习的分组教学方法实践——城市交通课程教学方法改革探索 [C]// 规划一级学科，教育一流人才——2011 全国高等学校城市规划专业指导委员会年会论文集 . 北京：中国建筑工业出版社，2011.

　　（原文曾发表于《全国高等学校城乡规划专业指导委员会年会论文集》2015 年 9 月）

高晓昱：
同济大学建筑与城市规划学院城市规划系讲师。1993年同济大学城市规划系本科毕业留校任教。
主要从事城市基础设施规划、城市综合防灾规划以及城市总体规划教学与研究工作，同济大学城
市规划专业课"城市工程系统与综合防灾"主讲教师，《城市工程系统规划》等城市基础设施规
划领域高校教材主要参编人，香格里拉县城市总体规划、新郑市城乡总体规划等省部级获奖项目
主创人员。

同济大学城市规划专业本科教学中的工程规划教学

——历史、现状和未来

高晓昱

伴随着快速城市化进程对于城市规划专业人才的急迫需求，我国的城市规划教育事业进入空前繁荣时期。城市规划教育要满足我国城市化进程的急迫需求，本科生培养十分重要，培养方案需要兼顾职业型人才和学术型人才的双重要求，根据合理的目标定位，适应城市规划专业人才的市场需要。同济大学城市规划专业教学中工程规划教学（以下简称"同济工程规划教学"）是这种培养方案的重要组成部分，从城市规划专业创立至今，工程规划教学从未中断，并成为同济大学城市规划教学特色的重要组成部分，其发展的历史、现状和今后的发展方向都值得研究和思考。

1 同济工程规划教学的历史

同济大学城市工程规划教学随着我国最早的城市规划专业——同济大学城市规划专业一起建立和发展，至今大致经历了规划专业创立到"文化大革命"前、文化大革命后到 20 世纪 90 年代中期和 20 世纪 90 年代中期以后三个主要阶段。

1.1 规划专业创立到文化大革命前的工程规划教学

在新中国成立后的同济大学城市规划教学历程中，城市工程系统规划的相关知识教学曾经居于重要地位。1952 年城市规划专业创立（当时名称为"都市计划与经营专业"），1956 年该专业分为城市规划专业和城市建设工程专业（五年制），在城市规划专业的课程设置中，工程规划及相关知识讲授占了较大比例。当时的规划专业教学中，设置有城市道路（含课程设计）、交通运输、给水工程（含课程设计）、排水工程（含课程设计）、管线综合（请市政院工程师讲授）、城市供电和竖向规划（讲座形式）等工程规划课程，还有工程地质（含实习两周）以及较多的建筑工程设计课程，讲课的教师工程经验相当丰富，学习完这些课程的本科生（当时还没有研究生）城市工程规划基础可谓相当扎实。

除了理论教学，当时的专业设计课程中，也包含了城市工程规划教育内容，主要体现在非常重视对现状地形的利用。在毕业设计阶段，学生的修建设计（详细规划）中要体现建筑定位、场地标高设计、工程管线规划等各方面内容，实际上是一种非常综合的规划设计能力演练。

1.2 文化大革命后到 20 世纪 90 年代中期的工程规划教学

在文化大革命后到 20 世纪 90 年代中期的同济大学城市规划专业教学中，城市工程规划教学方面的内容较初创时期有所缩减。在课程设置方面，理论教学中减少了电力工程、管线综合等内容，保留了道路工程、给水排水等课程；在专业设计课程（特别是总体规划课程）中，城市工程相关知识仍有涉及，但关于竖向规划和管线综合的知识讲授逐年减少。到 20 世纪 90 年代初，各类专业课程学习中已基本停止了关于管线综合和竖向规划方面知识的讲授。

1.3 20 世纪 90 年代中期以后的工程规划教学

自 1995 年起，考虑到城市规划专业教育中工程规划教学的实际需要，同济大学城市规划系开设了"城市工程系统规划"课程。以戴慎志教授和笔者等具有城市规划专业背景，同时又有一定工程规划经验的教师为主，开始面向城市规划专业本科生系统讲授综合性的城市工程规划知识。同时，根据教学需要，城市工程规划的教学团队先是编写系列工程规划校内教材（讲义），后编写出版《城市工程系统规划》教材（1999 年，中国建筑工业出版社），之后又进行该教材的修编（2008 年，中国建筑工业出版社，目前为普通高等教育"十一五"国家级规划教材、普通高等教育土建学科专业"十一五"规划教材、高校城市规划专业指导委员会规划推荐教材）。"城市工程系统规划"课程经过多次教学方法改良和内容调整优化，逐步正规化、系统化，延续至今。目前，"城市工程系统规划"已经成为同济大学城市规划专业教学中一项重要的基础课课程，内容涵盖了除城市道路交通外的城市给水、排水、供电、燃气、供热、通信、防灾、环卫、管线综合、竖向规划等城市工程规划的几乎所有领域。

1.4 同济工程规划教学历史演变的原因

城市工程规划知识对于城市规划专业学生的培养起到的作用，决定了城市工程规划教育的重要程度。同济工程规划教学内容和课程设置的变化，与城市工程规划在我国城市规划工作中的地位和作用密不可分。

在文化大革命前的城市规划专业教学中，工程规划所占地位非常重要，与当时的城市发展建设需要密切相关，也与专业创办人的教育理念紧密相关。当时我国城市规划建设方面的人才非常短缺，规划专业本科生毕业以后，可能会分配到各种城市规划建设设计岗位，因此需要有很强适应性的设计多面手，这种现实需求要求城市规划专业教学中必须含有接近实践的工程规划教学内容。另外，当时的专业创办人金经昌教授非常重视培养城市规划专业人员的工程规划设计能力，其本人对此也相当精通，甚至可以自行完成一些道路桥梁和给水排水管线施工设计。

文化大革命后一段时期内，城市规划学科本身面临着重要的转型。随着城市规划学科和城市规划实践的不断演进，城市规划教育越来越趋于综合化。早期城市规划的专业核心是设计领域和工程领域，如设计建筑和城市设计、交通和市政工程；而近几十年，综合规划已经成为一种新的规划范型，在规划教育领域，设计和工程学科的主导地位逐渐被人文和社会学科所取代。在此背景下，本科阶段城市工程规划教学内容减少的原因较为复杂，有城市规划教学内容逐步增加（增加了大量经济、社会、人文、地理和计算机辅助设计技术等方面的课程）、学时不足（这段时期本科生学制为四年制）的原因，也有师资力量变化的原因，一些具有多年工程规划教学经验的老教师，如陈运惟教授、李锡然教授、郑正教授等逐步退出本科生教学，而中青年教师中缺少相关人才。"城市给水排水"课程由外专业教师讲授，由于讲授内容与城市规划专业教育的实际需要有一定距离，不易为本科生所接受，在专业基础理论课程中逐步被边缘化。

20 世纪 90 年代初，随着《城市规划法》《城市规划编制方法》及其实施细则的颁布，我国城市规划编制法规体系逐步建立完善。在这个编制体系中，基于我国缺乏规划建设专业技术人员、地方规划体系中尚不完善的国情，对于各层面规划编制内容中工程规划的内容深度要求较高，对城市规划专业人员的相关知识水平也相应提出了较高要求。在这种背景下，对城市规划专业人员进行系统的、深度适宜的工程规划知识教育的要求十分迫切，也直接促成了同济大学城市规划教育中"城市工程系统规划"课程的产生和发展。

当时，包括同济大学在内的各规划院校均未设置综合系统的城市工程规划课程，依靠给水排水、电力等单项工程规划课程，可以学习部分工程系统规划的相关知识，另外，结合"城市规划原理"和总体规划、修建性详细规划专业课程设计，也可以零散学习到竖向规划、管线综合以及各项工程规划的知识，但与城市规划专业应掌握的工程规划知识有一定差距，在教学方面显得零散、割裂，缺乏系统性。

"城市工程系统规划"课程是我国城市规划专业首创的综合性跨专业课程。该课程主要针对城市规划专业的本科生教学，广泛涉及城市给水、排水、供电、燃气、供热、通信、环境卫生、消防、防洪、人防、抗震等专业领域，重点强化城市规划专业必需的管线综合规划、竖向规划和综合防灾规划知识介绍，希望城市规划专业本科生能在有限时间内了解量大面广的城市工程系统规划的基本知识，掌握工程系统与城市整体、各工程系统间的相互关系，并初步具备在规划工作中综合运用这些知识的能力。以该课程设置为标志，同济工程规划教学进入正轨，并以此课程为核心逐步构建起工程规划教学的体系。

2　当前同济工程规划教学的要点

当前同济工程规划教学已经初步建立起以"城市工程系统规划"理论课教学为核心，结合专业设计课程内的教学体系框架，其教学目标和任务、教学内容、教学安排以及教学手段和方法也在根据教学效果不断完善。

2.1 教学目标和任务

在同济工程规划教学体系中，目前设想达到的目标和任务包括以下三个方面。

（1）了解基本知识

了解工程规划的基本知识是教学的基础部分，即通过适当深度的讲授，学生能全面了解城市工程规划方面的基本知识，包括城市工程系统的组成、各系统的一般组构形式和运作方式、发展历史、当前形式和发展趋势等。城市各工程系统中，有些系统的发展是较为稳定缓慢的，而有些系统的发展速度可以用"一日千里"来形容，对于大量以预测为依据的城市规划工作来说，了解这些发展趋势，对提高规划的科学性是十分必要的。

多专业是工程规划教学的重要特点。目前的城市工程系统规划教学中，涵盖了城市给水、排水、供电、燃气、供热、通信、环境卫生、消防、防洪、人防、抗震等专业领域以及城市竖向规划和管线综合规划等大量专业知识。这些专业知识如果进行系统学习和全面掌握，需要的课时数是惊人的，也是城市规划本科生学习所难以接受的，因此，梳理出城市规划专业人员所需要掌握的有关知识，进行有针对性的讲授，是近年来城市工程系统规划教学的首要任务。

（2）认识系统关系

认识系统关系是工程规划教学的重点内容，也是城市工程系统规划教学与以往的工程规划教学间最大的不同之处。在以往的工程规划教学中，从教学内容到教学安排都显得零散，学生对工程规划与城市规划整体关系、各单项系统间相互关系方面没有清晰的认识。设置"城市工程系统规划"课程，就是在教学中引导学生从城市和城市规划的角度，认识门类众多的工程系统与城市整体的关系、工程系统规划与城市规划体系的关系，以及各工程系统、各工程系统规划间的关系，使学生能以联系的、整体的观点对城市规划中的工程规划问题有一个较为准确的认识和把握。

整体性是同济工程规划教学的另一大特点。与其他院校同类课程不同，在选择各专项工程规划相关知识讲授的同时，"城市工程系统规划"课程更多地将工程系统作为一个整体进行分析介绍，把各工程系统与城市的关系、各工程系统规划与城市规划的关系，把各工程系统规划之间的关系作为重点进行讲授，这种综合性、整体性的视角有利于学生逐步形成把握全局的规划思维方式。

（3）具备规划技能

具备规划技能是教学的拓展深化内容。本科生缺少具体的规划实践机会，而各工程系统规划，特别是竖向规划和管线综合规划需要一定的规划工作经验方能实际操作，因此，在教学中可以通过实习课、习题课以及与总体规划、城市设计和毕业设计等实践性课程的结合，通过具体案例分析和实际操作，使学生初步具备工程规划方面的基本技能，为日后进行相关规划工作打下基础。

在城市总体规划实习课程和其他城市规划专业实践性课程中，现场工作均包含了大量与工程规划有关的调查内容，而规划方案的拟制和规划成果编制过程也离不开工程规划知识的应用。每年实习课程涉及的具体城市和场地不同，为同济工程规划教学提供了丰富、多变的实践教学环境。

2.2 教学内容和教学安排

同济工程规划教学内容的设置，一方面是根据我国城市规划专业工作的现实需要而设定，另一方面也体现了教学团队对城市规划学科发展趋势和方向的一些理论探索的成果。

在同济大学城市规划专业本科学制为四年制的时期，"城市工程系统规划"课程安排在本科生三年级的下学期讲授，每周4学时，授课时间较为集中，学生消化知识有一定困难。在本科学制改为五年制以后，该课程从2001年起教学安排改为两学期，每周2学时，分为"城市工程系统规划（1）"和"城市工程系统规划（2）"两部分，分别安排在城市规划专业本科生四年级上学期和四年级下学期进行教学。

同济工程规划教学中，相关教学安排根据教学效果进行了多次调整，特别是在两学期教学中如何逐步深入、合理分配知识点。目前，将两学期课程分为"常态基础课"和"动态深化课"。

"常态基础课"讲授城市规划专业学生必须掌握的城市工程系统规划基础知识和规划方法，使城市规划及相关专业学生了解这些知识和方法，初步具备进行相关规划设计和管理工作的能力，运用于宽基础教学。

"动态深化课"讲授综合性的工程系统规划知识、规划结果和发展动态，使学生能较深入地了解和掌握城市工程系统规划的整体关系及各专业工程规划的专业知识和设计方法，激发学生的学习探索兴趣，培养其综合研究的能力。

目前采用的知识模块顺序及对应的学时如下。

第一学期，常态基础课[城市工程系统规划（1）]

1）城市工程系统规划的任务和内容——共6学时。

2）各单项城市工程系统规划基本知识，含给水（4学时）、排水（4学时）、供电（4学时）、燃气（4学时）、供热（4学时）、通信（2学时）、环卫（2学时）等——共24学时。

3）城市工程系统规划案例分析——共4学时。

第二学期，动态深化课[城市工程系统规划（2）]

1）城市工程系统规划发展动态与趋势——共8学时。

2）单项城市工程系统规划技术方法，含给水排水（4学时）、公共能源效应（4学时）、信息系统（2学时）——共10学时。

3）竖向规划与管线综合规划方法，含竖向规划（4学时）、管线综合规划（4学时）——共8学时。

4）综合防灾规划理论与方法——共8学时。

除以上知识模块对应学时外，每学期各安排2学时答疑，共计72学时。

2.3 教学手段和方法

工程规划教学的一个主要特点就是量大面广、知识点多，但有时略显枯燥。为了增进学生的学习兴趣，在教学中注重简明、生动地表达教学内容，理论知识与实例分析相结合，便于学生理解和掌握。在多媒体教学中，着重增加相关设施的图片，某些章节讲授中还增加了视频录像作为课件的组成部分，教学效果良好。

学生进行实题设计操作可以提高学生的实际设计能力，也是工程规划历来教学的重要传统。因此，本课程教学中逐步增加了课堂练习的数量，同时结合其他课程设计（如城市总体规划）举办相关讲座，提高学生理论联系实际的能力。

　　教学团队充分利用同济大学城市工程专业面广、力量强的综合优势，跨院系进行课程教学工作，有环境学院、土木工程学院、防灾研究所和规划设计相关专业的教师、设计研究人员参与课题研究，制作课件，以及参与部分课程授课、实例分析。

3 同济工程规划教学的发展设想

3.1 提升对工程规划教学的重视程度

　　近年来，随着城市规划学科发展重心的转移，城市工程规划在城市规划中的地位和作用也在变化，近年来有逐步边缘化的趋势。本文对这种变化趋势的合理性并不做分析判断。但笔者认为，作为与实践紧密相连的学科，城市规划中的工程规划知识是形成正确规划决策的能力基础，工程规划教育培养的是"匠人营国"时"相土尝水"的基本技能。不管在我国城市规划编制体系中工程规划的内容和深度要求如何变化，工程规划知识对于城市规划专业技能培养的重要性不仅不能降低，反而应逐步加强。从城市规划专业人才培养的角度看，虽然学科领域大大拓展，但无论是"两条腿"走路，还是"四条腿""八条腿"走路，工程规划教学始终是城市规划教育的"支撑腿"，不能偏废，更不能放弃。

　　事实上，同济大学的城市规划教学体系中，工程规划教学始终是"同济特色"的重要组成部分，并在全国城市规划专业教学中处于领先地位，近年来，院系从课时安排、教材出版、精品课程申报等方面都给予大力支持。作为工程规划教学团队出身，也在努力改进教学方法，完善理论体系，通过教学和人才培养，使越来越多的学生和城市规划工作者能够认识到工程规划知识学习的重要性，并投身到该领域理论和实践的学习探索中来。

3.2 建立较为完善的工程规划教学体系

　　工程规划教学量大面广、知识点多，这是教学过程中教师和学生都感到困难的重要问题。从笔者十几年的城市规划专业本科教学经验来看，解决这个问题，必须从两个方面做出努力。一方面，必须合理设置本科培养阶段工程规划知识的讲授内容，对大量的单项工程系统规划知识内容进行适度精简，选择城市规划专业本科培养阶段最迫切需要的内容进行教学，其中，量身定做的教材十分关键。另一方面，需要适当增加课时，这种课时可以通过设置专业课程（如"城市综合防灾规划"课程）实现，也可以通过在各种专业设计课进程中增加工程规划知识讲座的形式实现。近年来，同济城规专业"城市总体规划"和"控制性详细规划"设计课教学进程中，都加入了一次或数次工程规划相关知识讲座，这种"即学即用"的讲座对于学生提高设计水平和掌握工程规划知识都有很大帮助。

笔者认为，在现状工程规划教学体系基础上，通过进一步完善，形成的工程规划教学体系可由基础理论课程、深化实践课程和辅助性讲座三部分构成。根据工程规划教学所需要覆盖的内容，基础理论课程可包括"城市工程系统规划""城市综合防灾规划"两门专业理论课（必修课），深化实践课程包括"工程管线规划设计（含管线综合）""用地工程准备（含竖向规划）"两门包含一定数量设计作业的理论教学课（选修课），辅助性讲座结合三年级以后的各规划设计专业课安排。

3.3　进一步完善工程规划教学方法

工程规划领域技术性、专业性强，学生知识基础薄弱，接受掌握困难。随着该领域科技水平的提高，工程规划相关知识更新速度很快，全面掌握各种专业知识更新情况的难度也很大。因此，笔者认为，工程规划教学必须有教学团队进行支撑，才能做好大量的教学准备工作。在给学生讲授之前，需要教学团队全面掌握该领域发展动态，系统梳理和仔细筛选教学内容，不断更新讲义、教材、课件，乃至课程网站。教学团队的建立完善是做好工程规划教学工作的基础。

根据近年来的教学经验，工程规划课程讲授过程中的"两个结合"——结合时事、结合案例有很好的效果。例如，通过汶川地震、太湖蓝藻事件、广州水淹事件、番禺垃圾焚烧厂选址风波等时事和案例，可以引导学生对城市防灾、污水处理、雨水排放、环卫设施选址等工程规划知识进行探究，更好地掌握知识和形成运用知识分析问题的能力。今后的教学中，建立不断更新的案例库是丰富教学内容、改进教学手段的重要工作。

适当安排习题、思考题和调研任务，是完善教学方法的另一个重要环节。工程规划不仅和专业设计密切相关，也与人们的日常生活息息相关。因此，结合日常生活和专业设计提出习题和思考题，安排适量的课外实践调研作业，也起到了引导学生运用所学知识思考问题的作用。如 2010 年教学中安排"世博会与城市工程系统规划"，拟安排的"居住区工程系统设施与防灾设施调研"等，可以使学生将理论知识与实际的城市工程系统规划建设活动紧密联系起来，激发学生的学习兴趣，提高其规划研究能力。

同济工程规划教学与同济城市规划专业一起，经历了我国几十年来城市化的黄金时期，是同济大学城市规划人才培养过程中极为重要的环节。同济工程规划教学体系和方法的不断完善，将为我国城市规划教育的持续健康发展继续添砖加瓦。

参考文献

[1] 戴慎志 . 城市工程系统规划 [M]. 2 版 . 北京：中国建筑工业出版社，2008.

[2] 戴慎志 . 城市工程系统规划 [M]. 北京：中国建筑工业出版社，1999.

（原文曾发表于《全国高等学校城市规划专业指导委员会年会论文集》，2010 年 9 月）

陆希刚：

同济大学城市规划系讲师，博士；南京大学经济地理专业学士，华东师范大学区域地理专业硕士，同济大学城乡规划专业博士。长期从事城市地理与城乡规划教学研究，研究方向为聚落变迁。发表论文 10 余篇，参编论著 1 部，主持省部级课题 1 项。参与课题获教育部科技进步奖 1 项、国家级教学成果奖 1 项。

复杂与规范：城乡规划专业城市地理学现场教学实践

陆希刚　王　德　朱　玮

1　背景缘起

　　肩负优化提升空间布局重任的城乡规划专业，其前提是对客观现实的认知。在城乡规划诸多相关知识课程中，城市地理学因其对城市空间的理论化探讨而成为核心课程之一。然而，无论城市规划还是城市地理，出于实践或研究的可操作性，均对城市现象进行了高度概括的简化处理。在城市规划表现为规范化，功能分区将有机统一的城市被肢解为居住、就业、游憩、交通等专项系统，并提出了相应的规范。在城市地理表现为高度概括的模式化——在某种程度上也可视为学术上的规范化，典型的如形形色色的城市空间结构模式。

　　城市是复杂的有机系统，Alexander、Scott、Hayek、Jacobs 等已对城市规划的理性、技术主义提出质疑，城市是众多个体行动的结果而非单纯规划的产物，高度概括的规范化知识体系难以反映出真实而复杂多样的城市生活。更为重要的是，城市地理学中的经典理论模式多是基于国外尤其是欧美城市的发展现实，在课堂教学中难以引起共鸣。

　　作为一门实证性的理论性学科，城市地理学的知识源于城市发展实际，且随着城市发展不断发现新问题、产生新知识。城市发展现实是城市地理学学科生命力的源泉，结合现场考察进行教学，有利于增强学生的感性认知，培养学生发现、分析问题的能力，并通过实践验证了效果。如何将城市地理学的教学内容与中国城市尤其是学生生活于其中的城市发展现实结合以来，一直是城市地理教学中关注的焦点之一。从城市地理学的学科发展来看，经历了20世

70 年代的"文化转向"以后，宏大叙事、高度概括的模式化、规范化逐渐让位于面向真实生活、细节体验的深入研究，尽管后者尚未形成相对完善自治的理论，却代表了城市地理学未来方向，结合现实能够为推进城市地理学提供丰富的研究议题。

同济大学城市规划专业城市地理学现场教学基于同济大学教学改革项目"城市地理教学方法与手段（2005—2007）"。同济大学城市规划专业本科的城市地理学课程始于 1997 年，自 2007 年开始城市地理学现场教学，至今已经连续实施了 9 年，城市规划专业学生受益人数近 800 人。

2 教学设计

2.1 教学目的

城市地理学以解释城市空间发展的现象和规律为主旨，在城市规划专业开设城市地理学课程的主要目的在于培养学生分析解决城市空间发展实际问题的能力，因此其教学过程中传授已有知识固然重要，更重要的是采取开放式教学，培养学生观察、发现和分析城市发展实际问题的能力。以上海为基地进行现场教学，主要目的有以下方面：

1）城市地理学理论知识多来源于对城市发展客观实际的总结，现场教学可以增强学生对普适性原理知识的掌握和领悟，诸如圈层分布现象的竞租理论、家庭生命周期解释等。

2）城市地理学理论知识对来源于对欧美城市发展实践的总结，在解释中国城市现实中具有很多局限性，通过现场教学观察、讲解，有助于增强学生理解已有知识的适用局限性以及与城市发展实际的差异。

3）增强学生对城市的感性认识，明白普适原理的抽象性和城市发展显示的复杂性，探讨现有知识体系无法解释的现象，培养学生发现、分析问题的能力。

2.2 教学组织

城市地理学现场教学要求在有限的时间内（一个工作日）完成现场考察和

现场讲解的任务，因此教学内容组织必须考虑主题鲜明、内容紧凑、线路便捷，因此采取"主题-素材-线路"的教学组织方式。

（1）主题

城市地理学内容较多，因此对于主题必须进行精选，选择主要基于两个方面：与课堂教学的关联、上海城市发展实践中的热点问题。针对前者，结合城市地理学课堂教学的本土化趋势，逐步弱化了基于欧美的理论模式内容而增加有关中国尤其是上海的各类城市地理空间内容，如居住空间、产业空间、交通设施、商业空间等内容；而对于后者，则基于对上海城市发展现实趋势的把握，每年安排不同的主题。目前形成的教学主题主要包括居住空间、产业空间、商业空间、区位与空间、聚落类型等。

（2）素材

同一主题包括大量的类型和可供选择的现场案例地区，为此需要根据主题进行选择。以居住空间主题为例，包括棚户区、工人新村、里弄住宅、商品房、别墅区等不同类型，每种类型又有多个场所区域素材可选，为此素材选择应考虑典型性和关注程度，如虹镇老街、顾村安置基地等上海市重大开发建设项目。针对各个备选素材区域安排研究生助教准备了详尽的现象教学材料，包括背景状况、现状特征、有待思考的问题。

（3）线路

为保证一个工作日内能够考察、介绍更多的素材区域，线路安排应尽可能串联更多的素材区域。在单一主题不足以支撑全日教学组织线路的情况下，可采取主题组合的方式，但每次主题不超过3个（表1）。

历年城市地理学现场教学组织　　　　　　　　　　　　表1

年度	主题	线路
2007	产业	陆家嘴—张江—临港新城—洋山深水港
2008	产业	上海宝钢集团—大宁国际商业广场—八号桥—陆家嘴
2009	产业	陆家嘴—张江—孙桥—漕河泾—青浦奥特莱斯—莫干山路50号
2010	郊区	毛桥村—安亭物流园—F1国际赛车场—大众汽车厂—同济大学嘉定校区—安亭新镇—青浦奥特莱斯—真如副中心

续表

年度	主题	线路
2011	产业	陆家嘴—张江—周浦镇—临港新城—洋山深水港
2012	产业 小城镇	高桥石化—外高桥保税区—曹路镇—长兴岛江南造船集团—青草沙水源地—崇明陈家镇
2013 (1)	居住	溧阳路花园里弄—虹镇老街—八埭头—凤城新村—中原板块—新江湾城—顾村一号基地—星星村外来人口聚居区—美兰湖别墅区—罗店镇
2013 (2)	商业 商务	五角场创智坊—外高桥保税区（保税区）—上海自贸区—荷兰小镇—大宁国际商业广场（商业广场）—铜川路水产市场（市场）—月星环球港—七宝老街—青浦奥特莱斯
2014	商业 产业 居住	虹镇老街—北外滩—沪东工业区—八埭头——中原新城—新江湾城—后工业生态景观公园—星星村—顾村工业园区—顾村基地—美兰湖别墅区
2015	郊区	幸福村—安亭德国小镇—安亭汽车城—同济大学嘉定校区—上海国际机电城—上海希望经济城—丰翔大型住区—新丰村外来人口聚居区—戬浜撤制镇—毛桥村
2017	边缘区	大柏树—彭浦工业区—南大工业区—中环经济城—虹桥开发区—九星村—七宝古镇—佘山板块—松江新城—泰晤士小镇

注: 2016 年学制调整轮空, 2015 年实施两次。

2.3 教学实施

教学实施通常利用学期中间（第 9 周或第 10 周）的一个周末全天进行（7:30 ~ 17:30）。现场教学内容包括五个环节: 主题讲解、素材背景讲授、现场考察及要点讲授、思考引导和考察报告要求（表 2）。

教学实施环节　　　　　　　　　　　　　　　　　　表 2

环节	内容要求
主题讲解	简要介绍现场教学的主题、意义和要求, 提醒观察思考的要点
素材背景讲授	现场考察场所素材的发展背景、特征和存在问题
现场考察及要点讲授	结合现场考察讲授需要关注的要点问题
思考引导	引导学生思考现象产生的深层次原因
考察报告要求	通过考察素材比较分析后的感悟和思考

2.4 教学考核

现场教学考核方式为考察报告撰写，考核要求主要关注四个方面：根据主题确定分析问题的视角，准确概括素材现场案例的特征，阐述对现象的感悟，利用所学知识对现象进行初步解释。考核采取百分制，按 20% 比例计入城市地理学课程最终成绩。

2.5 教学环节

在城市地理学现场教学中，重要的是教学环节的掌控。为确保在有限时间内有效实现教学目标，必须制定尽可能详尽的计划且落实细节。概言之，从现场教学实践的时间维度看，可分为准备阶段、实施阶段和考核阶段三个环节。准备阶段除教学内容组织以外，车辆安排、费用结算方式、现场教学音响设备准备等均需提前考虑；实施阶段应精心准备现场教学点的考察内容、讲解内容、启发思考内容等，避免出现无内容可讲或对现场不熟悉的状况，因此在教学实施前，教师现场预踏勘十分重要，尽管网络资料十分丰富，但网络资料的实效性难以保障，应避免出现实际情况与网络资料不一致的情况，如拟踏勘对象（外来人口聚居区、村办产业区）被拆除重建；考核阶段应制定可量化的评价标准，诸如报告的问题切入点是否明确，对现状的描述是否准确、生动，有无对现象的成因进行思考，得到的结论是否可信等。

3 教学效果

城市地理学现场教学基本达到了教改项目的预期目标，教学效果可从对学科建设的影响和对学生能力的培养两个方面论述。

3.1 对学科建设的促进作用

对城市地理学学科建设的影响表现在促进教学内容的优化、促进对教学内容的领悟。

（1）丰富了教学内容。

通过现场教学组织实施发现以课堂讲课为主的教学方法理论色彩过于浓重，且多偏重于国外的研究内容，与城市实际发展有所脱节，如传统的教学体系中过于偏重对城市空间总体的研究归纳，而对于城市各组成系统的空间分布组织规律缺乏深入的研究，为教学改进提供了研究素材。在城市地理学课堂教学中，逐步弱化整体空间结构模式的教学内容，重点关注专项空间诸如居住空间、产业空间、生产服务业、社会空间等内容，并与住房改革、外来人口聚居、开发区、大型项目建设等城市发展实际结合起来进行分析。

（2）加深对课堂理论知识的领悟

通过生动的现场教学，有助于学生获得更加直观的感性认知，使学生能够运用课堂所学的知识，结合具体案例进行分析、思考。例如居住主题的考察，从新中国成立前的棚户区、里弄住宅、花园洋房，到计划经济时期的工人新村，到改革开放以后的商品房小区、高档别墅区，使学生明白影响居住空间分异的不仅仅是区位条件，同时也与社会经济变化、政策制度具有密切的关系。

3.2 对学生能力的培养

作为教学活动，其效果最终应体现在对学生能力的培养，主要表现在以下三个方面：质疑求实精神、复杂性思考方式和人文关怀情结的培养。

（1）培养怀疑的态度和求实精神

质疑是学术精神的核心，现场教学不仅要求学生用理论知识解释发展现实，更重要的是使学生明白理论的局限性，从而提高学生学习的主动性和积极性。从实施情况看，学生对现场教学具有很高的热情和主动性，城市发展实际不仅远较理论知识复杂，尚有很多理论知识无法解释的发展现实。例如国外城市高阶层居民通常居住在城市外围，而中国城市中城市边缘区多为社会经济地位较低的外来人口和内城拆迁居民，由此需要学生结合中国国情进行解释，从而培养学生认识、发现问题的能力和质疑、唯实的科学精神。

（2）培养学生对复杂问题的认知

城市规划和城市地理为提高实践的可操作性和知识体系的理论化，以牺牲城市复杂性为代价，文化转向强调更直观具体但系统性不那么完善的知识，如城市中的居住空间，并非仅如一、二、三类居住用地那么简单，家庭住宅、公寓住宅、共有产权住宅（小区）等提供了完全不同的居住空间分类思路，上海的居住空间则更加丰富，棚户区、花园里弄、工人新村、商品房小区等类型多样，通过现场调研可以培养学生"将简单系统复杂化"的思考方式，形成更深入思考问题的习惯。

（3）培养人文关怀情结，反思规划的价值取向

规划并非单纯的技术，而是具有较强的或隐或显的价值取向，尤其在中国规划师代为决策的背景下，人文关怀更为重要。现场教学不仅考察中心商务区、产业园区、大型项目等现代化光鲜的景观，也关注内城棚户区、外来人口聚居区、草根工业用地等现象及其在城市更新中面临拆迁改造的命运，使学生明白大都市发展的负面效应：大都市并非总是现代化的宏伟景观，也同时存在着贫穷与落后群体。从而对其倾向于"高大上"的规划价值取向进行反思，培养规划的人文关怀情结和责任感。

4　问题与改进

（1）规范化的教学安排仍待完善

从实施状况而言，每年进行现场教学实验均需要申请车辆、经费并联系接待方，尚未形成常态化的安排。

（2）教学组织中的多主题混合

在目前的素材情景下，为保证线路紧凑，同一条线路具有 2～3 个主题的现象依然存在，影响了教学效果。在较短的行程内，保证主题的明确和教学内容的丰富之间形成了冲突。解决对策是不断扩展现场教学素材案例库，随着案例地区素材的不断扩充，有利于组织主题更为明显的线路，形成一套将城市地理学理论与城市的发展实际相结合的现场参观路线及讲解要点教案，可根据需要调整现场教学主题，灵活组合形成现场教学路线，使学生能够及时掌握城市发展的动态和热点问题。

（3）教学考核的标准

现场教学的考核采取现场调查报告形式，但目前考核标准尚未完善。从目前评价标准来看，主要基于几个方面：思考的切入点是否明确；现象的描述是否准确生动；问题的分析是否合理；得到的结论是否明确；行文是否规范。但目前仍主要取决于教师的判断，需要制定可量化的考核标准，以检验学生在现场教学中的学习表现。

5　结语

城市规划和城市地理研究，为满足实践和研究的规范性，以牺牲城市复杂性为代价。城市地理学现场教学可以通过对发展现实的考察，恢复学生对城市现实的认知，从而了解城市发展现实的复杂性、多样性以及无处不在的价值观冲突，从而培养学生的质疑精神、复杂性思维方式和人文关怀情结，提高对城市现象观察、思考、研究的积极性。

参考文献

[1] 龙拥军，翁才银，王箫.城市地理学课外教学实践探索 [J].地理教育，2011（9）：58-59.

[2] 张守忠，王兰霞，胡囡，等.新背景下人文地理与城乡规划专业城市地理教育改革 [J].内江师范学院学报，2015（6）:80-84.

[3] 付娟林.城市规划专业"城市地理学"课程教学方法与实践探讨 [J].教育教学论坛，2012（5）:84-85.

[4] 肖彦，孙晖.如果城市并非树形——亚历山大与萨林加罗斯的城市设计复杂性理论研究 [J].建筑师，2013（6）：76-83.

（原文曾发表于《全国高等学校城市规划专业指导委员会年会论文集》，2017 年 9 月）

钮心毅:

同济大学建筑与城市规划学院城市规划系副教授,建成环境技术中心副主任,博士生导师,工学博士,兼任中国城市科学研究会城市大数据专业委员会委员、副秘书长。长期从事城市规划与设计、城市规划地理信息系统的教学和实践。研究方向为城市规划信息化、规划决策支持系统、城市空间信息分析。近期研究兴趣在城市规划大数据、智慧城市规划。在上述研究领域已发表重要学术论文多篇,曾两次获得金经昌中国城市规划优秀论文奖佳作奖。

三个层次的要求、三个层次的课程

——对城市规划专业 GIS 课程的思考和建议

钮心毅

1 引言

国内高校城市规划专业开设地理信息系统（geographic information system，GIS）课程始于 20 世纪 90 年代中后期。近些年来，开设城市规划专业的高校均陆续设置了 GIS 课程。虽然各高校设置该课程方式有所不同，课程名称也略有差异，但该课程在整个教学体系中的设置方案、讲授内容基本类似。以本科生阶段教学为例，现有 GIS 课程一般设在第 3～4 学年，内容由两大部分组成：GIS 基本原理和 GIS 应用。基本原理部分讲述 GIS 一般原理，应用部分的内容与规划设计、规划管理相对应。

从教学效果来看，城市规划专业的 GIS 课程总体上不尽人意，与设置该课程的初衷仍有较大落差。20 世纪 90 年代初，CAD 和 GIS 几乎同步引入规划行业。各高校的 CAD 课程开设时间虽然略早于 GIS 课程，但也相差不了几年。至今，CAD 应用早已普及，规划专业毕业生无一不会 CAD。相比之下，在中国城市规划中，GIS 仍未被普遍地、实质性地接受。学习过 GIS 课程的规划专业毕业生仍无法开展实际应用。学生很少有机会将专业课程和 GIS 联系起来，进入工作岗位后，应用机会更少，学过的知识技能很快被遗忘。

造成当前 GIS 应用局面的主要原因在于城市发展阶段、规划业务需求、基础数据供应不足等，笔者曾经专门撰文讨论过。此外，笔者认为当前城市规划专业 GIS 课程内容、设置方式与此也有一定关系。下面笔者将对当前城市规划专业 GIS 课程存在问题提出一些看法和改进建议。

2 当前城市规划专业 GIS 课程面临的问题

2.1 对城市规划专业中 GIS 课程作用的认识

对城市规划而言，GIS 是重要的工具。GIS 课程在城市规划专业中是专业基础课，重点是在于培养 GIS 应用能力，使学生能使用 GIS 解决规划中的实际问题，使 GIS 知识与城市规划专业理论、基本知识相联系，培养学生在未来实践中的应用能力。城市规划专业的 GIS 课程作用应该是通过该课程学习，学生应认识到城市规划中的一些基本问题借助 GIS 可以做得更好，一些城市规划理论上应该做的事情缺了 GIS 难以做到。课程设置方式、教学内容应该从这个角度调动学生的求知欲望，为未来工作中主动应用 GIS 打下基础。

2.2 当前城市规划专业 GIS 课程存在的主要矛盾

对照前述对课程作用的认识，当前城市规划专业 GIS 课程设置方式和课程内容存在以下三个方面矛盾。

（1）课程内容体系庞杂

GIS 是一门独立的学科。国内高校中已经设置的 GIS 专业数量远多于城市规划专业。显然，不可能将一门学科的主要内容浓缩在一门课程内讲授完毕。当前城市规划专业 GIS 课程的授课内容已经根据规划专业需求进行了提炼，但是仍显课程内容体系较为庞杂。

从各高校已经设置的课程来看，讲授核心内容都包括了数据结构和数据管理、数据输入和数据转换、空间查询和空间分析三大板块。每一部分对应在 GIS 专业内，都是一门或者多门专业课程。除了 GIS 基本原理，课程内容还要涉及城市规划领域的相关应用，如专题制图、土地适宜性分析、地形分析等案例。

另外，城市规划专业学生缺乏 GIS 学习的必要背景知识。从学科发展来看，GIS 学科脱胎于地理科学和测绘科学，与地理学、测绘学、计算机科学有密不可分的联系。学习 GIS 不可避免地涉及这些学科的背景知识。在这些背景知识中，城市规划专业学生最缺乏的是地学知识背景。例如，地图投影和空间坐标系是地学基本概念。在 GIS 中，不同数据来源的图层，如果不具有统一的地图投影和空间坐标系，就无法进行拼接、叠合分析。不了解地图投影和空间坐标系，许多 GIS 应用也就无法展开。城市规划专业学生无法从其他课程中获取这些背景知识，这就要求在 GIS 课程教学中不得不增加一些地学基本知识的教学。以上情况在工科建筑学背景高校的城市规划专业中尤其突出。为此，本来就庞杂的教学内容又不可避免地进一步增加。

（2）教学课时极其有限

在目前普遍设置的五年制城市规划专业中，多数学校设置了一门 GIS 课程（17～18 教学周，34～36 学时）。教学课时分成理论课程教学和上机实验教学两个部分。在理论课程教学中，主要讲授前述三大板块的基本原理，补充必要的背景知识。上机实验教学选择一种典型 GIS 软件，通过实验操作验证基本原理、学习城市规划专业应用方法。上机实验教学需要占用很多学时。

GIS 课程的教学课时极其有限，这与需要讲授庞杂内容形成了一个巨大的矛盾。学生要在短时间内接纳理解大量知识点，学习运用多种技能，教学效果难以保证。

（3）GIS 课程其他规划专业课程教学脱节

GIS 课程与其他规划专业课程教学脱节是城市规划专业 GIS 课程面临的另一重要问题。

因受历史的局限（GIS 在发达国家诞生和中国的"文化大革命"几乎是同步），GIS 进入国内城市规划教育体系的时间并不长。目前处在规划编制、规划管理领导岗位的资深专业人员，绝大多数不具备 GIS 基本知识。相应地，各高校中除了负责 GIS 课程的教师，其他规划专业课程教师大多数也不具备 GIS 基本知识。在这一状况下，GIS 只能在 GIS 课程上出现，在"城市规划原理""城市规划设计"等核心课程上不出现 GIS 内容。学生很少有机会将城市规划专业课程和 GIS 联系起来，学到的知识技能难以使用。

相比之下，学生能够很快具备城市规划实践需要的 CAD 技能，原因在于 CAD 相关技能贯穿于设计课程之中。设计课程要求学生必须使用 CAD。计算机辅助规划设计的许多制图要求，本身就是设计课的教学内容之一。学生在 CAD

课程上学到的技能在设计课程上得到了充分的应用、巩固。

一方面，目前城市规划实践对 GIS 的需求并不迫切，规划专业毕业生不具备 GIS 知识并不妨碍在规划行业就业。另一方面，GIS 课程与城市规划原理脱节、与设计类课程教学脱节。在前期专业课程学习中缺少知识准备，在后续专业课程学习中缺少应用机会，很多学生未到毕业，所学的 GIS 技能已经忘却。

3　三个层次的要求

如何应对城市规划专业 GIS 课程所面临的问题，笔者认为应该从理清城市规划学科对 GIS 教学的要求、理清我国城市规划实践对 GIS 教学的要求出发。美国旧金山州立大学的理查德·勒盖茨（Richard LeGates）曾撰文讨论城市规划专业如何进行有关地理信息课程教学，提出了一些有意义的观点和建议。虽然这些建议是针对英美城市规划教育提出的，对国内相关课程教学也有启示。笔者受勒盖茨观点启发，结合自身教学实践，将城市规划学科对 GIS 教学的要求、我国城市规划实践对 GIS 教学的要求划分为三个层次。

3.1　第一层次——普及型要求

普及型要求是每一位城市规划师应具备的基本 GIS 知识要求。GIS 是一门处理空间信息技术。规划师要面对各种类型的空间信息，如何处理已有的各种空间信息是每一位规划师必须具备的技能。

结合我国现有的城市规划实践，掌握基本专题制图（thematic mapping）技术是普通规划师必须具备的基本 GIS 技能。城市规划的日常业务几乎每天和地图打交道，随着 GIS 出现，传统制图发生了很大变化。例如：地图的组合、移动、缩放变得灵活，对已有的 GIS 空间数据、属性数据做进一步处理，能产生多种专题地图。即便在美国，这也是规划专业工作者使用 GIS 最频繁的工具。

目前，国内许多城市已经建立规划、土地、建设的 GIS 数据库。规划师有很多机会接触到现成土地使用、土地管理、项目建设等 GIS 基础数据。但是在现实工作中，笔者发现许多规划设计机构的规划专业人员无法阅读现成 GIS 数

据所包含的信息，一定要将其转换成 CAD 数据格式才会使用。GIS 基础数据转
换成 CAD，会丢失相关属性信息，无疑对规划编制、规划设计带来许多不便。
掌握了专题制图技术，就能够从数据中发掘出更多有用的信息。

3.2 第二层次——专业型要求

专业型要求是规划师使用通用 GIS 软件，依托成熟的 GIS 功能、应用现成
的技术方法，展开城市规划领域的分析应用，为解决城市规划中的实际问题提
供决策支持。

规划编制中的许多问题可以依靠简单的 GIS 分析来辅助规划决策。其中，
依托 GIS 的叠合分析（overlay）功能进行土地适宜性评价，已经是非常成熟的
应用方法。进一步配合使用缓冲、地形坡度坡向等分析，可以组成较为复杂的
GIS 决策支持应用。笔者认为，并不是每一位规划师必须掌握这一类型 GIS 应
用技能。在我国现有的规划实践需求下，一个规划设计机构有部分专业人员能
够达到专业型要求即可。即便在重视 GIS 教学的欧美国家，也不是每一位规划
专业人员都能够达到上述要求。

3.3 第三层次——研究型要求

研究型要求是不仅能够使用通用 GIS 软件、现成的 GIS 技术解决城市规划
的应用和决策支持，还能够掌握高级空间分析方法，能够将规划中的定量模型与
GIS 结合，在城市规划研究中发挥作用。在这一层次上，还要求规划专业人员对
现有 GIS 功能进行适当的二次开发，解决现有 GIS 功能无法解决的规划问题。

就我国当前的城市规划实践来看，对这一层次的要求主要集中在高校等研
究机构，是对特定研究方向的规划科研人员的要求。

4 三个层次的课程体系设想

4.1 三个层次对应的 GIS 教学内容

城市规划学科和城市规划实践对 GIS 三个层次要求对应了不同的 GIS 课程

教学内容。

（1）第一层次的教学内容

对应第一层次的普及型 GIS 教学，主要目的是使学生能依据现成的 GIS 数据，绘制出规划中应用的专题图，需掌握的技能主要包括阅读现成的 GIS 数据所包含信息、进行基本空间查询、依靠现有的 GIS 数据进行专题制图。第一层次 GIS 课程的核心可以简单归纳为"认识数据、阅读数据、专题制图"三个要求。这一层次教学的特点是普通规划师虽不足以进行很多 GIS 分析，但能够确保正确地阅读、利用现成 GIS 数据。

目前通用 GIS 软件的发展，用户界面更加友好、更加易于学习使用。这使得普及型的 GIS 教学有了可能。在基本原理教学中重点应是数据结构、数据管理的基本知识，初步的数据转换、专题地图的表达、空间查询。上机实验教学要求初步掌握一种 GIS 软件，实现正确的阅读、利用现成 GIS 数据的目的。

（2）第二层次的教学内容

对应第二层次的专业型 GIS 教学，主要目的是使学生掌握成熟的 GIS 功能、掌握城市规划领域的应用基本方法。学生应该接受完整的城市规划中 GIS 应用的技术与方法课程教育。基本原理教学内容应包括数据结构和数据管理、数据输入和数据转换、空间查询和空间分析三大板块。在第一层次的基础上，第二层次的教学重点应是"数据输入、数据维护、空间分析"。

目前商业化 GIS 产品已经能提供规划专业所需基本空间分析的功能，上机实验教学应选择一种适宜的 GIS 软件，重点学习如何使用该软件，实现掌握"数据输入、数据维护、空间分析"的相关技能。

（3）第三层次的教学内容

对应第三层次的研究型 GIS 教学，除了掌握第二层次的数据结构和数据管理、数据输入和数据转换、空间查询和空间分析三大板块教学内容，还要学习空间统计等高级空间分析方法，掌握更完整的数据结构、数据管理的知识，还要进一步学习编程技能，掌握一两种编程语言，便于进行二次开发。对于这一层次的 GIS 教学，显然单一的 GIS 课程是不够的，需要设置一系列相关配套课程。

4.2 基于三个层次的 GIS 课程设置设想

对照上述三个层次的教学要求和教学内容，可以发现，在三个层次中，第二层次的 GIS 教学是当前最普遍的模式。当前城市规划专业 GIS 课程设置就相当于笔者归纳的第二层次专业型要求。第三层次的 GIS 教学也不少见，在当前一些高校城市规划专业研究生教学中，已经为 GIS 应用方向的规划专业研究生开设了类似课程。需求最广泛的第一层次普及型 GIS 教学恰恰是当前城市规划专业 GIS 课程的空白。

当前本科层次的 GIS 课程教学目的、教学内容是试图将所有城市规划学生都培养成专业型的 GIS 应用人才。事实上，正如本文前面所述，这超越了城市规划学科和城市规划实践的要求。该课程十几年来的教学实践表明，在有限教学时间内，要完全达到这一专业型教学目标是不可能的。为此，笔者提出了一个"三个层次的 GIS 课程体系"的建议。

（1）增加本科阶段第一层次的普及型 GIS 课程

第一层次的普及型 GIS 课程应是城市规划专业本科阶段学习的必修课程。本科阶段 GIS 课程教学目标应是第一层次 GIS 教学。对现有 GIS 课程庞杂的教学内容进行精简压缩，只保留第一层次的教学内容，围绕"认识数据、阅读数据、专题制图"三个要求展开教学。教学内容减少也能解决有限教学课时和庞杂教学内容之间的矛盾。精简后的多余教学课时可更多地用于上机和应用实践。

第一层次的课程教学核心技能是当前城市规划实践中经常有机会运用的，这也为 GIS 课程和其他专业课程相结合提供了接口。笔者设想，如果在四、五年级设计课程中，GIS 课程教师主动参与到设计课程中。在设计课中，有意识地提供一些 GIS 基础数据，即使这些数据是由 GIS 课程教师专门制作的。在规划设计分析中，要求学生运用 GIS 绘制各种专题分析图。第一层次课程学习的"认识数据、阅读数据、专题制图"技能在设计课中得到应用、巩固，为毕业后参与工作实践打下基础。

（2）第二层次的专业型 GIS 课程作为本科阶段选修课程

当前 GIS 课程中其余的内容作为一门本科阶段选修课程仍可保留。学生学习完第一层次的普及型课程后，部分有兴趣、有能力的学生可继续选修第二层次 GIS 课程。有了第一层次普及型的课程基础，也就不必沿用 18 周 36 学时的课程模式。在第一层次基础上，设置一个 9 周左右的第二层次选修课程。其中，一半学时用于讲课、一半学时用于实践操作，就可以完成教学要求。第二层次选修课程应围绕"数据输入、数据维护、空间分析"的教学重点组织教学。

（3）保留目前研究生阶段的第三层次 GIS 教学

第三层次 GIS 教学是为特定研究方向的城市规划专业研究生开设。英美许多大学规划系也有类似课程设置，提供一系列不同层次高、中、低的 GIS 空间分析课程。国内也有高校采用了类似模式。笔者对此层次课程的建议是，第三层次是以培养研究型人才的课程教学，要保留目前研究生阶段的类似教学课程，要进一步鼓励这一层次的学生跨专业选修一些地理信息科学、地理学、计算机科学领域的课程。

5 结语

当前城市规划专业的 GIS 课程教学效果并不理想，存在课程内容体系庞杂、课程教学课时极其有限、与其他规划专业课程教学脱节等问题。要解决这些矛盾，关键在于理清城市规划学科、城市规划实践对 GIS 应用的要求。在三个层次的要求中，第一层次普及型要求是规划师必须掌握的基本技能，第二层次专业型要求是部分规划师应达到的要求，第三层次研究型要求仅是对少数从事特定研究方向的规划科研人员的要求。

城市规划专业的 GIS 课程应对应三个层次的要求，设置三个层次的 GIS 课程体系。现有的课程体系主要缺陷在于缺失了第一层次的 GIS 教学。为此，在本科阶段，重点是围绕第一层次的教学要求，精简现有的教学内容，突出"认识数据、阅读数据、专题制图"三个教学重点。GIS 课程教师参与到设计课程教学中去，使学生能在设计课中应用"认识数据、阅读数据、专题制图"GIS技能。保留现有的 GIS 课程其余内容，作为选修课程，教学重点是"数据输入、数据维护、空间分析"。

以上讨论和建议仅是笔者根据自身教学实践经验提出的设想，尚有待教学实践的检验。

参考文献

[1]宋小冬，钮心毅 . 城市规划中 GIS 应用历程与趋势——中美差异及展望 [J]. 城市规划，2010, 34(10): 23–29.

[2]LeGates R, Tate N, Kingston R. Spatial thinking and scientific urban planning [J]. Environment and Planning B: Planning and Design, 2009, 36(5): 763–768.

[3]Drummond W J, French S P. The future of GIS in planning: converging technologies and diverging interests[J]. Journal of the American Planning Association, 2008, 74(2):161–174.

（原文曾发表于《全国高等学校城乡规划学科专业指导委员会年会论文集》，2012 年 9 月）

庞　磊：

博士，同济大学城市规划系讲师，系主任助理。长期从事基于计算机的"城市规划技术与方法"
教学与研究，主持本科生课程"计算机辅助设计"，参与研究生课程"城乡规划设计中的物理环
境模拟"，参与城市设计、总体规划和毕业设计等本科生教学工作。在日常教学过程中注重线上（利
用全球规划院校联盟平台）和线下（面对面授课）的结合，将相关日照约束下的容积率等城市开
发控制，以及计算机辅助分析和决策等科研成果融入教学。

"c + A + d"

——城市规划计算机辅助设计课程教学的探索

庞　磊　杨贵庆

1 CAD 教学中的新趋势和特点

1.1 当前 CAD 技术的关注点

　　当今社会，计算机辅助设计（Computer Aided Design, CAD）技术在城市规划、建筑业和制造业等得到了广泛应用。城市规划中的 CAD 在 20 世纪 80 年代到 90 年代中期进行了第一次"范式转换"，CAD 技术中的"D"从原来的"制图（Drafting/Drawing）"走向"设计（Design）"（陈秉钊，庞磊，1998），当时关注的是"D"。随着城市规划设计行业本身的发展和变化，以及 CAD 技术的进步和逐渐完善，当前城市规划中的 CAD，其关键已转化为"A"，即计算机如何进行辅助设计（杨贵庆，2010）。

1.2 从 CAD 角度看当前设计教学

　　（1）设计类课程与计算机技术课

　　同济大学城市规划系为本科生开设了"城市规划中的计算机辅助设计（Computer Aided Design in Urban Planning）"课程，时间为三年级第一学期。以当前我国城市规划设计业务量最大的住宅区规划设计、公共空间的景观环境设计、控制性详细规划、城市总体规划为主线，以 AutoCAD 软件为基本平台（涉及 Autodesk Map 和 Civil 3D），结合其他十余种软件，利用若干实例，向学生讲授常用的计算机操作知识、技能和方法。理想的做法是计算机辅助设计课程同时全程跟踪设计课程，但由于课程设置和配置的问题，操作上难以做到同步。因此，这也从客观上造成学生计算机设计能力的巨大差异。

（2）软件平台的复杂性

十几年前，AutoCAD 软件即可满足基本要求。但目前计算机软件发展迅速，城市规划专业应用软件除了最基本的 AutoCAD 以外，还有 RasterDesign、天正建筑（天正日照）、Revit、Map/Civil 3D、湘源控规、Ecotect Analysis、Photoshop、SketchUp、Adobe InDesign、ArcGIS、3dMax、Paranesi 等十余种，而且由多家公司负责开发、更新版本。

（3）软件的时效性

各个软件均不遗余力地发展、更新，比如在 Autodesk 公司强大研发阵容的支持下，该软件每年均推出新版本，而且软件构架越来越大。这给课程内容的更新提出更高要求，基本上该课程每年需更新 30% 以上的内容。如果不及时更新，用"淘汰"的软件来进行教学，那么培养出来的学生就难以应对新时代的挑战。从某种程度上说，应该培养学生自学软件的能力，以应对毕业后的新局面，因为真正应用这些软件进行工作的时候，软件早已升级换代。

（4）技术"停滞论"与"决定论"

目前存在两种观点：一是随着规划设计行业的发展、内容重点的转换，CAD 技术已经完成了"历史使命"，计算机不可能替代设计师，技术没有必要再发展了，艺术设计、社会调研、交往协调均无法由计算机来完成；二是与之相对应的"技术决定论"，比较乐观地认为，计算机可以自动完成设计，从而代替人脑，彻底淘汰人工的"草图"设计。这两种观点和尝试也许都具有一定的片面性，其实并不需要把人脑与电脑完全对立，"辅助"设计，达到人机和谐、互动是关键。

2 西方"艺术""技术"和"科学"的"范式转换"理论及其背景

尼格尔·泰勒（Nigel Taylor）（1998）认为，1945 年以来，西方的规划理论经历了两个"范式转换"：城镇规划从"设计"到"科学"的范式转换；城镇规划师从"技术专家"到"沟通者"的转换。

2.1 从"设计"到"科学"的转换

1960 年以后，从以往将城镇作为物质性空间结构，逐渐走向将城镇作为不断变化且相互联系的功能系统；从物质和美学来观察和评价城镇，走向从社会生活和经济活动方面来考察它们；从将城镇规划看作"终极状态"或者"蓝图式"目标，走向"过程的规划"。所有这些变化均暗示着城镇规划的技术手段将发生变化，需要特别严谨、理性的"科学"分析方法。

2.2 从"技术专家"到"沟通者"的转换

从"技术专家"到"沟通者"规划师角色的转换，这方面有保罗·达维多夫（Paul Davidoff）（1965）的"倡导"规划思想，还有"交往"规划理论。在交往规划中，人际交流和谈判的技能是核心，面对政府、开发商和公众，规划师不应作为"技术专家"，而更多的是作为思想的"协调者"。

2.3 西方城市化进程与"范式转换"

"Shift"（转换）一词出现在计算机键盘上，中文翻译是"上档键"，即切换到另一种输入方式，实际上并没有转到"高级别"模式的含义。由于泰勒所说的"范式转换"发生在 1960 年后，那时西方发达国家已经完成了工业化和城市化，作为规划行业导向的规划理论可以发生"转换"，因为当时西方国家的城市物质环境建设已经达到一定的水平。而我国目前正处在城市化快速发展的阶段，还没有迹象表明物质空间规划将彻底被"交流规划"所替代。

3 本科基础教育阶段的专业知识结构和 CAD 教学

3.1 本科基础教育阶段的专业知识结构

百年城市规划发展积淀了"科学性"与"人文性"的历史轨迹，反映了"城市空间为本体"和"人文关怀"的基本专业内涵（杨贵庆，2009）。在这样的专业知识结构框架下，尽量拓宽基础知识是必然的选择。当然，学生个体差异很大，在夯实基础的前提下，可以注重特长的发挥。快速城市化的阶段特征决定了我国城市规划基础教育目前还不能"转换"，必须强调"整合"。

3.2 计算机辅助"分析"——视线分析、生态模拟

在基础专业知识结构性配置的框架下，如何进行计算机辅助规划设计的教学？笔者认为，首先，计算机可以支持规划师，在做方案时进行各种分析，这将充分反映城市规划学科的"科学性"。比如在城市设计课程中引入视线分析，使用 UCL 研发的空间句法或者源自英国卡迪夫大学的 Ecotect Analysis 均可完成。这样的技术将帮助学生进一步理解城市设计中各种要素之间的关系，尤其是增加对"地标建筑"可视度的体验和检验（图 1）。

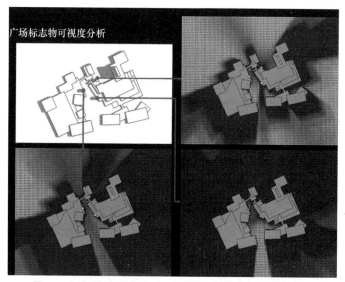

图 1 上海某社区中心内"地标"的空间可视度分析

注：本图为姚尧、甘惟、刘谦同学提交的作业。

目前，计算机生态评价技术日渐成熟，这将为城市规划的科学决策、"低碳"城市的创建提供技术支持手段。计算机可以有效地模拟地形地貌，进行高程、坡度分析，也可以进行生态安全、环境敏感度、工程地质等要素的叠合分析。另外，计算机还可以进行开发经济成本的测算，土地集约化利用的分析等（图 2）。

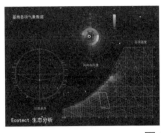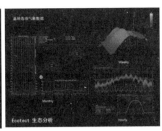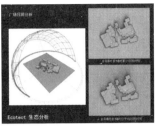

图2　上海某社区中心生态设计评价

注：本图为姚尧、甘惟、刘谦同学提交的作业。

3.3 计算机自动"生成"——一种虚拟的空间构成

低年级设计空间教学中往往有"立体构成"的课程设计内容，其实计算机也可以做虚拟的构成设计，而且往往可以产生出乎意料的效果，这些效果实物模型往往难以做到。教学中利用VBA编程，经过少量的人工干预，实现由计算机自动生成一组基于空间构成的城市形态（图3），将来设想进一步将优化的人工智能技术（例如"遗传算法"）引入教学，使得计算机学会"思考"，从而进行"启发式的搜索"。由于这样的尝试要求同学的编程能力较高，也可考虑在研究生阶段开设相关的课程。

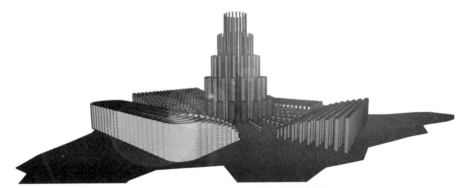

图3　城市空间形体的生成与诱导

注：本图为邱一飞同学提交的练习。

4 新时期计算机的角色与定位

计算机不适合做模糊的、艺术的、随机应变的判断，除非程序设计达到完美的境界。2009 年 6 月 22 日华盛顿地铁相撞，这时的列车处于计算机自动驾驶的状态。鉴于此次事故的教训，计算机被认为是"不保险的"。上海城市轨道交通采用人机"双保险"的方法，正常运行时状态由中央控制系统的计算机控制列车，突发事件时自动切换为手动驾驶。计算机机械地按照程序执行时其可靠性高于人脑，计算机"铁面无私"地严格执行既定程序，而人在工作时的状态常与情绪和精神健康有关。人脑的优势是擅长模糊控制和模糊模式识别。突发事件时计算机只能照程序执行，不会随机应变，同样情况人来处理更具弹性，会根据当时情况做出选择（孙章，2009）。

当然，一旦程序设计有突破性的进展，CAD 技术就会发生新的范式转换，即转换到"C"，也就是以计算机决策为主导的设计。但目前在城市规划设计领域，还没有迹象表明这样的突破即将来临。

密斯·凡德罗（Ludwig Mies van der Rohe）认为，"当技术完成它真正的使命时，它就升华为艺术。"每种艺术品和流派都是在特殊的精神气候中产生的，城市规划新技术的应用也只有适应社会的环境，满足当前和未来社会的需求，才能从容应对挑战，完成真正的使命。

5 结论

5.1 应是"多样""整合"，而非西方的"范式转换"

针对我国当前快速城市化阶段的特点，必须在本科阶段的规划设计教学中强调创意、设计与科学分析、支持的整合，而不能走发达国家的"范式转换"之路。

5.2 教学改革的设想

当前城市规划中的 CAD 基本实现了"设计"与"科学分析"的结合，将来应进一步体现"人文关怀"方面的支持，如借助计算机进行社会调研，促进交流，三维可视化技术进行公众参与等。此外，"区域模型""空间句法的建模与支持"以及"进化算法"这些目前硕士阶段的学习内容，有可能在适当的时候，有必要纳入本科基础教育阶段。这些都有待于不断进行教学改革，任何探索都是一个动态的过程，而非终极目标。

（本课程教学过程中宋小冬、顾景文教授，钮心毅副教授曾对教学方法提供指导，英国卡迪夫大学于立博士、上海市浦东新区规划设计研究院陈卫杰、何志华提出了建设性的意见，在此深表感谢。）

参考文献

[1]尼格尔·泰勒.1945年后西方城市规划理论的流变 [M].李白玉，陈贞译.北京：中国建筑工业出版社，2006.

[2]庞磊，钮心毅，骆天庆，等.城市规划中的计算机辅助设计 [M].北京：中国建筑工业出版社，2007.

[3]杨贵庆."5-B模型"——论城市规划本科生专业知识结构 [C]// 城市的安全·规划的基点：2009 全国高等学校城市规划专业指导委员会年会论文集.北京：中国建筑工业出版社，2009.

（原文曾发表于《全国高等学校城乡规划学科专业指导委员会年会优秀论文》，2010年9月）

朱 玮：

同济大学建筑与城市规划学院副教授、博导、大数据与城市空间分析实验室骨干。兼任上海同济城市规划设计研究院数字规划技术研究中心主任研究员、Journal of Urban Planning and Development 期刊编委，《城市规划》期刊特约审稿专家。主要教学与研究领域包括城市规划方法与技术、城市空间与行为、决策模型与模拟、慢行交通、建成环境与健康、规划教育。主持国家自然科学面上、青年基金项目各1项，发表论文45篇，其中 SCI/SSCI 收录9篇。

发挥学生创造力的平台
——城市系统分析之多代理人模拟教学探索

朱　玮

1 介绍

"创新、转型"是当下的两个关键词。本文介绍笔者在面向同济大学城市规划系本科生的城市系统分析课中，尝试教授多代理人模拟（multi-agent simulation）技术的教学探索和经验，作为对时代大背景下我国城市规划教育创新需求的回应。笔者认为，该课程能够提升城市规划专业学生的综合能力，特别有助于发挥其创造力，值得今后推广深化。

同济大学城市规划系的城市系统分析课程面向城市规划本科三年级学生开设，分两个学期授课，共72课时，主要目的是培养学生的系统思维、理性思维，使其掌握基础的城市研究和规划方法。教学内容以定量分析方法为主，作为设计类、原理类教学课程的补充。教学形式以课堂讲授、调查实践、课后练习、课堂讨论等方式相结合。

多代理人模拟于2011年秋季开始被引入城市系统分析课程，至今已实践了两个学年，每年约11课时。引入该教学内容出于以下方面考虑：① 学生虽然已经积累了一定的专业知识技能，但是对实际城市规划的接触非常有限，难以体会这些知识技能的实际效果，因而造成其对知识理解不深、技能掌握不牢；② 前两年的教学培养了学生较强的空间设计和表达技能，但以系统严谨的方式分析问题的技能相对较弱，导致学生也在疑惑设计的真正效果如何、规划对人会产生什么影响、评价设计的依据又是什么；③ 城市系统分析课所需求的逻辑与数序思维方式有别于学生以往接受的感性设计内容，思维方式上的冲突和对比，凸显本课程的相对枯燥和难度，造成学生学习兴趣下降、学习动力不足。

因此，引入多代理人模拟教学希望到达三个目标：① 提供给学生一个理性地分析城市现象和规划的工具；② 提供一个整合专业知识技能、检验规划设计想法的平台，同时帮助加深对知识的理解；③ 提高学生的学习兴趣。

计算机模拟在城市规划教育中并不常见，但也有先例。Hung（2002）认为，学生通过模拟直接操控变量，能够培养解决问题所需的推理能力。在若干教学研究中，一个名为"模拟城市"（SimCity）的计算机游戏多被使用（Gaber, 2007；Manocchia，1999；Adams，1998）。Gaber（2007）利用 SimCity 作为学生检验已知规划理论和尝试自己提出理论的环境。他认为 SimCity 提供了一个动态的决策环境以使得学生能够进行系统思维，学习解决问题的技能，优化规划过程。Adams（1998）发现计算机所提供的"创造"环境可以培养一个人的思辨态度，以此来对那些习以为常的城市概念和理论进行批判；同时又能够激发学生学习的动力和兴趣，这点在 Manocchia（1999）研究中也得以证实。

虽然 SimCity 一定程度上符合笔者的教学目标，但类似游戏作为教学手段存在以下不足：① 只有很少的自由度让学生改变虚拟世界中的规则，学生只能利用游戏既定规则来达到其目标。而真实世界的问题往往要复杂得多且具有特殊性，这些规则可能偏离实际从而误导学生。因此该游戏作为理论检验平台的可靠性有限。② 该游戏的机制对教学而言过于复杂，改变一个子系统的变量会引发其他子系统的连锁反应。尽管真实世界比游戏复杂得多，但对教学而言，从包含有限要素的理论和机制开始来解析子系统的作用，更有助于学生的理解和掌握。③ 学生在玩该游戏时，不得不在给定边界条件中去建设一个世界，而不是像"上帝"一样，通过定义要素和规则来创造一个世界，用于解决他们特定的问题。

笔者发现多代理人模拟更适合于本教学。多代理人模拟技术是兴起于20世纪90年代的计算机模拟技术，主要通过逼真模拟个体之间的交互行为来呈现整体的运行状态，对于主体众多、要素繁多、关系复杂的社会现象具有很好的仿真能力，近年来在城市研究和规划领域的应用也渐渐增多。多代理人模拟技术也是 SimCity 等类似游戏的核心技术，意味着学生可以学到更加本质层面的技能，这将给予他们更大的创造空间。本教学采用美国西北大学开发的 NetLogo 多代理人模拟平台作为主要手段。该软件是开源的，使用免费，任何人均可通过因特网下载，具有以下特点：① 可以用来表达、分析高度复杂的各种理论和实际问题，这就提供给学生一个综合运用知识、技能的实验平台，通过模拟规划措施的效果即刻呈现在学生面前；② 具有较完善的空间处理和表达功能，NetLogo 提供二维和三维的栅格空间作为现实空间的表达形式，足以满足城市规划和研究对于空间的需要，可视化使得模拟结果的表达更加直接生动；③ 需要编程操作，但是语法明晰、直观、简单，学生一旦掌握，可以快速实现规划想法，并对其进行检验，同时也是锻炼学生逻辑思维和组织能力的有效途径；④ 平台的架构自由开放，只要有想法，几乎都能够在 NetLogo 上实现，因此学习的过程给予学生很大的自由探索发挥空间，趣味性高，符合本科生的学习方式偏好。

本文以下分三个部分来介绍本教学的内容、效果和经验。首先介绍该课程教学，按照两个学期循序渐进的教学设计逐一介绍；其次归纳两个阶段的教学效果，主要从学生的作业和反馈来反映；最后总结经验及反思。

2 课程教学

城市系统分析课程教学探索的理论基础很简单。核心目标是培养城市规划专业学生的创造力，这需要三个条件：动机、能力、方法。笔者相信，个人能力是天生的，教育无法创造或改变；但同时也相信，每个学生都有足够的能力来创造。为了提升他们的学习动力，需要激发他们解决问题的好奇心，而方法就是向他们展示，只要运用恰当的手段，他们可以把规划做得更好，并且也能够解答他们心中的疑问。该手段就是多代理人模拟和 NetLogo。

多代理人模拟技术对同济大学城市规划专业教学是一个全新的知识点，可以说是一次"摸着石头过河"的教学探索。因此，在课程量上，每个学期仅安排约 5 课时；在教学设计上，采用循序渐进的原则，上半学期教学的主要目的是提升学生兴趣并使其掌握基本的操作方法；下半学期教学的主要目的是让学生把该方法应用于解决实际问题。

2.1 上半学期

对于刚从设计语境转换到数理语境的学生来说，教学要注意过渡和衔接，尽量创造一个"友好"型教学环境。课程教学分为三个步骤，首先用1课时介绍多代理人模拟技术的基本概念、起源、原理、功能。前文提到，学生开始对规划设计的效果产生疑问，对规划设计的空间形态依据感到不满足。这说明他们对规划有了更加深刻的认识和知识需求，应该利用这个动机进行教学切入。因此该课以城市现象的复杂性开题，强调城市形态、城市结构、城市肌理等概念之下蕴含的是城市中千百万个体的复杂交互，如此把学生的关注点从形态转向个人以及行为，引导其从更本质的层面来寻找对城市现象的解释和规划设计的依据。接着介绍多代理人模拟技术的概念和特点，说明其解释复杂现象的强大功能，并演示了用NetLogo编写的各类多代理人模拟程序，其包罗万象的模拟能力对学生的冲击和吸引可从他们的惊叹和笑声中见一斑。

第二次课用2课时讲授NetLogo的基本操作方法，基本上按照软件自带的教学程序，学生边听讲边操作软件。布置的课后作业要求学生至多3人成组，共同编写一个多代理人模拟程序，内容不限，用三周时间完成程序编写并提交设计报告。第三次课为2课时，笔者在课前甄选了部分较有特色的作业，请学生上台介绍，随后由听讲的同学进行点评。

2.2 下半学期

上半学期学生已经掌握了NetLogo的基本操作方法，本学期的课程目标是使他们能够运用该方法解决实际的规划问题。第一次课用2课时介绍了笔者研究上海2010年世博会参观人流过程中应用多代理人模拟技术优化设计方案的案例，强调用"问题—目标—约束—实现"的思路来界定简要、明确、有意义的研究问题，提出可实现、可度量的规划目标，通过调查掌握影响规划的各种约束条件，综合运用所学知识配合模拟方法来实现规划的想法，针对规划目标进行检验并以此为依据优化规划方案。

本次作业要求学生模拟学苑饮食广场的就餐行为，以此为手段来解决食堂运行中的问题。选题出于以下考虑：① 食堂是学生生活的重要组成部分，他们对食堂问题有深刻的体会，对食堂状况的改善有切身的利益诉求，因此该选题更容易激发学生的积极性；② 虽然不是城市规划问题，但食堂优化与城市规划在内容和工作方法上有很多相似之处，都涉及设施的空间安排，都需要考虑多种约束，都应该以使用者的行为和体验来评价，因此重点是锻炼思路和方法；③ 复杂性宜深宜浅，学生可以发挥各自的特长；④ 容易开展基础调研，这对于规划工作同样是很重要的。要求学生 2~4 人成组，分两个阶段完成任务：第一阶段是研究的设计，要求参考课上的案例，提出目标明确、思路清晰的研究方案，一周内完成；第二阶段则实施该方案，在一个月内编写 NetLogo 模拟程序，并完成研究报告，报告中要通过模拟分析提出解决食堂问题的优化方案。

接下来的 4 课时均采用类似上半学期的介绍、讨论相结合的形式，中间安排了一次课外技术答疑。

3 教学效果

学生在课堂上对多代理人模拟表现出浓厚的兴趣；课后学生常询问思路和技术上的问题，对作业的批复也会跟进探讨；作业质量超出笔者预期；学生还主动在作业后附上学习心得。这些都示意着此次教学尝试取得了很好的效果。

3.1 自选题模拟

自选题模拟作业是学生首次接触 NetLogo 后的小试牛刀。由于课堂教学量和深度有限，学生以自学、互学、与教师交流等方式为补充，在三周内递交程序和报告，作业上交率为 93.4%。不限主题给学生发挥创造力留出了空间，表现在选题丰富多样，涉及校园生活（如教学楼交通、校园自行车、图书馆借还书）、社会问题（如人口老龄化、大学生就业、社会公德）、环境问题（如绿化带减噪效果、太湖生态系统、商场垃圾）等，也有一部分学生设计可以互动的游戏（如俄罗斯轮盘赌、荒岛求生、深海争霸），说明他们在用娱乐轻松的心态来对待作业。此次作业获优的占 52.1%，获良的占 43.7%。

令笔者欣喜的是，部分学生已经在作业中融入规划思维。例如，某作业对校园主要通道进行"自行车友好评价"（图 1），模拟行人与车流的关系，设置了一些可操控的参数（如路宽、行人数、车速、摊位），动态地展示参数变化所引起的自行车友好性变动，并在分析比较的基础上提出实施建议。另一份作业模拟了土地价格受不同类型设施影响而变化的过程（图 2），为每类设施定义了环境影响的程度和范围（实现为可调节的参数），在地图上添加设施的同时，程序动态地显示周边地价的变化。值得注意的是，类似这两份作业中较复杂的编程技巧并没有在课堂上讲授，完全是学生通过课余自学习得的。

3.2 食堂就餐模拟

下半学期的作业限定同济大学学苑饮食广场为模拟地点，但学生可以自行确定研究问题。大多数学生关注于食堂的拥挤问题，说明这个矛盾非常突出，也有助于学生相互借鉴，了解不同角度解决同一问题的各自效果。统计下来，研究对象包括：调整桌椅排布方式、调整打饭窗口数量和位置、优化打饭排队队形、改变出入口位置、改变收碗处的位置、改善清洁人员工作效率、组合不同菜品等，可见对于具有深刻体会的就餐问题，学生有很多建设性的想法。本作业上交率为 100%，获优的占 45.8%，获良的占 41.7%。

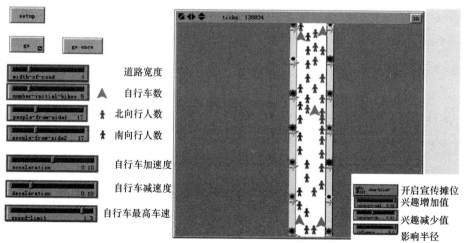

图 1　自行车友好评价

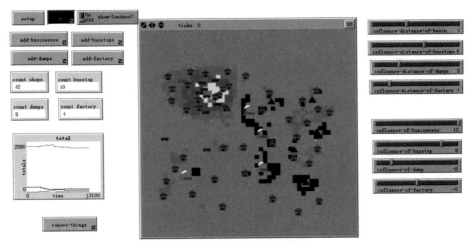

图 2　土地价格变化模拟

　　本作业相较上次难度增加较多，要逼真地还原就餐行为并非易事。有的学生通过在食堂观察人流走向，统计人数，测算排队、打饭、吃饭时间来获得关键的行为参数（图 3）。无论其测量精度如何，笔者更加看重学生对掌握事实的投入和严谨的态度。过程是本教学训练的核心，真实性是次要的，但要求研究结论必须在方案比选下得到。部分学生完成得比较出色，例如，某作业以打饭窗口和桌椅排布为两个主要变量，以排队效率最大化为目标，交叉比较四种组合方案的效果（图 4），完全符合实验研究的标准做法。另一份作业创造性地提出改变窗口的服务顺序，以达到平衡打饭队伍长度的效果（图 5）。

　　通过现场调查，记录连续几天高峰时刻食堂内实际使用人数（排队＋就餐＋游荡寻找座位）及就餐时间，选取平均值作为潜在消费人数（M）和人均就餐时间（t）和打饭时间（ts）。

　　窗口的均匀分布能够很好地分散排队人流，使排队效率最大化。而桌椅的过于均匀分布会使前往队伍路线迂回曲折，不易到达队伍增加拥堵，所以桌椅适合集中布置型的。

　　打开程序"改变服务方式"，此程序与"现状"程序的最大不同之处在于其服务窗口是从最里端开始服务。如图 5（a）中，最开始是从最里端三个窗口供应打饭的，由于人数较多，三个窗口前的排队队伍都较长。然后暂停程序，开启 5 个服务员，如图 5（b），即开启了五个窗口打饭，可以看到原本三个队

伍改为五个队伍后每个队伍人数都较为平均。从而我们可以得出结论，从里面
的窗口先开始贩卖，可以改善服务状况。

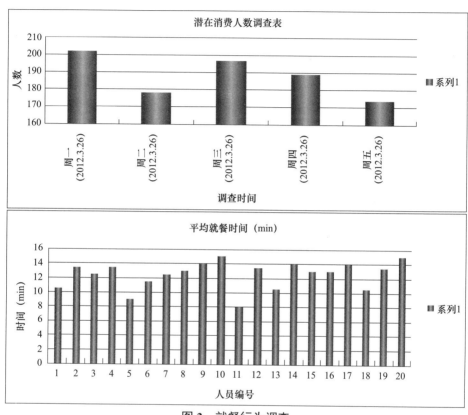

图 3　就餐行为调查

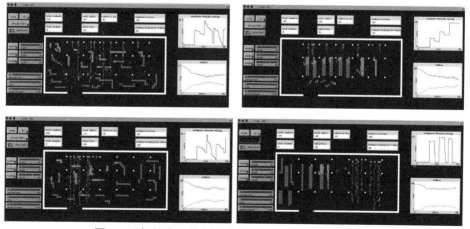

图 4　以打饭窗口位置和桌椅排布为变量的方案比选

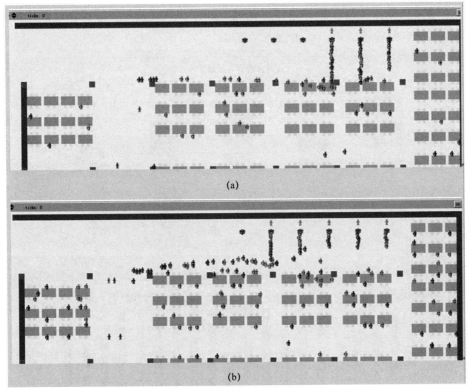

图5　改变打饭窗口服务顺序

3.3 学生反馈

　　上半学期末，笔者开展了一次课程教学意见调查，通过因特网发布问卷邀请学生参与。全班 76 人中的 25 人参与了调查，其中的一个问题是问学生认为从城市系统分析课中收获最多的内容。结果表明多代理人模拟受到学生的欢迎（图 6）。

　　在以上两次作业最后，部分学生总结了学习体会。反馈数量总计 44 条，占作业总量的 69.8%。需要指出的是，笔者并未要求学生这样做。这对于笔者是另一个重要且鼓舞人心的迹象，说明学生经过此次训练后收获之多，以至于主动表达。表 1 概括了学生的体会以及典型的表述，其中最为集中的是学到了新的方法（占所有反馈的 45.5%），开阔了思路，能够以更理性的方式来开展分析和规划设计，并认为对今后的学习工作有很大的帮助。占第二位的体会是认为该方法可以应用到城市规划以及很多其他领域来解决实际问题（38.6%），激发了对日常生活环境的探索和思考。占第三位的体会是认识到把握规律的重要性（29.5%），特别对个人行为、心理与环境关系的关注，说明学生对"以人为本"的理念开始有更切实的理解；而一句"处处需要规划"的表述更是体现学生对规划的认识提升已经不仅仅局限于专业；这一小练习之下的逻辑是普适的，这将对学生产生持久的影响。其他的体会包括合作的快乐、克服困难的成就感、研究和表达能力提升等方面，令笔者高兴地看到这次教学中学生获益良多。

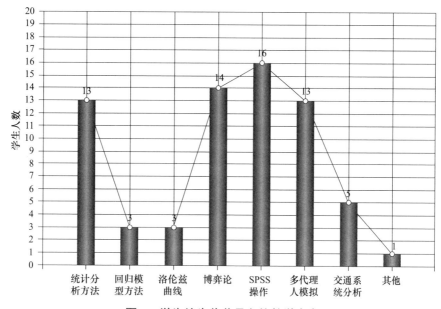

图6　学生认为收获最多的教学内容

<table>
<tr><td colspan="3" style="text-align:center">学生反馈总结</td><td>表2</td></tr>
<tr><th>体会归纳</th><th>占比（%）</th><th>典型表述</th></tr>
<tr><td rowspan="2">学到了新的方法，开阔了规划设计的思路</td><td rowspan="2">45.5</td><td>而且 netlogo 是一种数据化的理性分析方式，会得出一些我们通过感性分析感知不到的东西。我们都觉得这种分析方式在我们今后对于城市空间的分析和营造工作上会有很大的帮助</td></tr>
<tr><td>本次作业是一次难得的提升机会，它使我们跳出传统的设计思路，开拓新的设计视角，思考设计的更多可能性。我想，这正是系统工程这门课的意义所在</td></tr>
</table>

续表

体会归纳	占比（%）	典型表述
可以用来解决很多复杂的实际问题	38.6	可以试着把 netlogo 应用到未来城市规划的实践分析中，如模拟人的行为，在小区规划或商业规划中，增加规划的可信度和科学性
		这次通过 netlogo 多代理人模拟的方式进行学苑饮食广场底楼餐厅优化设计的过程启发我们用科学的方法和手段解决问题。促使我们对自己熟悉的日常生活空间环境进行探究和思考
认识到把握规律性很重要	29.5	将复杂的现实问题提炼为核心的解决问题，将复杂的人的行为抽象为动态模拟过程，需要抽丝剥茧得出清晰的逻辑，这个过程需要不断修正
		这次作业向我展示了生活中充满可以研究的规律，留心观察的话处处需要规划
快乐合作，相互学习	25.0	就整个团队而言，从前期实地调研、讨论分析，到中期编制报告、交流分享，再到后期程序编制、整体把握，我的组织能力、合作意识和编程能力都得到了极好的锻炼
		和伙伴一起思考解决方法，和同学多交流提高效率防止走弯路。团队合作多多交流很有帮助
克服困难的成就感	22.7	假如用一个词来形容从开始讨论到最后的成果表达这个过程，第一个想到的词就是——挑战，从思路混乱到一次次讨论后渐出灵感，从每天纠结到熬夜做实验报告，每一步都没有之前想象的轻松
		编程是一个有趣、辛苦又快乐的过程，从项目开始时的摸不着头绪，到一个小小的循环就停滞一整天的调试，再到最后完成一个完整程序的欣喜若狂
提升了学习、研究等多项能力	22.7	在面对诸如程序出错的问题时，不再只是盲目抱怨，而是能冷静下来考虑背后的原因和解决方案。这次作业培养了我们通过现象研究本质以及从细节发现问题的能力，打破常规的学习方法，是个可贵的锻炼机会
		这次作业使我在工作过程中的细致度和准确度都有所提升
分享研究过程中的经验	20.5	写程序开始时，不妨先理清整体思路，分块进行，不容易在编写的过程中出现理不清的头疼状况
		编写程序的过程中要注意细节，比如语言的标准化，这样才能避免频频出现的小问题
加深了对研究对象以及专业知识的理解	13.6	通过此次作业，一方面对具体的食堂空间有了深入的理解，另一方面对空间评价的量化方法也有了一定的了解
		这次通过 netlogo 多代理人模拟的方式进行学苑饮食广场底楼餐厅优化设计的过程，启发我们用科学的方法和手段解决问题。促使我们对自己熟悉的日常生活空间环境进行探究和思考。解决问题的过程同时也是一个良好的学习过程，经过思考和实践我们无疑可以更好地掌握相关知识

体会归纳	占比（%）	典型表述
改进了学习和处事态度	9.1	要让软件真正地为我们的专业服务就要着眼更远大，落脚点却要踏实细致。我们在努力
		严谨。一个括号也可能让你检查半天，还是养成随时整理代码的习惯比较好，对于学习、生活、研究应该都是如此，注意细节看似浪费时间，事实上相当提高效率

4 讨论

4.1 教学经验

总体来看，此次教学达到了预期目标，并产生了一些预料之外的良好效果。笔者认为此次教学首要的成功之处在于从一开始就提起了学生学习多代理人模拟技术的兴趣，成为学生主动、积极学习的最主要动力。这一效果主要是从两方面来达到的。首先在介绍课中抓住了学生希望丰富规划设计思路和方法、希望掌握更理性的规划依据的动机，通过阐述城市现象是由千万个体复杂交互的产物，进而引入多代理人模拟技术对解决复杂社会问题的强大功能，使学生相信该技术可以用来解决他们的疑惑。接着，通过丰富多样、充满趣味、交互性强的多代理人模拟程序案例展示吸引学生，使其产生强烈的好奇心和跃跃欲试的冲动。所以，第一次课总结起来可以说是"利用动机，明之以理，动之以情"。

第二个成功之处就是给学生自由发挥的空间。在学生首次接触 netlogo 时让他们自选题目。介绍课后，学生肯定已经酝酿了一些自己很感兴趣的题目，正好可以通过首次操练得以实现。在自我实现的驱使下，他们可以学得更快。第二次作业限定了题目的大方向，但具体问题的确定仍由学生自己决定，目的是希望他们能够按照个人的理解和关注，从不同的角度、采取不同解决方案来对待同一个问题，充分展现每个人的独特想法和本领，只要言之有理，都可以对实际有贡献。在具体的编程教学上，也只进行基础技能的培训，高级技能让其通过自学、互学、师生交流在课后获得，按其需要充分发挥其能动性和创造力。

这些经验概括起来即"给空间，助创造"。

第三个成功经验是采用循序渐进的教学原则。第一次作业的要求比较简单，为了不给学生太大压力而削弱了学习的兴趣，仅要求通过简单的编程实现感兴趣的题目。但事实上不少学生的作业已经达到相当的复杂程度，并主动向规划问题接轨。在学生掌握了基本技能后，第二次作业提高了难度，要求以研究的规范程度来完成作业，并能够较真实地模拟代理人行为，因此在课上介绍了研究范例让其参考。而食堂就餐的选题也是希望问题更贴近学生的生活，这样他们才有深刻的体会和思考，激发其解决问题的动机，更有助于问题的解决和调研。食堂问题比较复杂，但相比更加复杂的城市问题更适合于作为一个可以掌控的训练。食堂模拟的原理与城市规划有很多的相通之处，学生同样能够学到规划的思路和方法。这些经验可用"由浅入深、以小见大"来概括。

最后想说，除了教学实践，本教学的成功与多代理人模拟技术本身的价值密不可分。NetLogo 的高度灵活性和空间表达功能可以非常好地适应城市研究和规划的需要，学生也感受到了这一新工具的应用前景，同时又容易上手，能快速实现并检验想法，因而提高了学习的兴趣和积极性。

4.2 不足之处

本教学可以说实现了一开始提出的后两个教学目标：提供学生规划设计的创新平台以及提升学习兴趣，但是对第一个目标——加强对专业知识和技能的理解实现得还不够（仅 13.6% 的学生体会中明确提到）。原因是作业着重学生自由发挥，没有明确要求把已有的专业知识点纳入模拟开发过程。未来教学中可以更加明确这一要求，在程序设计中实现专业知识点的理解，并通过模拟观察知识点要素变化的效果，进而加深对知识点的理解和运用，应该能够与其他课程相配合获得更好的教学效果。

5 总结

本文介绍了笔者对城市规划专业本科生进行多代理人模拟教学的尝试，目的是提供学生理性分析城市现象和城市规划的工具，以及融汇专业知识技能、快速检验规划设计想法的创新平台，并提高其专业学习的兴趣。通过回顾学生的课堂、课后表现、课后作业以及心得体会后发现，本教学取得了超乎预期的良好效果：学生不仅快速掌握了 NetLogo 模拟技术，而且在设计选题和问题解决手法上均有很多创新，感到开阔了规划设计的思路，对新方法在城市规划实践中的作用表现出很多期望，对城市现象背后的规律性也有更加深刻的认识。这些现象在其他类似教学研究中也有发现，说明该类模拟教学可以产生稳定的教学效果。

　　笔者将此次教学的成功经验归结于契合学生的学习动机、激发学习兴趣、提供创新空间、教学循序渐进、选题贴近生活等。尽管这些经验不外乎一般教学的经典原则，但在此用新的实践来再次证明也不以为过。而多代理人模拟技术本身对城市研究和规划的有用性也满足了学生的求知欲。相比于 SimCity 之类的上层游戏和模拟软件，NetLogo 更加适合作为本类教学的手段和专业工具，因为使用者可以通过它来建立自己的世界，用于解决很多理论以及实际问题，使其成为一个理想的培养规划学生创造力的手段。

　　本文获国家自然科学基金青年基金项目"城市居民使用公共自行车的决策研究"（51108323）支持。

参考文献

[1] ADAMS P C. Teaching and learning with SimCity 2000[J]. Journal of Geography, 1998, 97: 47–55.

[2] GABER J. Simulating planning: SimCity as a Pedagogical Tool[J]. Journal of Planning Education and Research, 2007, 27:113–121.

[3] HUNG D. Situated cognition and problem–based learning: Implications for learning and instruction with technology [J]. Journal of Interactive Learning Research, 2002, 13: 393–415.

[4] MANOCCHIA M. SimCity 2000 software[J]. Teaching Sociology, 1999, 27: 212–215.

（原文曾发表于《全国高等学校城乡规划学科专业指导委员会年会论文集》，2015 年 9 月）

宋小冬:
同济大学建筑与城市规划学院城市规划系教授,博士生导师。1982年起在同济大学从事城市规划科研、教学,侧重规划技术和方法研究,信息技术在规划中的应用,涉及城镇体系、总体规划、人口分布、用地布局、交通系统、建筑日照、村庄布点、公共设施、景观风貌、建设强度、职住关系、规划管理等多个领域。在重要期刊发表论文100多篇,出版《地理信息系统及其在城市规划与管理中的应用》等多部著作、教材。

以实践为导向的地理信息系统"逆向"教学模式

宋小冬　钮心毅

1 地理信息系统和城市规划专业的联系

地理信息系统（Geographic Information System，GIS）于 20 世纪 60 年代中期萌发在西方发达国家。经过 40 多年的发展，在社会、经济、环境、大众日常生活等各个领域得到了广泛应用，已成为社会信息化的重要方面。在城市、区域尺度上合理配置、有效利用空间资源是城市规划的核心业务，GIS 独特的功能使得它和城市规划有着天然的联系。GIS 既为城市规划提供分析手段，同时也促进了城市规划业务的信息化。目前，国内 GIS 学术界一般将 GIS 技术的诞生、发展，侧重于地理、制图、计算机专业，笔者认为，GIS 的典型应用领域（包括城市规划）对它发展所起的作用也不容忽视，例如，世界上第一个有实用价值的 CGIS（Canada Geographic Information System，20 世纪 60 年代中期）的服务对象，对 GIS 技术进行初始性、开创性研究的哈佛大学计算机图形与空间分析实验室（20 世纪 60 年代末到 80 年代初）所依托的专业，"千层饼"式的空间叠合的应用对象（Design With Nature, McHarg, 1969，《设计结合自然》，麦克哈格），当前世界上最大的 GIS 软件公司（Environment Systems Research Institute, Inc., 1969 年创立）创立初期的基本业务，均可看出 GIS 和规划的特殊关系。

2 地理信息系统在国内城市规划界的推广

大约在 20 世纪 80 年代中期，国内有了 GIS 的介绍、初期研究，城市规划及其相邻专业工作者也参与其中。我国的起步比发达国家晚了约 20 年，由于软件可以商业引进，技术平台和发达国家的差距很快缩小，但是城市规划行业 GIS 的应用水平、推广程度，和发达国家的差距却很明显。例如，规划设计单位的计算机应用，普遍以 CAD 为基础，主要解决制图和设计意图的表现；在城市规划管理机构，GIS 功能嵌入日常业务管理信息系统，仅起到简单查询、显示的作用；在人才招聘中，城市规划和 GIS 往往被看成两个没有密切联系的专业，多数用人单位对高校城市规划专业毕业生没有 GIS 知识、技能的要求。据笔者和欧美城市规划专业教师、学生接触，发现他们的人才培养和就业，城市规划和 GIS 是密切结合的（可参见《国外城市规划》，2001 年第 3 期）。社会不重视 GIS 应用，间接导致城市规划编制过程中背景分析、方案论证的内容偏少，规划专业人员参与决策的作用不明显，城市规划相关政策制定中，空间问题的分析普遍较弱。规划管理人员缺乏 GIS 知识、技能，对规划管理信息系统开发也有一定限制，软件开发人员和管理人员之间交流、沟通难度较大，应用软件的功能灵活性要求不高，信息系统对业务效率提高、业务内涵深化的作用受到制约。和发达国家相比，GIS 在中国大陆城市规划实际业务中的重视程度低、应用领域窄，主要有以下几方面原因：

1）受管理体制影响，数据的供应限制了专业应用人员（如城市规划师）独立应用的积极性。

2）由于历史原因，在岗领导、技术骨干熟悉 GIS 的不多，缺乏实践经验，容易将城市规划和 GIS 看成关系不密切的两个独立领域。

3）高校城市规划专业有少数教师熟悉 GIS，他们往往将精力侧重于理论、技术问题的研究，对教学的实用性、实践性重视不够，在校学过 GIS 的学生动手能力较差，自主应用意识不强。

上述三方面原因看似相互独立，实际上相互作用，例如，社会上城市规划专业机构对 GIS 不热情，影响在校学生学习 GIS 的积极性；在校学生初步掌握了 GIS，毕业后缺乏应用机会，容易忘记所学的知识、技能；GIS 应用不广泛，造成数据开放、供应的呼声微弱，进展缓慢。

国内高校对 GIS 的教学相当积极，目前的重点在依托地理学科的地图学与地理信息科学（理科）、依托测绘学科的地图制图与地理信息工程（工科）两个专业，也包括农业、林业、地质、矿产等资源环境类专业。2003 年，开设 GIS 专业的院校超过 100 所（中国 GIS 协会教育与科普专业委员会，2004），2007 年，设置 GIS 相关专业的高校大约有 500 所（边馥苓，2007），按 GIS 在校学生的绝对人数，我国可能是世界第一（按人口平均，该指标是否偏高尚无结论）。根据发达国家的经验，涉及 GIS 应用的教师数量不少于专门从事 GIS 专业教学的教师数量，接受 GIS 应用教学的学生应该数倍于 GIS 专业（涉及 GIS 的基础学科暂不讨论），单纯依靠 GIS 专业自身，不能满足 GIS 的应用需要，因此相关应用专业的作用不宜忽视。

3 同济大学城市规划专业中地理信息系统教学模式的发展、演变

同济大学城市规划专业教师在 20 世纪 80 年代中期参与了 GIS 的研究、开发、应用，但是直到 90 年代中期才开设针对城市规划专业本科生的课程。由于教师是从科研接触到 GIS，早期的教学内容、方法自然倾向于理论研究、技术探索，加之受到计算机实验条件、文献资料的制约，教学方法、内容明显存在让学生研究 GIS 的倾向，实践后发现教学效果有如下问题：

1）选修 GIS 的学生觉得技术原理枯燥，缺乏应用兴趣。

2）学生修完理论课程后，没有熟悉 GIS 的教师指导，很难独立开展应用。

3）课内所学知识印象不深，毕业后遇到应用需求，又要从头学习。

上述状况，使我们逐渐意识到，城市规划专业本科生 GIS 教学模式应该从理论导向转成实践导向，这种意识刚开始并不强烈，行动也不自觉。1997 年，我们为本科生自编计算机软件操作手册，当时为了向学生灌输更多知识，要求学生完成的练习越编越多，由于总学时的限制，不得不减少理论课时，增加上机操作辅导。经过 3 ～ 4 年的实践，发现学生对 GIS 的兴趣有所提高，理论知识的掌握并未因讲课学时减少而削弱，这就促使我们进一步对教学方式进行探索，主要在如下三方面：

（1）设计、改进计算机操作练习

将城市规划中的典型问题，如公共设施服务范围、用地适宜性评定、城市

防灾救灾、交通走向优化、地形和景观、工程设计中的土方等，适当简化，编成练习，使学生从城市规划中的典型事物接触 GIS，通过练习，体会 GIS 的独特功能。这种改进引起了学生的兴趣，加强了 GIS 和城市规划的联系。让学生在练习中自发产生感受：城市规划中的一些基本问题，借助 GIS 可以做得更好；城市规划理论上应该做的事情，缺了 GIS 难以做到。通过练习，知道 GIS 的应用不难，同时也从新的角度去理解城市规划，为将来主动应用打下基础。

（2）课内辅导和课外自学相结合

由于上机辅导课时有限，不得不将课内练习逐步转向课余，要求学生自己练习，教师则利用少量课内学时，检查学生课余是否完成。以此扩大教学内容，也锻炼学生的自学能力。

（3）原理讲课调整到练习之后

练习中隐含 GIS 原理，学生操作后，会对软件功能、数据类型有初步了解，再听老师讲原理，自然回忆起练习，容易理解原理，这就节省了原理的讲课学时。

在本科生教学模式改进的基础上，将研究生 GIS 课程分为两门：一门针对本科阶段未学过 GIS 或者基础不强的研究生，教学模式和本科生接近，但是自学的要求更高；另一门主要为科研服务，为学生利用 GIS 开展科研提供引导、启发，当然要求选课的学生有较好的 GIS 基础知识、基本技能[①]。

4 "逆向"教学模式的探索

2004—2006 年，同济大学启动了本科生教学改革、研究项目"以实践为导向的地理信息系统课程改进"，进一步强化上述教学方法，发展成"逆向"教学模式。

高校的常规课程一般是先讲原理，后做练习，再实习，学生先记住老师讲的原理，然后通过练习、实习去验证、体会，毕业后再在实践中提高、深化。这种教学过程适合一般知识性课程，需要占用较多学时。首先要有足够的学时讲课，其次需要充分的、多方面的练习、实习，否则理论和实践联系不紧，所学的知识印象不深，如果毕业后短时间内得不到实践机会，知识链容易断裂，学过的原理容易忘记。如前文所述，社会上有经验的城市规划专业人员，一般没有学过 GIS，刚毕业的大学生很难遇到高资历的技术、管理人员对他提出 GIS 应用要求，更难得到他人的指导，由于机会不多，难以激发自主应用、主动探索的欲望，校内学到的知识难以贯彻到实践中，社会对 GIS 的应用氛围也难以成长。

同济大学城市规划专业教学总课时相当饱满，如果要进一步增加 GIS 课时，教学计划难以面向多数学生，如果在其他课程中穿插 GIS，因多数专业教师不熟悉 GIS，受到师资条件的局限。因此，如何挖掘有限学时，在理论和实践之间建立联系，是获得教学效果的关键。为此，秉承"精讲多练"的思想，本科生原理讲课和上机辅导的课时比例大约为 1∶2。计算机操作练习放在关键位置，内容和城市规划有关，讲授的原理少而精。靠学生课余独立操作弥补课时的不足，同时也是对学生自主探索能力的锻炼、培养。另外，遵循"先练再学、边练边学、以练促学"的思想，先做练习，后讲原理，再练习，再回顾，逆向循环，让学生带着练习中的问题听原理课，再将原理知识用于练习，使书本上的概念从抽象变为具体，使 GIS 原理和城市规划专业知识产生联系，提高学生的兴趣、积极性，提高学时利用率。

所谓"逆向"教学模式，相对于传统知识性课程而言，探索主要体现在以下四方面：

1）教学顺序的"逆向"。先做练习，后讲原理，适度循环。

2）练习内容的"逆向"。先练查询、分析，后练数据输入、数据库维护。

3）学时分配的"逆向"。练习辅导学时明显多于原理讲授。

4）学习方式的"逆向"。课内辅导主要解决课余完不成的内容，能独立完成的内容教师有检查、不辅导。

"逆向"教学模式的推进主要依托专门设计的练习，这些练习有如下特点：

1）循序渐进，适合自学。从简单做起，重要功能在后续练习中适当重复。

2）覆盖基本原理，适当突出查询、分析。使学生接触面较广，不要求技能熟练。

3）贴近现实，联系实际。城市规划中的常见问题隐含在练习中，使学生做完练习自然想到城市规划的专业知识。

4）先练习查询、分析，再输入、转换、维护数据，容易激发学生兴趣。

学生完成练习后往往产生联想：为什么前人会研究、开发出如此独特的软件功能，其他软件却做不到？教师讲授原理时，可以用很短的时间讲完很多原理，还可以把学生做过的练习用来举例，不但大大压缩讲课学时，也使学生缩短理解原理的周期。讲完 GIS 的一般原理（主要是数据管理、维护、查询、分析、表达），再要求学生完成综合性的练习，回顾已学的知识，再次调动学生的兴趣。对练习的检查穿插在教学过程中，主要是对学习自觉性差的学生起督促作用。

5　初步效果和经验总结

"逆向"教学模式的探索很大程度体现在练习，和城市规划的联系是关键，自行设计的典型练习有：

1）城市建设管理中的多种查询。包括人口分布、公共设施分布、土地使用、规划控制要求、道路交通量、居民动迁量等。

2）常用指标快速、精确计算。包括地块面积、人口密度、道路网密度、服务半径、交通时距、工程填挖方等。

3）用地适宜性评价。包括地形、水文、工程成本、现有设施利用、土地使用等多因素约束。

4）各类设施的选址评价或服务水平分析。包括学校、公园、消防、道路、交通走向等。

5）三维景观和地形分析。包括三维景观快速生成、地形坡度分析、工程土方量计算等。

6）城市规划的多种图件靠 GIS 实现。包括土地使用、道路交通、城镇体系、人口密度、社会经济指标、遥感影像利用等。

7）地图的输入、数字化。包括扫描图的跟踪输入、外部数据的转换输入、数据质量检验、坐标校正等。

8）CAD 和 GIS 的对比。以城镇体系、控制性详细规划制图为例，比较 GIS 相对于 CAD 的优势、劣势，同时练习数据交换、转换。

从 1997 年自编实习手册开始，从不自觉到自觉，不断扩充，2004 年 8 月正式出版了实习教材（《地理信息系统实习教程》，2004，软件平台用 ArcView 3.x，据出版社反映，该教材也吸引了非城市规划专业）。随着计算机软件的迅速发展，借助教学改革项目的推进，在很短时间内对实习教材进行调整，于 2007 年 6 月出版了改进的实习教材（《地理信息系统实习教程（ArcGIS 9.x）》，效果如何，有待各校师生的检验，教材内容简介见本文附件）。

商业化 GIS 软件功能的不断完善，学生计算机操作技能、英语水平的逐年提高均为教学模式的改进提供了有利条件，目前，绝大多数学生能依靠实习教材、英文界面的软件，自学为主，完成教师指定的练习，在不增加课内学时的条件下，学生对 GIS 的兴趣、动手解决实际问题的能力逐年提高。当然，练习量的增加，自学比重提高，学习自觉性的高和低、自学能力的强和弱，对学习效果的影响越来越大，因此出现了学习成绩差距拉大的问题，有兴趣的学生学得更好，自学能力差的学生完不成指定练习，达不到预定的学习效果。为了防止两极分化，在近期又提出了新的教学目标：

1）每人入门 GIS，会初步操作软件，绝大多数学生认识 GIS 的主要内容，知道最常用、最基本的功能，为将来独立应用打下基础。

2）多数学生对 GIS 有兴趣，少数学生在后续课程或课余能进一步自学、自主应用。

3）选过 GIS 课程的学生能向未选课的同学、不熟悉 GIS 的教师、毕业后的同事与领导传播 GIS，促进社会对 GIS 的重视、热情。

4）毕业后工作中能和非规划专业、GIS 背景的专业人员主动合作，实现多学科交叉。

第一项目标能基本达到，第二项目标也能部分实现，例如，近年来，结合教学的城市总体规划、城镇体系规划、历史街区保护规划、复杂地形竖向设计中，不少学生在没有教师辅导的条件下，自主应用 GIS。第三项目标已有个案出现，例如，一些没选 GIS 课程的学生，没有学过 GIS 的教师被学过 GIS 的学生吸引，也开始参与到 GIS 的应用，但是具体效果还需要一段时间的考验。第四项目标仅有极少数学生实现，可能受外界机会的局限。

下阶段，将对教学模式再做局部调整：

1）进一步优化练习、考查的内容，提高学生的自学质量。

2）加强 GIS 和 CAD 的结合，发挥各自优势，促进两者渗透。

3）鼓励简单的二次开发，使学有余力的学生能进一步发挥潜力。

4）鼓励在城市规划的其他课程中增加 GIS 的应用，使 GIS 教学得到延伸。

以实践为导向的 GIS 教学改进的基本动力是在城市规划和 GIS 技术之间形成良性互动，改进是渐进的，从初步意识转向主动探索，持续了约 10 年，目前仍在改进、完善之中。我们的一孔之见、一家探索，对兄弟院校有无参考价值，有待交流、检验、批评。

附录《地理信息系统实习教程（ArcGIS 9.x）》中的练习

1. 简单查询与显示（ArcMap 简介，要素及其属性查询，专题地图显示）

2. 属性维护、复杂查询、成果输出（属性表的编辑、连接、维护，相互位置选择查询、空间连接，地图布局、报表生成）

3. 栅格数据生成和分析（栅格数据生成、显示，栅格空间距离计算，再分类与栅格叠合）

4. 矢量型空间分析（邻近区，多边形合并、叠合，泰森多边形）

5. 不规则三角网（地表模型生成、显示，工程中的土方、纵坡，视线、视域）

6. 网络分析（最佳路径、最近设施、服务区，考虑车速、单向行驶，上下行不同车速、道路互通）

7. 空间数据输入、编辑（点、线、面输入和编辑，线、多边形的高级编辑，地图注记）

8. 空间数据维护、管理（拓扑规则，数据格式转换、建库，投影变换、坐标校正，数据源和元数据）

9. 综合应用（要素分类显示、符号设计，基于网络的设施服务水平，复杂地形中的选址，基于 VBA 的二次应用开发）

参考文献

[1]边馥苓.我国高等 GIS 教育：问题、创新与发展 [J].地理信息世界，2007, 5(2): 4–8.

[2]党安荣，刘钊，贾海峰.面向应用的高校 GIS 教学探索与实践 [J].地理信息世界，2007, 5(2): 9–14.

[3]中国 GIS 协会教育与科普专业委员会.我国高等 GIS 教育：进展、特点与探讨 [J].地理信息世界，2004, 2(5): 16–18.

[4]周昇.GIS 在英国等欧洲国家及中国城市规划管理中的应用 [J].国外城市规划，2001(3):5–9.

[5]周昇，吴缚龙.英国 GIS 高等教育与城市规划实践 [J].国外城市规划，2001(3):13–15.

[6]宋小冬，钮心毅.地理信息系统实习教程 [M].北京：科学出版社，2004.

[7]宋小冬，钮心毅.地理信息系统实习教程（ArcGIS 9.x）[M].北京：科学出版社，2007.

注释

① 本校城市规划专业每门 GIS 课程为 34 学时，对应 2 学分，本科生仅一门，研究生有二门。

（原文曾发表于《地理信息世界》，2008 年第 2 期）

汤宇卿：

同济大学建筑与城市规划学院副教授，注册城市规划师，一级注册建筑师。1997 年同济大学城市
规划与设计专业博士毕业，博士论文获 2000 年度全国百篇优秀博士论文，并得到教育部专项资助。
毕业后长期从事城市规划教学、研究和设计工作，发表专著和论文 30 余篇，主持完成规划设计项
目百余项，获奖 10 余项，在城市规划多个领域勤于探索，并在城市道路交通规划、流通空间规划、
地下空间规划等领域形成了自身的特色。

交通仿真模拟在居住小区规划设计教学中的运用

汤宇卿　　曹　凯　　管含硕

1 模块建设背景

　　笔者承担城市规划专业本科三年级专业基础课"城市道路与交通（上）"和设计课"居住小区规划设计"的讲授工作，两门课程在时间上是同步进行的。在讲授"城市道路与交通（上）"课程中，目前基本采用课堂讲授、学生调研和设计实践相结合的方式，通过相关调研和评析，包括步行场地调研和评析、停车场库调研和评析、路段流量调研和评析、交叉口流量调研和评析，学生加深了课堂上所学知识的理解。然而，在"居住小区规划设计"课程中，学生们虽然将所学的知识运用于居住小区步行场地、停车场库、道路路段、交叉口的设计中，但是设计的效果如何却是无法真切感受的，仅仅凭借教师的点评也是不够的，这也正是学院曾收到的"一个规划系大三学生的困惑"中所提及的，其反映的核心问题是理论课的知识无法运用于设计课。

　　如果引入虚拟现实技术，学生就可以针对自己的方案，利用课外时间，通过在线实验的方式（图1），在交通系统方面进行模拟，对自己的方案在交通方面进行评价和感受，

图1　虚拟住区性能模拟实验软件
（交通 I）

反过来优化自身的方案，从而培养出学生的独立研究能力。原课内学时中的实验部分将有条件转化为课外的自主学习学时，从而减少课内学时。更重要的是，学生通过实际模拟，更加深对理论课程与设计课程的兴趣与理解。同时作为辅助设计的手段可以加强对居住小区交通组织的认识。该模块还可以进一步拓展，将来可以服务于专业应用与课题研究等领域。更重要的是，学生通过实际模拟，更加深对本课程的兴趣，变枯燥的讲授为亲身体验，加深课堂所学知识的理解，并自觉运用到课程设计中，反过来也大大提高了课程设计的学习效率，构建理论课和设计课之间的桥梁，实现双赢的目标。

2 模块建设

本虚拟仿真实验教学模块有 1 个任务 4 个步骤，横向属于专业基础与创新实验，纵向属于虚拟体验、性能分析和过程验证系列实验课程（图 2）。主要是通过模拟居住小区的交通流状况，让学生体验设计的效果，从而进行“设计—体验—设计”的交互式设计，并且增强学习的趣味性和主动性。

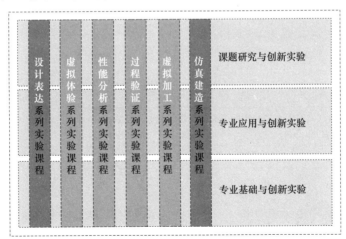

图 2　虚拟仿真实验教学体系框架

2.1 模块建设过程

模块目前选取一个典型的居住小区规划设计案例，包括住宅布局、道路系统、小区出入口等方面，作为实验的基础。软件通过预设模型与调整参数信息，模拟小区内机动车、非机动车和行人的出行状况，通过鸟瞰、普通等视角查看小区内交通流运行状况，同时输出不同出行方式的交通量、车流密度等参数，作为定量分析的基础，从而实现定性与定量相结合进行小区道路交通评价的目的。

本模块建设由同济大学建筑与城市规划学院与深圳市中视典数字科技有限公司软件开发人员共同合作完成。双方研究和开发人员进行了多次研讨，主要包括软件界面设计、模型导入、功能设计以及软件运行细节等诸多方面（表1）。在多轮商讨过程中，不断尝试模型、软件与现实相融合的解决方案，同时也逐渐清晰和优化了软件的具体应用和操作。

模块建设进度表 表1

序号	主要讨论内容	完成进度
1	确定项目案例及界面初步设想	模型初步导入软件
2	借鉴 SU、VISUM 等相关软件的界面，明确界面的主要功能板块	完成界面设计初稿
3	进一步探讨界面上的功能设定及模型导入过程中出现的问题	完善界面的功能设定及模型处理
4	讨论交通流模拟过程中所需参数问题	界面、功能及模型三者融合
5	讨论软件运行过程中出现的问题及完善的建议	对功能进行简化与增减，并开始同网络平台进行对接
6	同平台对接后，讨论出现的细节问题及修改建议	初步完成软件
7	继续探讨同平台对接后出现的细节问题解决方案及进一步优化的建议	软件进一步深化和优化
8	探讨软件细节问题、如何应用于教学及后续开发问题	完善软件细节

2.2 模块任务确定

本项目选取上海同济城市规划设计研究院近期的居住小区规划设计成果为模板，但出于软件运行效果的考虑，先选取设计成果的部分区域作为模拟的对象（图3）。同时提前设定部分参数信息，包括小区人口、户均人数等（表2），便于后期软件的运行与开发。

图 3　模块选取模型

设定参数信息　　　　　　　　　　　　　　　　　表 2

小区人口		2303 户	
户均人数		3 人 / 户	
时段区分	时　段	进出小区比例设定	
	早高峰	出：1.5 人 / 户	入：0.5 人 / 户
	晚高峰	出：0.5 人 / 户	入：1.5 人 / 户
	平　时	出：0.2 人 / 户	入：0.2 人 / 户
各种交通方式速度	步　行	5km/h	
	非机动车	10km/h	
	机动车	15km/h	
拥堵状况区分	当单位面积各交通方式总数量≤1 时	该路段显示绿色，表示畅通	
	1＜当单位面积各交通方式总数量＜1.5 时	该路段显示黄色，表示不畅通	
	当单位面积各交通方式总数量≥1.5 时	该路段显示红色，表示非常不畅通	

2.3 模块参数确定

在设定参数信息的同时，演绎模块参数之间的逻辑关系（图4），便于使用者理解模块的运行原理。由此可以看出，模块运行主要包括两部分：出行量推算和交通状况模拟。使用者可以根据参数信息自主进行出行量推算，由模块进行交通状况模拟，从而完成特定情况下的交通模拟。

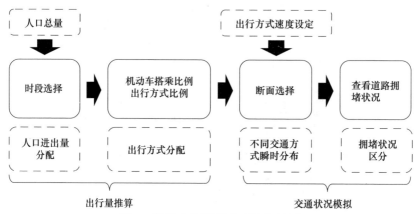

图4　模块参数逻辑关系演绎简图

该模块中实验任务主要包括1项：软件中给定经典居住小区模型，包括住宅建筑分布、道路路网、小区出入口、地下停车场出入口等，学生通过调整机动车搭乘比例、小区交通结构（出行方式比例）与道路断面，从不同视角观察小区中的交通情况以及交通结构与道路断面的相互关系，并获得相关交通参数。

具体任务主要包括四步：

步骤一：实验者选定一组道路断面，然后选择不同交通结构参数，进行漫游体验。

步骤二：实验者选定一组交通结构参数，然后选择不同道路断面，进行漫游体验。

步骤三：实验者同时选择交通结构参数和道路断面，查看不同情况下的交通状况。

步骤四：实验者在上述步骤中进行多视角、多方式的漫游，并导出相应的交通参数。

3 模块操作内容

3.1 登录界面

显示登录界面（图5），输入"用户名"及"密码"，然后选择"交通仿真模块"（图6）。

图5　模块登录界面

图6　模块选择界面

3.2 功能界面介绍

（1）演示功能界面的"显示"与"隐藏"

软件界面中间是显示模型，鼠标左键点击两侧红条，显示软件的功能界面（图7）。鼠标左键再次点击功能界面的左右两侧就可以隐藏功能界面。

图 7   软件显示功能界面

（2）介绍功能界面

软件的功能界面主要包括：交通数据、道路断面、时段选择、查看模式和输出参数。通过图 7 的模式分别介绍各项功能。

1）机动车搭乘比例：是指每辆机动车搭载的乘客数量，在 1 ~ 4 人 / 车内可调整，目的是在人数固定的情况下调整机动车搭乘比例，就可以调整机动车的数量，从而影响车流密度。

2）出行方式比例：是指步行、非机动车和机动车在出行方式选择中所占的比例，每项出行方式比例可在 0 ~ 100% 内调整，但总和为 100%。目的是在人数固定的情况下调整出行方式比例，就可以查看居民出行状况。

3）道路断面：分别可以选择 4m、5m、7m、9m 四种小区主干道的路面宽度。

4）时段选择：分为早高峰、平时和晚高峰，通过设定不同时段的进出小区比例，具体为早高峰 1 : 3，平时 1 : 1，晚高峰 3 : 1。

5）"开始"：软件开始运行；"暂停"：当前选择交通数据参数下，软件运行画面暂停，并可以相应调整时段及断面；"停止"：软件运行停止，可以从新输入交通数据参数。

6）全区查看：以俯视图的形式查看交通流状况；飞行模式：以鸟瞰的形式查看交通流状况，鼠标左键可以拖动显示区域，鼠标右键可以改变观察方向，鼠标滑轮可以放大与缩小；行走模式：以人视角的形式查看交通流状况，鼠标左键可以变换视角，通过键盘上"W、A、S、D"键可以控制行走的方向。

7）输出参数：主要包括两部分：一部分是以平面图的形式显示交通流状况；另一部分是输出参数的显示。

（3）操作流程演示

主要是演示模块使用的步骤，具体如下：

步骤一：输入参数，输入机动车换乘比例及各种出行方式比例，然后鼠标左键点选道路断面和时段（图8）。

图8　模块内输入与选择参数信息

步骤二：鼠标左键点击开始，然后点选不同的查看方式。

1）鼠标左键点选全区查看模式（图9）

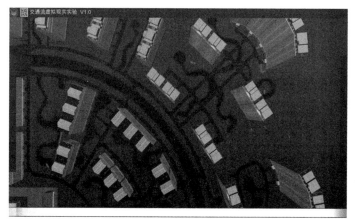

图9　全区查看模式

2）鼠标左键点击红条显示功能界面，然后选择飞行模式，同时说明鼠标左键可以拖动显示区域，鼠标右键可以改变观察方向，鼠标滑轮可以放大与缩小（图10）。

图 10　飞行模式查看

3）鼠标点击红条显示功能界面，然后选择行走模式，同时说明鼠标左键可以变换视角，通过键盘上"W、A、S、D"键可以控制行走的方向（图11）。

图 11　行走模式查看

步骤三：鼠标左键点击右侧红条查看演示效果及输出参数（图12）。

步骤四：鼠标左键点击左侧红条，显示功能界面，然后左键点击"暂停"，然后左键点选其他断面和时段，再点击"开始"，重新查看交通流效果与参数（图13）。

图 12　查看演示效果及输出参数

图 13　重新输入参数信息查看

步骤五：点击"提交"，提交参数信息结果（图 14）。

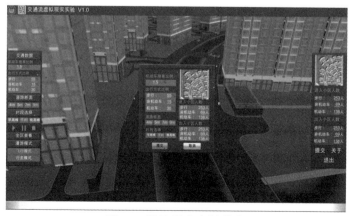

图 14　模块提交参数信息

步骤六：点击"停止"，重新输入交通数据，再重复上述步骤。

4 模块试用效果

在试用期间一共77名学生参与了本次虚拟仿真实验教学软件的在线试用，但由于出国或是交换生的原因，共有74名学生试用了本次虚拟仿真实验教学软件，也达到了预期的教学效果。

首先从试用时间来看，本次虚拟仿真实验教学软件试用期间，试用平均时长为21分钟，最长试用时间为205分钟。通过分析学生试用时间分布（表3）可以发现，试用时间在0～10分钟的学生人数最多，占比接近50%，而60分钟以上的人数最少。从不同时间分段的平均成绩可以看出，四个时间段的平均成绩相差不大。

这一方面说明大部分学生花费了一定的时间去了解虚拟仿真实验教学软件的功能和操作，但也有部分同学在线使用时间不足5分钟，这说明在软件任务设置上存在一定漏洞，仍需进一步完善。

不同时间段人数分布及平均成绩汇总　　　　　　　　表3

时段划分（分钟）	0～10	11～30	31～60	60以上
人数	32	22	16	4
平均成绩（百分制）	96.25	94.55	95.63	95.00

其次从试用提交成绩来看，平均成绩为95.54分，其中100分为54人，90分为15人，80分为4人，0分为1人。从成绩分布可以看出，大部分学生都可以满分完成仿真实验任务，达到预期教学目的。

整体来看，本次仿真实验教学软件的试用让学生了解到住区交通方面的原理与运算方法，并观察到贴近现实的运行效果，实现了对理论和设计教学效果的模拟，达到预期教学目的。但不可否认，现有软件设计方面在功能设计、任务设计和整个软件的机制设定方面还存在问题，仍需进一步完善和丰富。

5 结论和展望

综上所述，交通仿真模拟在居住小区规划设计教学中大有用武之地，通过要求学生根据出行量进行时段推算、根据出行方式分配量进行出行方式比例等参数的推算、选择不同断面进行交通模拟，查看拥堵状况、根据拥堵状况等其他因素判断最优断面，并提交最终参数信息，学生就变被动学习为主动学习，大大提高了学习兴趣，相关知识点也掌握得更扎实。

模块建设现在仍处于初级阶段，基本实现了根据不同参数信息模拟居住小区交通流状况的设计初衷，并且通过直观查看、交通流统计和拥堵状况评价等方式对交通流状况进行评价。但软件仍有不少可以优化的方面：

1）理论指导实验，实验反馈设计。目前实验模块中的住区模型固定，道路交通组织模式单一化。住区交通组织模式与城市区位、住区规模、道路结构等方面都密切相关。实验模块将在现有基础上融合更多的住区模型，重点是不同住区道路结构和住宅布局，模拟不同场景下的交通出行状况，从而使实验模块可以处理更多类型、更复杂的住区交通出行，使实验模块更具适用性。

2）自主导入模型，模型场景多元化。自主导入模型是本实验模块进一步重点发展的方向，主要实现规划专业常用的 SU 或 MAX 建模软件与实验模块进行数据转换。在总结现有实验模块中导入模型信息的基础上，研究如何实现将不同规划设计成果导入实验模块中，至少应该保留哪些设计元素和规划信息。具体而言，首先应该实现基地一样，不同设计方案如何导入实验模块；然后应该实现不同基地不同设计方案如何导入实验模块，这当中需要编写独立的程序用以完成模型转换、功能区分、材质简化等任务。

3）模拟出行行为，自定义轨迹线路。如何将不同出行单位的交通行为细致化和轨迹线路最优化，是让交通仿真模拟更贴近现实生活的重点。在目前的交通研究中，通过参数定义交通行为和轨迹线路是常用的做法。因此，实验模块应该在出行路径自定义的基础上开发部分交通参数，让行人、非机动车和机动车更加贴近现实地进行移动，提高仿真效果的真实程度和细节描述。

4）仿真结果多样，丰富实验任务。当前实验模块对于仿真结果的表达包含动画查看、出行数据、交通状况判断，随着模块场景自主导入和编辑、出行路径自定义编辑功能的实现，实验模块仿真结果的表达也应该丰富，如出行时间曲线、出行速度曲线、车辆轨迹等。模块建设将在新添加的功能基础上，丰富实验任务，设置不同情景进行交通仿真，以引导使用者更具针对性地进行交通仿真模拟，并对设计的内容进行反馈。

本课题受同济大学国家级建筑规划景观虚拟仿真实验教学中心资助。

参考文献

[1] 邝先验 . 城市混合交通流微观仿真建模研究 [D]. 广州：华南理工大学 , 2014.

[2] 杨柳青 . 道路交通流仿真模型构建及其应用研究 [D]. 北京：北京工业大学 , 2014.

[3] Masroor Hasan，Mithilesh Jha, Moshe Ben-Akiva. Evaluation of Ramp Control Algorithms Using Microscopic Traffic Simulation[J]. Transportation Research Part C : Emerging Technologies, 2002，10(3) : 229- 256.

[4] 邹智军 . 新一代交通仿真技术综述 [J]. 系统仿真学报，2010(9): 2037-2042.

[5] 关伟，何蜀燕，马继辉 . 交通流现象与模型评述 [J]. 交通运输系统工程与信息 ,2012,3:90-97.

[6] 毛保华，杨肇夏，陈海波 . 道路交通仿真技术与系统研究 [J]. 北方交通大学学报 , 2002, 5: 37-46.

[7] 温培培，苏子毅，翟润平 . 中观交通仿真研究综述 [J]. 湖北警官学院学报，2009(3): 84-86.

[8] 魏明，杨方廷，曹正清 . 交通仿真的发展及研究现状 [J]. 系统仿真学报，2003, 8: 1179-1183+1187.

[9] 胡环，董洁霜 . 基于 EMME3 与 VISSIM 的交通影响分析方法 [J]. 上海公路，2013(3): 70-74+11.

[10] 魏丽 . 基于 VC 的可视化微观交通仿真系统 [J]. 中国教育技术装备 , 2012, 30: 40-42.

[11] 商蕾 . 城市道路交通流仿真系统研究 [J]. 武汉理工大学学报 (交通科学与工程版), 2010, 3:587-590.

[12] 张奇，商蕾 . 面向微观交通仿真的路网建模模块实现方法 [J]. 交通信息与安全 , 2010, 3: 112-115+123.

（原文曾发表于《全国高等学校城乡规划学科专业指导委员会年会论文集》，2017 年 9 月）

于一凡：

同济大学建筑与城市规划学院教授、博士生导师，同济大学城乡规划一级学科学术委员会委员，上海市高校高峰团队骨干教授；先后入选教育部新世纪优秀人才、上海市科技委浦江人才、同济大学青年杰出人才等人才计划；2015年获得上海市教育系统巾帼建功标兵称号，2016年被评为上海市三八红旗手。

于一凡2003年毕业于法国高等社会科学院（EHESS），获博士学位。2013—2014年作为教育部高级研究学者出访美国哈佛大学。现兼任哈佛大学"健康城市"国际合作项目中方负责人，法国巴黎索邦大学（Paris Sorbonne）海外研究员，住房和城乡建设部城乡规划标准化技术委员会、中国土木工程学会委员等学术职务，以及上海城市规划行业协会副会长、上海欧美同学会留法分会副会长等社会职务。

作为科研工作者，先后主持完成国家自然科学基金2项、国家"十二五"科技攻关项目子课题1项，以及住房和城乡建设部、留学基金委、上海市科委等多项省部级与地方科研项目。出版学术专著3部，发表专业文章60余篇，主持、参与编制《城市居住区规划设计规范》《住宅性能评定技术标准》《社区老年活动中心建设标准》等多项国家技术标准。

作为主讲教师之一的"城市规划原理"课程获国家精品课程称号，"城市设计"课程专业教学获得全国高等学校城市规划学科优秀教学创新实验奖，"城市居住形态学"课程获同济大学教学成果奖，带领本科生和研究生多次赢得国际、国内城市设计重要奖项。

作为专业设计师，主持完成的规划设计实践成果陆续获得国家、省部级优秀城市规划设计奖10余项，其中，2010年上海世博会前后主持实施了包括南外滩、民生码头、秦皇岛路码头等在内的一系列黄浦江滨水区工业用地转型与城市更新案例，为城市更新过程中改善人居环境品质提供了创新思路和手段，赢得了国内外同行和上海市民好评。

城市规划快速设计能力的培养与考查

于一凡　周　俭

　　城市规划设计是城市规划学科理论与实践相结合的关键环节，是将城市科学、建筑学、工程技术学、社会学、经济学、地理学以及美学等诸多学科综合运用于城市功能布局、空间特色塑造的过程。

　　由于计算机辅助绘图技术的迅速发展，近年来教师们普遍感觉到城市规划专业学生的手绘能力和快速设计能力有所下降。从某种程度上说，专业设计作业更像是数字化图形的切换和填充，缺少设计过程应有的遐想空间和创新激情。许多设计作品从工作伊始便进入看似理性的边界条件界定与指标运算，设计工作缺少对不确定性、多种可能性的尝试，人、机间的单向输出代替了手、脑、眼之间的多层面互动。这使得设计工作更多地被视作一项任务、一个达成某种利益目标的工具，而不是创作的沃土和创新的天地。设计实践领域的情况同样不容乐观，许多刚刚踏上工作岗位的年轻设计师几乎没有能力用快速手绘表达自己的设计意图，既不善于与工作团队进行图形语言的沟通，也难以胜任与业主讨论方案时随手表达自己的设计构思。

　　综合近年来本科生教学的实践、研究生入学的快题考查和规划设计单位的招聘快题测试，目前普遍存在的问题主要表现在两个方面：一是专业基础知识不扎实，纸上谈兵时头头是道，动起手来要么瞻前顾后不知如何动笔，要么丢三落四满篇错误；二是徒手表达能力令人担忧，反映在图纸上不仅是"图"的部分质量不高，即便为数不多的几个"字"也罕见有人写得好。这更加提醒人们，本科生的专业基础教育环节中，徒手制图功夫和综合运用知识的能力也应该从基础抓起。既需要高科技辅助的缜密和准确，也需要设计师应有的运用图形语言的能力。如果不希望未来培养的人才尽数变为计算机的"奴隶"，那么规划快速设计的训练无疑是专业教学中刻不容缓、亟待加强的部分。

1 快速设计能力培养的必要性

1.1 推敲设计方案的专业手段

　　快速设计是设计师推敲、比选和深化构思过程中必不可少的专业手段。常规意义上的规划设计工作需要合理的设计周期，而快速设计往往是设计者为了捕捉设计灵感而进行的即兴创作，不求精确和面面俱到。如同任何设计工作一样，构思过程中绘制草图的意义在于图形信息从纸面经过眼睛传递到大脑，经过思考再次返回纸面的循环过程（图 1，蕴藏着丰富的变化和启示，这是计算机辅助绘图技术难以替代的。

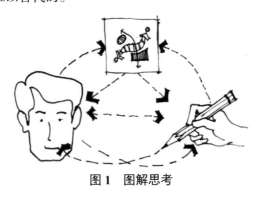

图 1　图解思考

1.2 辅助沟通的图形语言工具

　　简明而直观的构思图解和快速表现还是设计者与业主或其他合作伙伴之间进行沟通的有效手段。作为沟通手段的规划设计快速表达，强调简单易懂、突出重点，多针对某个明确的设计阶段或探讨某个具体的问题而进行辅助说明。不仅便于设计师之间的沟通，也有助于向非专业人员（例如项目业主或用户）解释设计构思，探讨空间效果。图形语言的运用在很多场合是纯文字性的描述或解释所无法取代的。为了清晰、准确、形象地说明设计意图，使图形工具发挥更好的沟通效果，设计师必须提高自身的徒手快速表达能力，并根据沟通对象的理解能力而做出恰当的表达（图 2、图 3）。

图 2　适合普通受众理解的表现形式

图 3　适合专业人员之间沟通
的表现形式

1.3 迎接职场竞争的必要技能

由于快速设计能够在较短时间内较全面地检验设计者的专业素质和表达能力，因而一直是设计单位遴选专业人才的重要考核途径。以检验设计能力为目的的规划设计快题，通常要求应试者在规定时间（一般为 4～6 小时）内，根据给定的设计条件快速形成构思，并按照题目要求的深度尽可能完善地表达自己的设计意图。一般而言，在规定时间内所完成作品的质量可以较客观地反映出应试者的专业素质和综合能力。

2 快速设计考查的目的与类型

城市规划快题考查的重点是设计者的专业综合能力。在规定的条件与时间内，设计者需要充分调动已储备的专业知识寻求符合题意的最佳方案，并用尽可能整洁、美观、清晰的图解语言进行成果表达，具有较高的工作难度和强度。

2.1 考查目的

专业教学环节中的快速设计不仅是教师了解学生专业水平的途径，也是帮助和督促学生完善自己设计能力的重要手段。快题的考查旨在达到以下三方面目的：

（1）促进学生系统学习专业基础知识，掌握基本的设计类型和设计方法。

（2）加强徒手表达能力训练，强化图形输出的综合质量与效率。

（3）督促学生日常广泛浏览、重点研究成功设计案例，提高自身创作能力。

根据以往的经验，笔者认为普通教学环节中的快题考查应以鼓励为主，无须对作业进行评分。教师可针对卷面问题进行开放式评析和针对性辅导，有目的、有计划地逐步改善学生的快速设计能力，帮助学生建立信心、培养兴趣。

2.2 考查形式

专业高效的快速设计训练，应当结合学生业已掌握的专业知识，从基本的场地设计到居住街坊设计，再逐渐扩大用地规模、拓展功能类型。一个值得推荐的做法是，常规快速设计的考查可结合本学期学生的课程设计主题，在课程设计任务书基础上稍做修改，要求学生结合既有的设计进度快速完成一个比较完整的设计成果。这样做的好处有两点：一是不超出教学大纲要求，不搞突然袭击，避免打击学生的积极性；二是结合当前的设计教学任务，推动学生以全过程的视角审视自己的工作深度。

2.3 考查类型

根据城市规划工作阶段和工作目标的不同，城市规划设计可以大致分为城市总体规划、详细规划以及城市设计三种主要类型。

（1）城市总体规划

城市总体规划是对一定时期内城市性质、发展目标、发展规模、土地利用、空间布局以及各项建设的综合部署和实施措施。城市总体规划涉及的用地规模大、问题复杂，其本身具有工作周期长、工作难度大、牵涉的基础资料广泛等特点，很难简化成为短时间内完成的设计快题。

然而鸿篇大论式的论文毕竟无法替代案例式的具体分析和实践能力，因而总体规划类的快题考查往往需要结合某座城市的具体条件，通过分析题目给出的简化图形，采用评析、改错等形式进行考查。我国注册城市规划师"实务"考试中便经常出现类似的考题：通过简单图示要求学生辨别城市建设用地中居住、工业、道路、公共服务设施等用地的布局是否合理、比例是否恰当；或者要求学生通过简图指出城市建设用地与河流、山地等自然资源及机场、火车站、自来水厂、污水处理站等设施和城市其他功能用地之间的关系是否存在矛盾等。

总体规划快题的考查要求学生具备较为全面、综合的专业知识。其中选址、风向、环境等总体规划快题考查的重点亦常出现在详细规划和城市设计快题中，作为设计工作的前提，决定着整个设计方案的合理性。

（2）详细规划

详细规划的主要任务是在确定的城市用地边界内，针对建设项目做出具体的安排和规划设计。详细规划快题的考查内容通常涉及城市公共设施与居住空间的安排、道路与交通系统的组织、环境和景观的营造、对基地内有价值要素的判断和利用等。图纸包括结构和功能分析图、总平面图、重要节点空间布局、总体效果图等。

（3）城市设计

根据现代城市规划理论，城市设计是以空间、景观和人文价值为核心的设计类型，贯穿于城市规划工作的各个阶段，在实际工作中起到整合城市空间资源、发掘空间特色、协调开发项目与城市总体利益的作用。城市设计的内容包括土地利用、交通和停车系统、建筑体量和形式及开放空间的环境设计。根据设计对象的用地范围和功能特征，城市设计主要包括下列类型：

1）城市总体空间设计。

2）城市开发区设计。

3）城市中心设计。

4）城市广场设计。

5）城市干道和商业街区设计。

6）城市居住区设计。

7）城市园林绿地设计。

8）城市地下空间设计。

9）城市旧区保护与更新设计。

10）大学校园及科技研究园设计。

11）博览中心设计。

12）建设项目的细部空间设计。

　　以城市中心商务区为例，快题考查的重点往往是准确判断用地的优势和适建项目，综合布局各项功能和设施的位置，形成便捷高效、富有特色的空间系统，为开发与建设活动提供科学合理的引导。图纸包括一系列空间、景观和动线分析图、总平面图、节点效果示意图、总体效果图等。

3 快速设计教学的成果要求

3.1 成果要求

　　快速设计考查采用的形式是传统的纸笔作业方式，不提供设计资料的电子文件，不接受计算机制图的设计成果。由于时间有限，很少有人会采用尺规作图，而是简单勾勒打底之后直接手绘表达。这对于缺乏美术基础和徒手画训练的学生来说无疑是巨大的挑战，也是对设计者综合素质的严峻考验。以城市住宅区设计为例，学生需要在规定时间内完成对用地周边条件和潜在价值的分析，形成规划结构，进行组团布局，细化建筑群落，核算技术经济指标等一系列工作。图纸包括总平面图、系统分析图、节点示意图、总体效果图和重要场景透视图等，同时提供必要的技术经济指标和设计说明。

　　快题考查通常不设置口头答辩环节，图纸内容与必要的文字说明是评判的全部依据。通过系统的规划快题训练，逐步引导学生接近较为理想的教学效果：

　　1）制图规范，图件齐全。

　　2）技术合理，满足题意。

　　3）整洁美观，思路清晰。

　　4）构思巧妙，富有特色。

3.2 评价标准

　　对规划快题的考查与评价包含两层含义：首先是对专业基本素质的评估，亦即对应试者是否具备必要的专业设计能力的初步判断；其次，通过对成果的进一步解读，评价应试者的综合专业素养和规划设计水平。具体而言，对规划设计快题的评价主要考虑如下几个方面：

（1）规划结构

规划结构是否合理是方案评析的首要内容，良好的规划结构框架来自对题意的正确理解和对基地条件的周密分析。对规划结构合理性的考查主要涉及：

1）内部功能性组团的布置和相互关系。

2）内部主要道路骨架的服务效率，及与基地周边道路的衔接。

3）机动车与步行动线的组织与相互关系。

4）开放空间体系及重要景观节点布局。

（2）形态布局

形态布局需要扎实的专业基础和一定的美学功底，评价的要素包括：

1）建筑群体组合形式。

2）整体空间组织逻辑。

3）公共空间的形式和尺度。

4）空间形态的秩序感和丰富性。

（3）技术要求

设计成果必须符合国家和地方的相应技术规范，例如，公共建筑的消防、疏散要求是否满足技术要求，对必要的防护距离、日照间距与停车场的考虑，以及对常见功能建筑的形态、规模等的掌握等。满足这些要求，需要设计者具备扎实、全面的专业常识。

（4）创意与特色

合理的成果不一定是精彩的方案。在较短的时间内既能完成规范的设计成果，又能成功地为方案注入富有感染力和创造力的亮点着实并非易事，这往往标志着一个优秀的设计人才的诞生：

1）设计构思新颖。

2）空间富有特色。

3）具有点睛之笔。

需要强调说明的是，方案的创意与特色务必建立在符合题意、技术合理的基础上，快题考试是对应试者专业素质和从业能力的综合考查，不宜过度追求概念化、艺术化的表达。

良好的设计修养和成熟的表达习惯很难在短时间内一蹴而就，需要在相当长的时间进行锻炼和积累。从目前高校考研和设计单位的入职面试情况看，尽管规划设计快题的约束条件和设定目标相对简化，仍需要应试者具备必要的建筑学、地理学、生态学、社会学等相关知识，才能提出出色的设计方案。此外，掌握国家和地方的相关政策，了解不同地区的风俗习惯也有助于提高设计方案的整体水平，这无疑对城市规划专业教学计划整体安排的合理性与科学性提出了更高的要求。

本文为"教育部新世纪人才支持计划（NCET-07-0625）"基金项目成果。

参考文献

[1] 于一凡，周俭.城市规划快题设计方法与表现 [M].北京：机械工业出版社，2009.

[2] 李德华.城市规划原理 [M].3 版.北京：中国建筑工业出版社，2003：525.

（原文曾发表于《全国高等学校城乡规划学科专业指导委员会年会文集》，2010 年 9 月）

3 国际化教学

卓　健：

同济大学城市规划系教授、博士生导师，副系主任，城市交通学科方向负责人。1996年同济大学建筑系建筑学硕士毕业后留校执教至今。2000年公派参加中法文化交流总统项目"150名建筑师在法国"，2007年获法国巴黎高科国立路桥高等学院（ENPC ParisTech）城市规划博士。现为国家注册城市规划师、法国国家政府认证职业建筑师（architecte DPLG），并担任中国城市科学研究会名城委名城交通学部副主任委员、《国际城市规划》编委、发展中国家城市交通发展促进协会（CODATU）科学技术常委会委员、法国斯特拉斯堡大学建筑形态与城市人文研究所（AMUP）研究员、城市规划高等教育与研究法语国际联盟（APERAU）委员、天津市历史风貌建筑保护专家咨询委员会委员、高密度区域智能城镇化协同创新中心特聘专家。研究方向为"城市规划理论与设计"；重点领域有：网络、地域与城市、交通机动性与智慧城市、城市设计与社区更新、可持续城市交通政策。

城市规划高等教育是否应该更加专业化

——法国城市规划教育体系及相关争论

卓　健

　　我国城市规划学科的高等教育与西方发达国家几乎是同时起步的。尽管在 20 世纪初，英国、法国等欧洲国家就开始在大学里开展城市规划专业教育[①]，但学科教育真正地系统化、规模化还要等到战后的五六十年代。而我国最早的是同济大学在 1952 年设立了城市规划专业。虽然中欧之间因为社会经济发展水平差异以及政治体制不同，城市规划的研究目标、内容和方法上存在差异，但在过去半个多世纪的发展过程中，城市规划高等教育所面临的问题和挑战仍有不少共同点可供双方参考借鉴。

　　当前，我国对城市规划专业人才在供求两个方面都有显著的增长。一方面，城市化进程的快速推进急需大量高素质的规划技术和管理人才；另一方面，近几年开办城市规划专业的高校数量不断增加，加上扩招因素，人才供给资源充足。我国设有规划专业的高等院校从 20 世纪 90 年代不足 30 所发展到目前的 176 所，城市规划也已经成为一个吸引约 10 万从业人员的相对独立的职业领域。自 1999 年起我国开始建立注册城市规划师执业资格制度，目前取得注册资格的城市规划师已有 11700 余人。如何更好地匹配供需关系，理顺合格毕业生的就业渠道，也成为城市规划教育需要研究的问题。为了更好地满足社会对不同层次不同类型人才的需求，改革既有的文凭体系、引入专业型的学位已经被提上议事日程。

　　然而，文凭学位体系的调整远不是更换证书名称、增减一些课程那么简单，它直接关系到对某一专业学科的认识以及对学科发展方向的把握。不仅要考虑当前的社会实际需求，同时还要了解和预见中远期这一需求可能发生的变化。而且，为了协调就业的供求关系，仅仅调整教育体系显然是不够的，还涉及社会对相关学科的认识和了解，以及如何与社会就业体系对接等问题。

　　他山之石，可以攻玉。为了更好地思考这些问题，本文拟分四个部分，将法国学术界和教育界近几年对同一问题的争论做一个比较全面的介绍和分析，以期对我国的学位制度改革提供参考和借鉴。文章前两部分分别介绍法国高等教育体系的基本结构以及城市规划高等教育的整体发展状况，第三部分阐述法国建筑学专业的专业学位改革及其思路，第四部分介绍法国对城市规划教育职业化的两种不同观点以及随之形成的两种策略。文章结尾将结合我国的实际情况，总结法国的经验和争论对我国的城市规划学位改革可以带来的启示。

1　法国高等教育体制概述

　　法国高等教育机构的组成比较独特。高等院校总体上可分成综合大学（Universités）、高等专科学院（Ecoles spécialisées）和高等专业学院（Grandes Ecoles）三大类。综合大学均为公立，隶属于法国国民教育部；高等专科学院主要包括隶属于法国文化部的艺术类院校和建筑学院；高等专业学院则是法国特有的精英学校，主要包括工程师学院、高等商学院、行政学院等，其中既有隶属于国家部委的公立学院，也有由社会机构管理的私立学院。

　　由于高等院校之间学制差别很大，文凭种类繁多，长期以来法国习惯用高中毕业（称BAC）后的学习时长来反映学生的教育水平，如"BAC+5"表示一名中学毕业生具有五年的大学学习经历。法国各综合大学的学制是统一的，因此常作为说明其他院校学制的参照。大学按三阶段的方式组织教学，其中前两个阶段各为期两年，相当于我国的四年制大学；第三阶段相当于我国的研究生阶段，该阶段的理论学制为四至五年（取决于完成博士的时间），包括为期一年的硕士阶段和三至四年的博士阶段。以往硕士文凭（BAC+5）还分成"高等深入研究文凭"（DEA）和"高等专业学习文凭"（DESS）两种，前者主要导向理论研究和博士学习，后者则导向职业实践。

　　在国际交流日益频繁和人才加紧流动的背景下，法国历史上形成的复杂大学教育制度暴露出越来越多的局限性和排斥性。2004年，法国开始着手根据欧盟"博洛尼亚协定"精神对高等教育的组织结构进行改革，计划在2010年将法国各高等院校的学制和文凭统一到欧洲标准的"学士－硕士－博士"结构（即LMD结构[②]）。三种新的大学学位分别对应中学毕业后3年、5年、8年的大学学习，因此这一改革也称为"358改革"。改革后，法国独有的DEA和DESS文凭将逐步取消，被标准的大学硕士文凭代替。

2 法国与城市规划相关高等教育的基本情况

法国三类高等院校都参与了城市规划相关的高等教育。附属于综合大学的城市规划学院（Institut d'urbanisme）是主体，目前有十余所，分布在全国各地。此外还有大学中的地理院系，法国城市规划学科发展受地理学影响很大，因此，一些大学的地理院系至今仍在规划教育中发挥着重要的作用（如巴黎第一大学和第十大学）。

1919年法国颁布了第一部城市规划法，同年，巴黎成立了第一所规划学院——高等城市研究学院（EHEU），培养城市规划的专业人才。1924年，该学院并入巴黎索邦大学法学院，更名为"巴黎大学城市规划学院"（IUUP）。当时的教学计划分两部分：基础的综合教学（如城市历史、城市社会学、法律、城市卫生、城市地理学等）由大学教师负责；专业技术部分（如城市构成、景园艺术等）则由建筑师、工程师、测量学家负责。但由于教学内容脱离当时城市快速发展的现实情况，该学院并没能满足社会上对专业规划师的需求。1968年5月法国爆发学潮，巴黎大学被打散重组，该学院被并入以经济学为主的巴黎第九大学，后终因无法维持稳定的教学秩序而宣布解散[③]。由于当时法国处于城市化快速推进阶段，全国各地需要大量的城市规划人才，许多新兴的城市规划学院得以迅速发展，并推动现代城市规划作为一门独立的学科进入法国的大学。其中影响最大的学院有以下四所：巴黎第八大学的法兰西城市规划学院（IFU）、革荷诺布尔城市规划学院（Institut d'Urbanisme de Grenoble）、艾斯－安－普罗旺斯区域规划学院（Institut d'Aménagement Régional d'Aix-en-Provence）和巴黎政治学院（Science Po）的城市规划硕士班。

巴黎政治学院属高等专业学院体系，是法国人文社会科学教育研究的一面旗帜，为法国输送了大量的政治家和管理人才。为保证社会政治教学研究的独立性，国家政府给予它非常特殊的地位，作为公立学院，它并不附属于任何行政机构，而是依托一个专门的委员会管理。1969 年该学院设立了城市规划硕士班，从政策、经济、社会、空间规划等各个方面就地方发展问题对学生进行培养，很快成为法国最知名的城市规划教育计划之一。此外，高等专业学院体系中的国立桥路大学（ENPC）、国家公共工程学院（ENTPE）和国家地理测绘学院（ENSG）是隶属于国土规划与可持续发展部（相当于我国城乡和住房建设部）的工程师学院，从 19 世纪起就从市政工程与技术、城市公共政策的角度，为国家机关培养了大量具有城市规划知识背景的高级技术骨干，在国土规划、大型基础设施建设、城市规划与管理等政府决策中占有绝对的领导地位和影响力。

但从时间上看，高等专科学院中的建筑学院却是最早进行规划相关教育的机构。法国现有建筑学院 22 所，除巴黎建筑专科学院为私立外，其余均为公立并隶属于法国文化部，完全独立于各综合大学。起源于 1816 年成立的巴黎美术学院（Beaux-arts），法国的建筑教育一直都围绕建筑与城市的关系进行，建筑学院课程中城市史、地域与城市规划、城市设计占相当大的比重，近年还进一步加强了城市社会学、城市经济学等方面的教学内容。1998 年最新成立的玛赫拉瓦莱学院索性将校名称为"建筑、城市与地域学院"[④]，城市规划在建筑学院的受重视程度可见一斑。但是，尽管建筑学院中涉及很多城市的教学内容，但并不培养严格意义上的城市规划师，其核心目标是培养职业建筑师。后者在法国具有良好的社会声誉和明确的职业身份。那些主要从事城市空间规划的建筑师则往往自诩为"建筑规划师"（architecte-urbaniste）。

相比我国，法国城市规划相关的高等教育在机构组织上分得比较开，各有侧重。建筑学院偏重于城市空间的规划设计与分析，大学的城市规划学院和地理系以人文社会学、经济学见长，而国立桥路大学和巴黎政治学院等高等专业学院则在城市工程技术与公共政策方面颇具影响力。后者为数不多，学校的声望直接决定了其文凭的含金量，这些学校参与国家文凭体系改革的程度有限，因此后文不做详述。下面的讨论将主要围绕法国的建筑学院和大学的城市规划学院。

3 法国建筑学专业硕士文凭及其改革

法国在建筑学领域的高等教育全部集中在建筑学院，大学里没有相关专业。各建筑学院的教学重点是硕士阶段，而且很早就实行以职业型人才为导向的专业化文凭。

在实施 LMD 改革之前，法国建筑学院的学制为六年，按三个阶段组织教学，各阶段时间均为两年。整个教学计划的基本导向是专业硕士——政府认可职业建筑师文凭（architecte DPLG），它是法国唯一获政府和行业协会认可的、允许在欧洲从事建筑设计职业所必需的专业文凭。为了获得这一文凭，进入第三阶段的学生除必须修满一定的学分外，还必须完成一个学期（为期半年）的事务所专业实习以及毕业设计答辩。该文凭对应的学习年限为 BAC+6，被认定为相当于综合大学系列的硕士文凭。

有小部分进入第三阶段的学生不以职业建筑师为学习目标。为了满足这部分学生的需要，大多数建筑学院都与综合大学的城市规划学院（或地理院系）合作，开设综合大学系列的第三阶段课程。学生在完成为期一年的学习后，可以获得相当于 BAC+5 水平的非专业硕士文凭，其中有建筑学院自己颁发的工程硕士文凭（DPEA），或通过大学颁发的"高等专业学习文凭"（DESS）和"高等深入研究文凭"（DEA）。获得后一文凭的学生可以转入大学继续进行博士阶段学习。

新学制的改革也波及建筑学院。其目标有以下三个方面：将法国建筑学院的学制与欧洲大多数国家相统一，促进建筑院校学生的国际间交流与文凭互认；建立与综合大学相协调的教学体系，开放学生在两类高等院校之间的流动；为不准备从事职业建筑师的学生提供更多的职业选择，扩大建筑学院毕业生的就业面。

改革首先对建筑学院的基本学制进行调整，原六年三阶段的教学安排按大学模式调整为五年两阶段：其中第一阶段学制三年，毕业后获得建筑学学士学位；第二阶段学制两年，毕业后获得"国家建筑师文凭"（diplôme d'Etat d'architecture），等同于大学体系中的硕士学位。完成五年两阶段学习的学生有三种选择。

1）决定从事职业建筑师职业的，需要再完成一年学习（其中包括理论学习和不少于六个月的事务所实习），获得 HMONP 资格，这一资格等同于旧制中的 DPLG 文凭（同样为 BAC+6），是在建筑师行业协会注册并以个人名义从事建筑设计职业必需的资格证书。

2）准备从事理论研究的，可以转入建筑学院与综合大学联合建立的博士生学校，从事至少为期三年的博士研究。这是 LMD 改革对法国建筑高等教育最重要的一项改革，此前法国没有建筑学博士学位，建筑学院的学生如果想修读博士，都必须转到综合大学的历史系或地理系。改革后，不仅建筑学院的教师可以获得博士生导师资格，而且建筑学院本身也可以独立授予建筑学博士学位。

3）对希望在建筑学个别领域深入学习的学生，国家还在建筑学院设立了统一的 DSA 文凭。根据学校情况，学制为一到两年不等，目前有四个方向：城市设计、项目管理、建筑防灾以及遗产保护。

由此可见，LMD 改革虽然保留了建筑学领域专业化的培养方向，对职业建筑师的培养年限保持六年不变，但建筑学院的基本学制却调整为五年，与我国及欧洲大多数建筑院校一致。更重要的是，纠正了以往完全专业化培养造成学生就业面过窄的弊端，扩大了学生毕业后从事教学研究、项目管理或专门技术服务的可能性。

4 关于大学城市规划教育专业化的争论

从严格意义上讲，法国综合大学内的城市规划学院才是城市规划学科领域高等教育的核心承担者。与我国的城市规划院系相比，法国的规划学院在机构组织上与建筑学院是完全分开的，在教学内容上明显偏重人文社会科学的分析方法，对物质空间规划与设计则很少涉及。

20 世纪 60 年代末，城市规划高等教育在法国复苏。为了争取独立的专业学科地位，许多学校按大学的统一标准组织城市规划教学，从大学一年级就开始分专业，教学内容以规划技术为主，一定程度上满足了当时城市快速发展时期社会对规划编制人才的迫切需求。

80 年代后，城市状况和规划观念都发生了很大的变化。教育界一些有识之士认识到，前阶段的规划技术教育并不是完全意义上的城市规划教学。他们认为，城市规划教学应该面向已经取得某种专业基础（如法律、地理学、经济学等）的学生，并形成多学科交叉的教学框架，作为学生就城市文化和城市问题继续深化学习的阶段。这一建议得到法国几所主要规划学院的响应，1984年六所城市规划学院联合成立了法国"城市规划研究与教学促进协会"（APERAU），将跨学科教学作为规划教育的基本要求以宪章的形式确定下来。在协会的影响下，法国的大学逐步取消了大学第一阶段中的城市规划课程，而将规划教学重点放在大学的第三阶段，也就是研究生阶段，并将第二阶段的规划课程作为准备过渡阶段来安排。坚持城市规划教学的跨学科特征，已经成为当前法国城市规划高等教育的基础。这一办学原则也直接体现在各学院的招生政策上，许多学院在招生时都会强调控制不同专业背景的学生比例。因为要真正有效地做到多学科的融会贯通，单单从教学计划和教师配置上加强多样性是不够的，学生专业背景的多样性也是实现这一目标的重要保证。

尽管城市规划的多学科特征已经成为业内人士的基本共识，但在实践中却遭遇到一个现实问题：规划教学对专业技术特征的弱化，直接影响毕业生的就业情况。当前欧洲乃至全球的就业市场都带有越来越明显的专业化趋向，专业技术特征突出的毕业生在就业市场上往往更具竞争力，比较容易找到工作。而法国目前只有注册建筑师，还没有建立职业城市规划师的注册制度，因此社会上对城市规划师这一职业还缺乏足够的认识。规划学院的毕业生因此处在一个尴尬的境地，一方面城市问题的复杂性要求提高学生知识技能上的多样性和灵活性，另一方面社会需求又偏向那些具有明确技术特征的毕业生。这一矛盾在法国引发了城市规划教育是否应该专业化、是否应该建立职业规划师制度的争议。

以学术界为主的多数人坚持认为没有必要强调城市规划的专业化。他们认为，任何一门单一的学科都无法准确和全面地认识分析城市这个复杂的对象。城市规划与其说是一个专业，不如说只是一个职业领域。这个领域需要多种不同专业的共同合作，换言之，城市规划本身是一门集体的职业。因此，把城市规划作为"规划师"独有的专业领域是不合适的，也是不可能的。与其说"规划师"是一种专业，不如说是一种建立在某专业知识基础上衍生的技能，一种"协同"（协调不同专业团队共同工作）与"转化"（将多种不同专业能力转化到城市发展）的能力。

而以法国城市规划师协会（CFDU）和职业规划师考核办公室（OPQU）为代表的一方则认为，城市规划师有必要作为一个专门的职业而存在。近年来法国各级政府在制定地方发展计划时，越来越需要具有规划知识背景的人参与，这说明潜在的就业市场确实存在。目前的就业途径不畅并不说明社会不需要专门的城市规划师，而是说明社会对"城市规划师能干什么"并不了解。因此，他们建议加强城市规划的专业化，对城市规划专业领域进行结构化建设，明确城市规划的专业范畴，突出"规划师"的职业形象，帮助城市决策者和管理者更方便地找到他们所需要的专业人员，并改善城市规划师这一职业在社会上的接受程度。为此，作为法国城市规划的主管部门，国土规划与可持续发展部已经委托职业规划师考核办公室（OPQU）对职业城市规划师的执业范围制定参考标准。

目前这一争论还在继续，一些规划学院也分别从这两个角度尝试改善毕业生的就业机会。有部分规划学院开始加强与工程师学院的合作，希望通过加强城市规划某一方面的技术性，如地理信息技术、统计分析技术等，来提高城市规划的专业技术含量。而以法兰西城市规划学院为代表的传统学院派，仍努力在城市规划的特殊性、专业性和多学科、综合性之间寻求一个平衡，把规划技术和城市文化两方面有机地结合到教学计划中。他们认为要根本地解决毕业生的就业问题，必须靠教育界和职业界的密切交流与互动，其中一个行之有效的办法是把富有实践经验的职业人士请进规划学校。

5　结语

综上所述，法国的城市规划高等教育重点集中在研究生阶段，教学机构的组成比较分散，建筑学院、大学、高等专业学院三类院校各有侧重。在建筑学领域，法国高等教育的主导目标是培养职业建筑师，为此实行比较彻底的专业化硕士教育。近两年推行的欧盟 LMD 学制改革从扩大毕业生职业选择范围考虑，在建筑学院增加了导向博士研究和工程管理等非专业硕士的培养计划。然而，对综合大学城市规划学院是否应该引入更加专业化的教学却一直存在争议。

主流思想认为城市规划必须坚持多学科的参与，是"集体的职业"而不是一个专业，但由于法国没有职业规划师注册制度，社会对城市规划职业缺乏认识，模糊的专业边界和微弱的技术特征直接影响了社会对规划师职业的认识程度，造成毕业生的就业压力和从业人员的职业危机。从法国的状况及相关争论，可以汲取以下三方面的经验。

首先，教育的根本目标是服务社会。顺应社会需求变化，及时调整学科教育体系，从根本上讲具有积极的意义。然而，改革也需要避免短视，学位改革直接关系到对一个学科未来发展方向的把握。学位改革应该建立在对学科本身再认识的基础上。具体而言，在城市规划领域引入专业型学位，其目标是提高人才的多样性，突出专业技能的可见性，并不意味着削弱城市规划的跨学科特点。在实际运作中尤其要处理好新文凭与既有的学术型文凭的相互关系。两者的区别在于职业导向不同，并不存在高低之分，亦非前者代替后者的问题。假如传统的学术型文凭在直升博士时有一定的优先权，那么专业型文凭是否也可以考虑在职业注册时获得相应的优先？在建立专业型学位培养计划的同时，也要对学术型文凭的培养计划进行调整和强化，突出其综合理论研究的特点。

其次，就业供需关系的协调不仅涉及文凭学位体制，还涉及另一端的调整。法国的注册建筑师制度对建筑学毕业生的教学培养和就业都具有很好的指导，而注册规划师制度的缺失则成为城市规划毕业生就业困难的原因之一。相比之下，我国已经实行的注册规划师制度对专业化学位建设可以发挥很好的引导作用。因此，在专业学位改革过程中，尤其应当重视如何与职业注册制度进行对接。

最后，优化城市规划领域的就业供需关系，还需要加强对社会进行宣传和教育。相比建筑学，城市规划还是一门非常年轻的学科。社会对这一学科的认识和理解十分有限。而随着城市化进程的推进，城市建设和发展也会出现许多新问题、新现象。加强学校与社会的沟通，不仅可以更好地让社会了解规划毕业生的专业技能，而且也可以及时了解社会的实际需求。在专业型学位的培养过程中，可以借鉴法国的做法，将社会企业、政府部门请进来，共同参与人才培养，推动教育界和职业界的互动与相互了解。

参考文献

[1] Bourdin A .Nous ne savons pas former aux métiers de projet[J]. Urbanisme, n° 335, mars–avril 2004, pp.51–52.

[2] Pouyet B. Des formations et des métiers vulnerables[J]. Urbanisme, n° 335, mars–avril 2004, pp.41–42.

[3] Collectif. Diversité des métiers et culture commune[J]. Urbanisme, n° 335, mars–avril 2004, pp.43–50.

[4] IFU. L'urbanisme peut–il s'apprendre à l'école, compte–rendu du débat organisé par les étudiants MPU, 04 juin 2002.

[5] 卓健，刘玉民.法国城市规划的地方分权——1919—2000 年法国城市规划体系发展演变综述 [J]. 国外城市规划，2004（5）：7–15.

[6]（法）米绍，张杰，邹欢.法国城市规划 40 年 [M]. 何枫，任宇飞译.社会科学文献出版社，2006：197 页.

[7] 卓健.城市规划的同一性和社会认同危机——法国当前对城市规划职业与教育的争论 [J]. 城市规划学刊，总第 156 期，2005–2.

注释

① 英国利物浦大学在 1909 年颁布《城市规划法案》时已经开设城市规划教育，法国最早的高等城市研究学院则成立于 1919 年，同年也颁布了首部《城市规划法》。

② 三种文凭为学士 Licence、硕士 Master、博士 Docteur。

③ 1972 年，巴黎大学城市规划学院重新恢复，更名为"巴黎城市规划学院"（IUP），迁入巴黎第十二大学。但它在规划教育的领导地位已经被法兰西城市规划学院等新兴的规划学院所取代。

④ Ecole d'architecture, de villes et de territoires à Marne–la–Vallée.

（原文曾发表于《国际城市规划》，2010 年第 6 期）

邵　甬：

同济大学建筑与城市规划学院教授、博士生导师；联合国教科文组织亚太地区世界遗产培训与研究中心（上海）
执行主任；国家历史文化名城研究中心；上海同济城市规划设计研究院"邵甬教授城乡遗产保护中心"主任；
国际古迹遗址理事会土建筑科学委员会理事委员；国际古迹遗址理事会乡土建筑科学委员会专家委员；中国城
市规划学会历史文化名城规划学术委员会副秘书长；中国城市科学研究会历史文化名城委员会学术部副主任；
中国建筑学会城乡建成遗产学术委员会第一届理事会理事

《建筑遗产》、《Built Heritage》编委2003年获同济大学建筑与城市规划学院博士学位，
1999年、2006年赴法国参加法国夏约学校和法国国家路桥学院的法国国家建筑与规划师（法国遗产保护官员）培训。
1990年代初至今主持了中国大量的历史城市、村镇、世界遗产等的保护与发展规划，包括世界文化遗产平遥古
城和丽江古城的保护规划和管理规划；大理、曲阜、青岛、宁波、南通等城市的历史文化名城保护规划；上海、
天津、苏州、宁波等城市多个历史文化街区的保护规划；周庄、甪直、同里、慈城、查济等历史文化名镇名村
的保护规划；参与编制国家《历史文化名城保护规划规范》和《历史文化名镇名村保护规划规范》；二十多次
获得国家和建设部优秀规划设计奖，2003年凭江南水乡传统城镇保护获得"联合国教科文组织亚太地区文化遗
产保护杰出成就奖"，2007年和2015年凭丽江传统民居修缮计划和平遥古城保护规划获得"联合国教科文组
织亚太地区文化遗产保护优秀奖"。

完成数十篇相关领域的科研论文，在国内外重要刊物上发表，在重要国际国内会议上宣读；参与编写《江南古镇》
和《欧洲城市史纲》，主编《城市遗产研究与保护》和《历史文化村镇的保护规划与实践》，完成专著《法国建筑、
城市和景观遗产保护与价值重现》。

2000年至今参与多项联合国人居署、联合国教科文组织的重要课题；2005-2007年作为国际专家组织欧盟项目"欧
亚城乡合作计划：曲阜的遗产保护与发展"；2008年负责"十一五"国家科技部支撑项目《历史文化村镇保护
规划技术研究》子课题；2010年负责国家自然科学基金项目《中国人居型世界遗产资源的保护与利用研究》等。
2005年任教至今，作为主讲教师建设的"城市历史文化遗产保护"被列入上海市精品课程。负责"中法建筑与
城市遗产保护联合设计"与"联合国教科文组织环境与景观设计教席中国联合设计"成果获得联合国教科文组
织、法国文化部等机构的好评，并在2008年"世界城市论坛"的联合国教科文组织"建设可持续发展的教育"
专题会上汇报，2009年在法国建筑与遗产城展览。

建筑与城乡遗产保护教学改革初探 [①]

——以中法同济－夏约联合教学成果为例

邵 甬 周 俭

在欧美，城乡历史和文化遗产保护知识是建筑和城市规划人员必须掌握的重要专业知识，在欧美建筑和城市规划院校中是非常重要的一门基础课程，为城乡的社会、经济、文化协调发展提供了重要的保障。

结合同济大学综合性大学的定位和知识、能力、人格三位一体的人才培养目标，遗产保护课程在专业培养目标中重点突出"国际视野""理论与应用并举"和"基础与创新并重"的教学思想。一方面培养建筑、城市规划和景观设计所有学生的社会责任感和正确的价值观，另一方面培养兼具理论知识和实践能力的高级专门人才和拔尖创新人才，成为中国建筑、城乡和景观遗产保护的中坚力量。

1 同济大学建筑与城乡遗产保护教学体系现状

1.1 学科覆盖全面但体系整合不足

同济大学城市规划系自 2001 年在国内工科专业中率先开设"城市历史与文化遗产保护"课程，主要阐述世界各国关于历史文化遗产保护的历程和法规制度建设，保护规划设计的理论与方法，以及我国历史文化名城保护的历史、演进、保护规划的编制。

建筑系在 2003 年建立了历史建筑保护工程专业，着重培养以建筑学的基本理论及技能为基础，系统掌握历史建筑和历史环境保护与再生的理论、方法与技术，具有较高建筑学素养和特殊保护技能的专家型建筑师或工程师。

风景园林系也在近年增加了相关课程对本科生进行景观遗产价值及保护知识的普及。

综上，同济大学遗产保护教学已经覆盖了建筑、城市规划和风景园林三个学科（图1），在全国处于非常领先的地位。但是，由于这些教学分散在不同的学科，学生对遗产保护领域相关知识的了解不够，优势教学资源未能得到充分利用，教学体系整合明显不足。

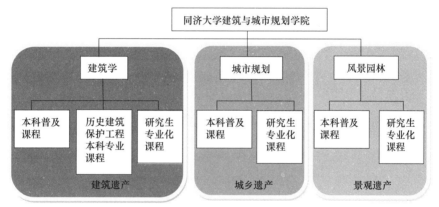

图1　同济大学遗产保护教学课程设置现状

1.2 理论与实践并举但专业性不够

在上述每门课程中，都强调"理论与实践并举"的原则。但是除了历史建筑保护工程专业比较独立地进行课程安排，研究生阶段的理论选修课为三个专业的知识沟通提供了可能外，其他课程都纳入教学的整体计划中，遗产保护实践课程只能作为城市设计环节的一个课题，缺乏专门化的教学与训练：既不可能针对遗产保护设计小组制定专门的"教案"，也不可能创造具有针对性的教学条件。因此，遗产保护方向的研究生毕业时往往并不具备足够的专业能力，与法国夏约高等研究中心等国际遗产保护教学先进院校毕业生的能力相差较大，也与同济大学"卓越工程师教育培养计划"中"工程基础、专业精神、社会栋梁、济世之才"的目标特色有一定的差距。

2 同济大学建筑与城乡遗产保护教学改革的目标

2.1 培养兼具人文精神与科学理性思想的卓越人才

中国 20 世纪末的快速城市发展过程中出现了大量的文化缺失、遗产破坏现象，这已经引起了全社会的关注。与此同时，当前的建筑师与城市规划师中人文思想和科学理性精神的缺失已经是不争的事实。

因此，培养兼具人文思想和科学理性精神的建筑师和规划师的教学体系非常重要，以帮助学生养成独立思考的能力和严谨治学的态度。教学改革必须在这个目标指导下将能力培养和人格养成落实到具体的课程和教学环节中。

2.2 培养兼具理论知识与应用实践能力的专门人才

同济大学遗产保护方面的理论教学已经相对比较完善，需要进一步整合优势资源，形成"建筑 – 城乡 – 景观遗产保护与发展"的整体理论教学体系。

针对目前实践性教学环节较弱的特点，结合同济大学已经启动的"卓越工程师教育培养计划"，在本科阶段继续完善知识普及的工作，采用启发式、探究式、讨论式、参与式等教学方法培养学生的兴趣和志向；在研究生阶段，针对遗产保护方向的学生在实践性教学方面的教学内容、方法、手段等进行全方位的改革，形成"理论 – 设计 – 研究"完整的教学体系，从而满足遗产保护领域对未来人才在知识、能力和素质方面的基本要求。

2.3 培养兼具系统观念与国际视野的创新人才

未来的建筑与城乡遗产保护的建筑师或规划师，都应该有能力理解、保护和展示饱含历史文脉精髓的物质和非物质遗产的价值。因此，需要借助既有的，并且创造新的产、学、研合作平台和国际合作办学平台，培养兼具系统观念与国际视野的创新人才。

他们应该在宏观的区域层面、中观的聚落层面以及微观的建筑层面对物质、社会、经济、文化的各个方面具有理解、分析并综合处理问题的能力。

他们应该掌握多学科合作的团队工作方法，这是该领域的问题特征所决定的：他们需要通过"互补拼贴"的方法完成对一个事物的描述、解释和诊断。

他们应该具有国际眼光，通晓国际规则，具有国际视野的跨文化沟通的能力。

综上，同济大学建筑与城市规划学院建筑与城乡遗产保护教学体系可以做如图2所示的改革。

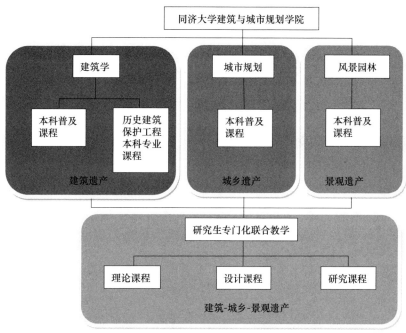

图2   同济大学遗产保护教学课程改革建议

3 同济大学建筑与城乡遗产保护教学改革实验

为了对上述的教学改革进行实验，尤其是加强实践环节的教学，2006年开始，同济大学建筑与城市规划学院和法国夏约高等研究中心[②]开始了卓有成效的教学协作。最突出的成果就是2007—2008学年的查济联合教学和2009—2010学年的梁村联合教学。

3.1 教学理念与目标的转变——"授人以鱼"到"授人以渔"

联合设计非常强调知识、能力和人格的综合培养，对遗产保护建筑与规划师的人文精神和科学理性思想的培养贯穿整个教学过程。

（1）掌握科学的调查和严密的分析方法。在理性主义思想萌芽的法国，教学方面也非常重视实证调查；而在中国，更加重视对文献的查阅和研究。这两种方法的结合有助于学生能够最大限度的认识遗产的特征、发展演变的过程以及现实的问题。

（2）确立正确的遗产保护价值观。通过物质和非物质遗产方面的调查和社会经济发展现实情况的分析，培养学生对遗产保护的价值观进行认真的思考与辨识。

（3）跨学科整合遗产保护知识与思想创新。遗产是不同历史阶段的社会、经济、文化和技术的产物，同时也面临着各种现实的问题。因此，需要培养学生跨学科整合遗产保护知识的能力，并在此基础上创新。

3.2 教学条件的准备——合便利性到合目的性

（1）教学基地选择

从教学理念和目标出发，教学基地的选择应该更多地考虑目的性而不是便利性，设定了三个需要同时满足的教学基地的选择条件。

1）处于某个特色地域的村落：在中国，随着快速的城市化和现代化，当前还能够清晰地看到地域与聚落、建筑之间的逻辑性主要还是在村落。因此，选择处于某个特定地域的村落，了解聚落形成、发展演变的原因，是学生区域层面教学的主要内容。

2）具有相对真实、完整的聚落：聚落的要素以及要素的组织结构体现了聚落自然生长的规律。因此，摒弃了那些非常有名但是已经非常商业化（旅游业）了的村落，目的是让学生在一个要素相对真实、结构相对完整的聚落中，一方面观察、分析并理解从宏观到微观、从时间到空间的相互联系，另一方面体会传统文化和景观的魅力。

3）拥有典型但"生病"的文物建筑："文物建筑"不应当被认为是一件孤立的艺术作品，它是某个社会在某个特定时期的一种有形的文化表达。因此，教学基地对建筑物的选择应当满足两个要求：首先，该建筑应该具有地域典型性，以便学生更加容易地发现并理解该地域建筑的普遍特征，并且通过与地域内同类型建筑的比较，发现该建筑物的独特之处；其次，该建筑物的现状要足够复杂。因为我们的工作不是简单的对建筑物的认知，而是进行完整的从认知到修复的教学。因此，所选择的文物建筑应经过历次改造，拥有病理学的特征，这样才能保证给学生真实的、完整的解读训练，形成具有逻辑性的持续的教学环节。

虽然教学基地往往在经济不太发达，条件不太好的乡村，但是现场教学完全融入当地的生活中，地方领导和居民的支持（图3）、老人们的介绍、节日的邀约、乡土的感受等都是学生们收获的宝贵财富。

图3　中法教师、地方管理者和当地居民参加的查济联合设计教学准备会

（2）基本知识的准备

根据法国和中国学生的实际情况，在进入现场教学前，有两方面的准备工作非常必要。

1）背景知识的准备：需要搜集尽可能多的地域社会、经济、文化相关的文献资料，中国现行历史文化村镇保护的相关法规等，使所有学生有基本的背景知识。

2）调查方法的学习：需要学习或者温习村落考古的调查方法、口头文献的调查方法、历史建筑测绘的方法、病理学分析的方法等，使所有学生掌握调查的基本技能。

3.3 教学内容和阶段

根据教学中对科学理性精神培养的重视，教学内容分为密不可分、环环相扣的三个层次、四个阶段，从而在宏观、中观和微观层面实现"认知－解读－诊断－设计"的全过程教学。

（1）调查（认知阶段）

认知阶段的教学内容是从不同的历史层面、从区域环境的角度了解村落的变化以及村落本身的特点，对地理特征、景观特征等进行记录和描述。

中国边远的村落提供了非常特殊的教学条件：往往没有精准详细的地形图和航空照片，没有完备的历史地图和历史照片，更没有太多可供参考的前人研究，但是这个条件恰恰非常有利于培养学生通过"调查"获得第一手资料的个人能力，而不是对汇编资料的"简单批判"（图4～图6）。

图4　查济联合设计的宏观、中观和微观调查

在宏观层面，强调对景观的阅读。尽可能全面地发现特征要素以及要素之间的关系，如地形地貌、水利、植被、农作物、道路、聚落的分布、色彩等。

在中观层面，需要观察的要素包括村落边界、公共空间、公共建筑体系、道路体系、民居院落、民居建筑以及人的活动等。

在微观层面，从文物建筑的周边环境出发，了解文物建筑所处的地形状况、水流状况、公共空间的状况等。然后对文物建筑进行测绘，制作平、立、剖面图，了解建筑的空间组织、建造材料和结构、装饰等。最后需要观察文物建筑的病理特征、材料结构等的状况。

图 5　梁村联合设计的宏观、中观和微观调查

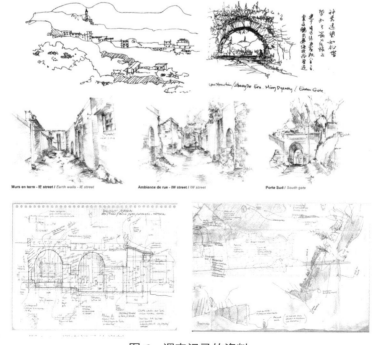

图 6　调查记录的资料

"访谈"的目的是将历史环境"还原"为一个生活场所加以认识。因此，寻找当地的老人，通过访谈并记录其"口述历史"（oral history）是现场教学的又一个重要内容（图7）。同时，通过访谈还可以理解现代生活方式与传统空间之间的关系，了解使用者的需求，为方案阶段的保护、修复、利用提供科学的依据。

图7 口述历史的访谈与记录

整个过程是一项集观察、思考与研究于一体的训练，它不是简单的单个要素的数据采集记录，而是动用智力和好奇心试图发现特征要素以及要素之间的关系。教师在这个过程中不是简单地告诉答案，而是引导学生努力去寻求答案。这样，学生的眼光越来越犀利，能够捕捉到细微的线索，找出潜在的关系。

（2）分析（解读阶段）

解读的过程就是在观察要素的基础上"破译"要素之间的关系特征的过程，能够使学生真正理解该遗产所具有的共性和特性，从而为确定保护措施中如何维持和增强遗产特征提供具有说服力的依据。

分析的工作从文档（documentation）开始，即对所有的调查信息进行分类和整理。文档在法国已经发展成一门学科，文档的科学性保证了后续研究工作的有效性。中方特别增加了文档的教学环节，使学生在现场拍的海量照片通过科学梳理后能够成为深入分析研究的工具。

在宏观层面，需要分析要素的分布特征、建筑群或独立构筑物与周边种植空间的关系特征等。当然最重要的是，结合地域社会经济文化背景的资料以及现场口头文献的收集，了解区域环境的演变与村落发展之间的关系（图8）。

在中观层面，包括物质要素的分析和社会人文分析两大部分。前者是通过调查要素进行空间结构分析、空间类型分析、街巷组织分析、建筑类型分析等；后者则通过现场口头文献的收集，了解使用者与使用空间之间的关系。

　　在微观层面，主要要了解建筑在选址、空间构成、维护结构、支撑结构、装饰等方面的关系，特别是要了解不同历史时期建筑的使用功能与物质空间的关系。

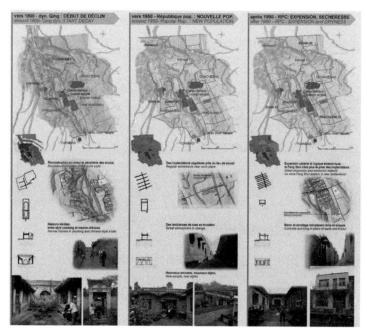

图 8　梁村宏观、中观与微观的演变分析

（3）评价（诊断阶段）

　　诊断阶段需要确定遗产最主要的问题及其形成原因。通俗地说，就是需要辨认病理的特征，并且要诊断病因。

　　在宏观层面，需要通过对现状社会文化背景的分析，诊断目前村落在经济发展、空间拓展、交通、景观等方面的问题。

　　在中观层面，针对街区物质空间的状况以及引起物质空间问题的宏观社会、经济和文化等方面的原因。

　　在微观层面，需要了解不同的建筑病理现象的成因，特别需要辨别相似病例现象的不同病因。如物质状态的保存状况、破坏状况；如同样的墙面倾斜的病象，需要辨别是屋顶塌陷、地基下沉还是雨水上渗等原因造成的。

　　这个阶段要求学生采用归纳、推理和比较的方法，像"医生"那样对区域环境、聚落以及建筑不同层面的问题进行"切片扫描",从而帮助学生进行科学的"诊断",有助于在理想与现实之间寻找可行的"药方"。

如学生发现梁村源神祠的"年久失修"不是简单的保护资金匮乏的问题,而是从"功能丧失"到"意义消失"再到"物质缺失"的过程(图9、图10)。因此如果源神祠没有新的功能,当地政府和居民认为花巨资的好心修缮就是劳财伤命的事情。

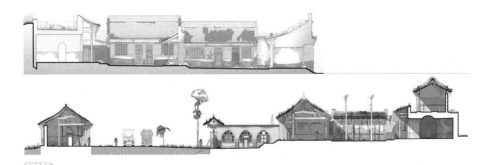

图9　梁村民居与源神祠的建筑病理学分析

图10　梁村源神祠使用功能与空间的演变图

(4)方案(设计阶段)

以上三个阶段的工作是设计阶段的基础和依据,如果学生最终的方案不能很好地与调查、分析、评价三个阶段的工作形成具有紧密逻辑性的关系,即不能"自圆其说",再漂亮的设计图纸也将被认为没有价值。过程中的逻辑性成为非常重要的评价标准。设计阶段包括了四个逐步递进的内容:保护、修复、增值、利用。

1)保护:从宏观、中观和微观角度鉴别确定需要真正保留下来的有价值的要素(图11)。如环境的景观要素和特征,聚落空间的要素和特征,建筑具有特征性的空间布局、架构、装饰等内容。具体的方法包括维护、加固

（图 12）等。

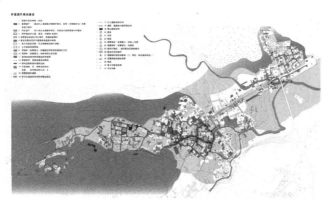

图 11　查济的保护规划总图

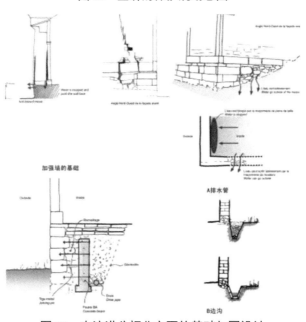

图 12　查济洪公祠北立面的基础加固设计

2）修复：根据分析以及价值判断，恢复局部的已经消失的要素。修复的过程既要考虑当代有关修复的国际宪章所提倡的原则，如可读性；也要考虑采取谨慎的表达方式，最终要保持建筑物整体的和谐与平衡。如在查济洪公祠第二进院落的修复中同时采取了"传统"和"现代化"材料的结合应用（图 13）。

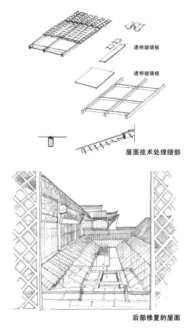

图13　查济洪公祠第二进院落屋檐的修复设计

3）增值：通过整治和修理周边的环境，使文物建筑、街区、村落的整体环境更加和谐、富有特色（图14、图15）。这个工作看似简单，但是如何根据研究对象的特征进行价值延续，并呈现出"自然"的状态，需要在设计中再三斟酌，同时需要学生掌握更多的表达方法。

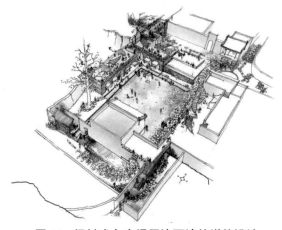

图14　梁村戏台广场周边环境的增值设计

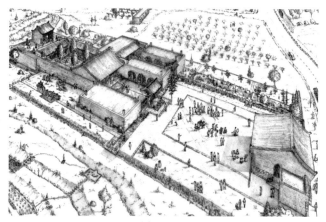

图 15　梁村源神祠周边环境的增值设计

4）利用：或者称再利用。在再利用设计中需要通过前面三个阶段的分析，在宏观、中观和微观层面分别提出合适的功能用途，在本地人（居住功能、文化功能、宗教功能等）与外地人（商业功能、旅游功能等）之间达成平衡（图16～图18）。因此，再利用设计既要考虑空间的物理特性，如更好地适应现代的功能需求，同时也要考虑文化与象征的意义，考虑对地方文化的尊重，这样的再利用方式才是可持续的、被接受的。

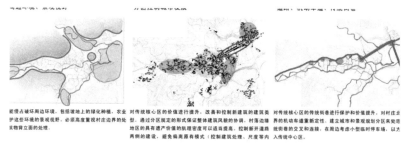

图 16　查济发展模式图

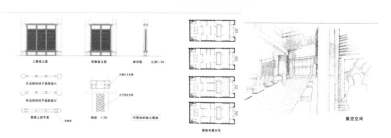

图 17　查济洪公祠的再利用设计

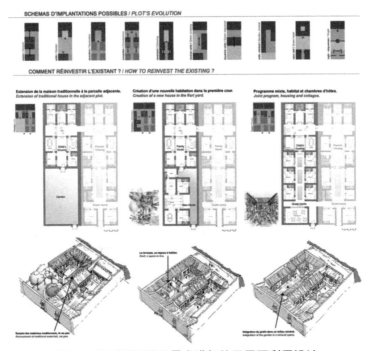

图 18　梁村根据居民需求进行的民居再利用设计

　　最后，教学成果非常"隆重"地在查济包公祠堂和梁村戏台广场中展现并予以讲解（图19、图20）。当地居民汇集在展板前指指点点，议论纷纷，他们对自己所熟悉的环境也有了新的认识。

图 19　在查济包公祠堂的展览

图 20　在梁村戏台广场的展览

4　结语——建设面向可持续发展的教育

2002 年 12 月，联合国大会签署了 57/254 号文件启动"联合国可持续发展教育十年计划（United Nations Decade of Education for Sustainable Development, DESD）"，时间为 2005—2014 年。这个十年计划的主要目标是将有关可持续发展的原则、价值观和实践纳入教育的每个方面。其中"建设面向可持续发展的教育"活动构成了 21 世纪联合国教科文组织的重要活动内容，目的使人们掌握相关知识和教育人们如何使环境更加可持续。2008 年在南京召开的第四届"世界城市论坛"中，中法联合教学成果之一的查济联合设计被联合国教科文组织选中作为该专题的重点展览，这或许也能够看到联合教学更为深远的意义。

参考文献

[1]同济大学，夏约高等研究中心 . 中法查济建筑与城市遗产保护联合设计 . 2008.
[2]同济大学，夏约高等研究中心 . 中法梁村建筑与城市遗产保护联合设计 . 2010.

注释

① 同济大学建筑与城市遗产保护为 2007 年度上海市离校市级精品课程（沪教委高 [2007]49 号 ）。
② 邵勇，《法国建筑、城市和景观遗产的保护与价值重现》，同济大学出版社，2010.

感谢法国夏约高等研究中心的 Benjamin Mouton 教授 , Daniel Duche 教授 , Alain Vernet 教授，感谢同济大学卢永毅、张鹏教授在中法联合教学中所作的贡献，感谢查济和梁村的地方领导和父老乡亲们。

　　（原文曾发表于《全国高等学校城乡规划学科专业指导委员会年会论文集》，2011 年 9 月）

王　骏：

同济大学建筑与城市规划学院城市规划系副教授，博士，同济城市规划设计研究院城市开发分院副院长，注册城市规划师。曾主持桂林两江四湖工程、尼日利亚莱基自贸区等境内外规划项目并获省部级优秀城乡规划奖，承担浙江、广西、上海等地多项科研课题，发表多篇学术论文，编著《国家历史文化名城桂林》《我们的遗产 我们的未来》等，译著《全球化时代可持续发展的住宅与社区：消失的故土》《特拉维夫百年建城史（1908—2008 年）》《耶路撒冷建城史》等。

MIT OCW 与我国城市规划学科教育的比较与借鉴

王 骏 张 照

1 MIT OCW 和 DUSP 概况

2001 年，美国麻省理工学院（MIT）院长查尔斯·韦斯特 (Charles Vest) 宣布麻省理工学院网上开放式课程计划（MIT OCW）启动，计划在 10 年内把所有 MIT 的课程材料在网上开放共享，全世界任何人在任何地方都可以通过互联网免费获取这些资源。至 2008 年底，MIT OCW 已覆盖 35 个学科，近 1900 门课程[①]，每月访问量超过 200 万人次，被认为是 21 世纪最伟大的知识共享计划之一。

作为 MIT OCW 计划的重要组成部分，麻省理工学院城市研究与规划系 (MIT-DUSP) 提供了七大专业方向，280 余门开放课程[②]，几乎涵盖了 MIT-DUSP 所有在授课程。MIT-DUSP 成立于 1932 年，是世界上第三个设立城市规划系的院校，在美国同类院校中规模最大，代表了美国城市规划学科教育的前沿水平，所以，MIT OCW 为全方位、系统地了解美国的城市规划学科教育提供了一个很好的平台。通过对 MIT OCW 提供的城市规划公开课程的研究以及与我国城市规划学科教育的比较，不仅可以看出中美城市规划学科教育之间的差异，同时还能得到很多有益借鉴。

2 教育目的与核心理念

MIT 的核心办学理念是"推进知识进步和传播，在科学、技术及其他学术领域教育和培养学生，更好地服务于民族和世界"[③]，在此指导下，MIT-DUSP

的城市规划教育围绕四个问题展开，即是否能设计出更好的城市？是否能帮助地区实现可持续的发展？能否促进社区繁荣？能否促进世界实现公平的发展？每个问题都没有把城市规划学科简单地当成一门技术，而是一种社会责任，一种让"城市更美好的"的理想和抱负。

所以，DUSP 的城市规划学科教育的核心理念在于体现作为一个规划师的社会和职业道德标准："相信城市和区域的机构有能力稳步改善市民的生活质量；强调包含公共和私人部门的民主决策过程，以及领导力在政府促进社会和经济公平中的必要性；鼓励积极探索技术革新，把技术革新作为社会变革的主要动力；认为建成环境可以满足不同人的不同要求，并使他们的日常生活更有意义。"从 MIT OCW 的共享课程上也能看出 MIT-DUSP 不仅仅是把这些社会和职业道德标准写在纸上，还体现在了教育当中，例如"贫穷、公共政策和争议""开发项目的政治经济：重视穷人""聚焦弱势：小公司、工人及当地经济发展"等课程，其目的都在于培养学生明确规划师的社会角色和作用，关注弱势群体、关注公共利益的维护和分配。

国内大部分的城市规划院校把城市规划学科教育的目的定义为："培养具备城市规划、城市设计等方面的知识，能在城市规划设计、城市规划管理、决策咨询、房地产开发等部门从事规划设计与管理，开展城市道路交通规划、城市市政工程规划、园林游憩系统规划，并能参与城市社会与经济发展规划、区域规划、城市开发、房地产筹划以及相关政策法规研究等方面工作的规划学科高级工程技术人才"④，相比之下，更强调城市规划作为一门学科或者技术，侧重于城市规划师的职业技能培养，而对规划师的社会和职业道德教育关注不足。今天我国城市规划界的一些不合理现象和认识，不得不承认与职业道德教育的缺位有一定关系，比如土地适用性评定、城市规模和人口容量预测、农用地流转、征地拆迁与补偿、旧城拆迁与改造等规划专业问题，需要规划师具有一定的规划专业知识和设计能力，但更考验其社会和职业道德，因为所有这些问题，其本质是公共利益在不同主体之间的重新分配，其背后是一个规划师对生态环境、自然资源、失地农民以及城市弱势群体的关注和责任感。

所以，城市规划首先应该是一种社会责任，应当把规划师的职业和社会道德教育摆在一个核心前提的位置，并落实到具体的课程学习和社会实践当中，由此看来，我国的城市规划道德教育还任重而道远。

3　共享体系与研究机制

MIT OCW 依托网络技术公开课程资源，通过倡导开放共享的教育理念，建立一个没有校界乃至国界的公开、共享的教学机制。并且，MIT OCW 还承诺同步更新教授的最新研究发现和教学理论，提供包括参考书目、学术期刊、网络资源、数字图书馆和视频材料等在内的所有辅助阅读材料，以及如何学习的相关指导。与传统文本教材相比，这种开放共享的课程设计模式，在使学生受益的同时，教育研究人员也可以将这些开放课程材料作为参考资料进行研究和交流，从风格迥异的课程材料中领会到每位教师不同的学科理念和最新研究成果。

从我国城市规划学科教育的发展历程和存在问题来看，这种共享体系和研究机制显得尤为重要。1952 年我国第一个城市规划系（同济大学城市规划系，CAUP）成立，受国家大环境影响，学科教育规模的发展相对缓慢，直到改革开放，特别是 20 世纪 90 年代以后，随着城市规划在城市建设中地位的提升，房地产等相关产业的发展，带动了城市规划师的职业需求，同时，在我国大学教育扩招和院校扩张的大背景下，我国城市规划院校从 1998 年的 30 所左右，激增至 2008 年的 160 多所[⑤]，10 年间增加了 130 余所，大大超过现在整个美国的城市规划院校总数（88 所）[⑥]，按照每个城市规划系平均 30 个师资力量计算，10 年间新增的城市规划教师岗位需求超过 3900 个，这种扩张速度在全世界范围来看也是绝无仅有的。但在这 160 多所规划院校中，通过城市规划专业教育评估委员会专业评估的院校只有 19 所[⑦]，其他大部分院校的城市规划系脱胎于地理或其他相关学科，师资力量不足，学科体系不全，教学水平良莠不齐，限制了我国城市规划学科教育整体水平的提高。

解决上述困境的途径有多种，诸如加强城市规划教育队伍的培养、结合院校学科优势突出各自教育特色、借助规划设计部门和行政管理部门进行开放式教学模式的尝试等，但不难看出通过学习 MIT OCW 模式，建立我国城市规划学科教育的共享学习平台体系和研究机制不失为一个很好的解决之道。在这方面，同济大学城市规划系做了很多尝试，例如通过网络技术进行远程教育、建立全球规划教育组织的规划教育网站[8](Global Planning Education Association Network，GPEAN) 等，特别是 GPEAN 的建设，给我国城市规划教育带来了一个了解世界的窗口和相互交流的平台，能及时了解世界规划教育最前沿的动态，也能让世界重新认识中国的城市规划教育。

4　学科方向与研究重点

MIT–DUSP 的城市规划学科教育分为 7 个学科方向（图 1），其中城市设计与发展（CDD），环境政策与规划（EPG），住房、社会与经济发展（HCED）、国际发展与区域规划（IDG）为四大主导方向；另外城市信息系统、区域规划和交通运输这三个学科方向则主要面向博士生，关注于各自领域的前沿理论研究和实践应用。每个学科方向又分为若干研究专题，每个研究专题由一系列课程组成，7 个学科方向共分为 30 多个研究专题，280 多门课程。从学科方向和课程设置来看，MIT–DUSP 的城市规划学科教育有如下几个特点。

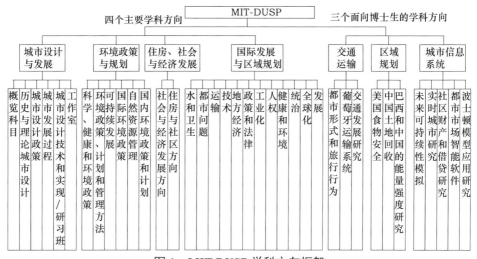

图 1　MIT–DUSP 学科方向框架

资料来源：笔者根据 MIT-DUSP 各院系网站资料不完全整理。

1）多元化模式：主要体现在两个方面，其一是与西方城市规划的学科发展历程相对应，20世纪60年代以后，西方城市规划受社会、经济、政治和环境生态等学科思想的影响较大，通过学科交叉而产生的城市社会、城市经济和城市政治等学科方向蓬勃发展，甚至一度占据了学科发展的主方向，动摇了设计和工程学科的主导地位。其二是与西方城市规划师的职业需求相对应，目前在西方发达国家，城市规划专业培养的人才大部分在政府部门工作(美国占60%、英国占50%～80%)，代表政府维护整体的利益，而不是从事纯粹的工程技术工作，所以，MIT-DUSP的学科方向中很大一部分都涉及公共政策、法律法规、规划交流沟通与谈判等主题（表1）。

2）国际化视角：从学科方向中还可以看出，MIT-DUSP不仅仅关注于欧美，还以中国等发展中国家为研究对象，进行了广泛的调查和研究，涉及发展中国家的基础设施、项目评估、城市公共财政、规划与行政流程、公众参与、社区发展和城市管理、低收入住宅等众多方面。与之形成对比的是国内学界对我国本土城市规划实践总结和理论研究的缺乏，我国的城市规划学术研究在大量引进国外理论的同时，对"中国现象"的研究和"中国理论"的提炼和总结大大脱节于"中国实践"的速度。

3）前沿性探索：主要体现在三个面向博士生的研究型学科方向，包括对波士顿模型等前沿理论的探索和应用；信息技术、网络和视觉媒体等新兴科技对城市规划的影响；环境可持续、粮食安全等国内及国际当前社会热点问题的研究等。所有这些课程都具有很强的针对性和时效性，关注当前社会热点和学术前沿，课程更替速度很快，今天的核心课程一般几年后就成了选修课程，甚至不再开设。

MIT-DUSP 主要课程与我国城市规划学科核心课程比较　　　　　　表1

我国核心课程	MIT-DUSP 主要课程
城市规划原理（含城市道路与交通）	城市增长与空间结构 / 土地使用与交通规划比较 / 城市形态理论
	解析区域型经济变化 / 区域社会经济影响分析和建模
	社会理论与城市发展 / 城市社会学的理论和实践
	城市交通规划 / 运输系统 / 公共运输服务与运营规划 / 公共交通系统 / 运输管理 / 运输政策与环境限制 / 交通系统导论

续表

我国核心课程	MIT-DUSP 主要课程
城市规划管理与法规	制定公共政策 / 政策分析方法 / 土地使用的法律与政策
城市环境与城市生态学	环保法规，政策，经济学：污染预防和控制 / 环境与社会 / 民间社会和环境 / 国际环境谈判 / 棕色土地恢复 / 环境政策与法规导论 / 可持续发展规划 / 可持续能源 / 环境信息学
城市规划课程设计	大型规划 / 规划行动入门 / 城市设计 / 市中心主要街道改造 / 城市设计与发展导论 / 城市中心区规划 / 城市设计政策 / 城市设计技巧：观察、体现及代表城市
中外城市发展与规划史	美国规划史 / 历史与理论的历史保存 / 古城 / 历史与未来的城市
城市经济学	规划经济学入门 / 微观经济学 / 经济发展与技术能力 / 金融经济发展 / 经济发展规划 / 转型期经济体的经济增长和公平规划 / 经济可持续发展 / 城市和地区：城市经济学与公共政策 / 产权转型 / 经济机构与增长政策分析 / 经济发展政策分析及产业化
	房地产开发 / 房地产融资与投资 / 房地产资本市场 / 房地产经济学
城市规划系统工程学	规划的定量推理和统计方法 / 深度调查与定性方法
建筑设计	—
风景园林规划与设计概论	—
—	住房市场 / 社区发展与土地使用规划 / 住房、社区与经济发展导论 / 住房和社区发展入门 / 住房与人类服务 / 社区设计和人口老龄化 / 合作社与社区发展
—	解决群众性纠纷 / 谈判的艺术和科学 / 贫穷、公共政策和争议 / 法律、社会运动与公共政策：比较及国际经验 / 性别、种族、工作和公共政策 / 城市政治：比较政治，社会运动和规划影响 / 开发项目的政治经济：重视穷人 / 聚焦弱势：小公司、工人及当地经济发展 / 财产和土地使用的法律视角 / 种族、移民与规划 / 社区企业和公众参与 / 公共政策基础理论 / 劳动与政治 / 人权理论与实践
—	发展中国家的供水和卫生基础设施规划 / 发展中国家的项目评估 / 发展中国家的城市公共财政 / 发展中国家的规划与行政流程导论 / 发展中国家的公众参与、社区发展和城市管理 / 发展中国家的低收入住宅
—	规划和政策分析的研究设计 / 高级写作 / 论证与沟通 / 项目分析和组织 / 公共部门磋商和争端解决机制 / 规划交流

注：表中 MIT-DUSP 的主要课程及分类为笔者整理，其中多有疏漏，还待继续深入总结。

我国的城市规划院校大多依托于建筑学和地理学科（经济地理）发展而来，

根据其所在院校的学科背景可以大致分为工科建筑学、文科地理学和林业农业风景园林三大类，各院校结合各自特点，构筑了各具特色的城市规划教育课程体系。同时，为了规范学科教育，2003 年 7 月全国高等学校城市规划专业评估委员会指定了 8 门核心课程，通过与 MIT-DUSP 主要课程相比较可以发现（表 1），其中有 6 门核心课程分别与 MIT-DUSP 的某一或若干研究专题相对应，但具体课程内容和关注点有较大区别，例如我国的城市规划课程设计一般包括城市总体规划、控制性详细规划、城市设计和修建性详细规划等规划实务类课程设计内容，而 MIT-DUSP 则主要侧重于城市设计。其余 2 门核心课程，建筑设计和风景园林规划与设计概论，在 MIT-DUSP 中则不做要求，同样，在 MIT-DUSP 中占很大比重的生态与环境、城市经济、房地产、社区规划、公共政策以及发展中国家研究等研究专题，在我国城市规划教育体系中甚少涉及，或者有相关课程，但并没有深入展开，以城市经济学为例，作为核心课程之一，大部分规划院校都有开设，但课程内容一般以导论形式为主，没有像 MIT-DUSP 一样细分为经济发展规划、经济可持续发展、经济机构与增长政策分析、经济发展政策分析及产业化等一系列具体课程，从而使学生能对其有较为全面、深入的了解，并可根据个人兴趣选择继续深入研究的方向。

相比之下，我国城市规划教育的课程设置和 MIT-DUSP 的最大区别不在于传统意义上的规划实务，而在于城市规划与其他学科的交叉和多元化模式，总的来看，我国规划院校课程所涉及的学科研究方向相对较窄，这与我国一直以来"重设计轻管理"的学科现状和规划职业需求相对应，但如今形势正在发生改变，我国城市规划教育所面临的将不再单纯是规划编制等实务问题，学科交叉和多元化模式是城市规划教育发展的必然潮流，因为全球城市和社会发展历程的历史共性表明，西方发达国家规划师所面临的今天，就是我国规划师所要面临的明天，而且这个"明天"可能比预想的要更近。

当然，同样应该认识到，多元化不能是对国外相关理念的简单引进，应当与我国当前的社会发展阶段和存在问题相一致，多元化的学科方向需要相应的社会环境土壤，应该有自己的关注点和研究方向，形成自己的学科优势。以 CAUP 为例，在众多国际交流中主要侧重于发展五个重点学科发展方向：生态城市环境、大规模的数字模拟技术（包括形象模拟和城市动态模拟）、历史文化遗产保护、绿色节能建筑和城市防灾，在这几个领域，CAUP 的规划教育目的不仅仅是拿进来，更要能走出去，推动国内乃至全世界的城市规划教育。

5 借鉴

总的来看，从 MIT OWC 来看我国的城市规划学科教育，有如下几点启示：

首先，通过网络共享资源，校际乃至国际合作是尽快完善整个学科教育体系的重要途径，需要在消化吸收国外已有共享资源的同时，加强国内科研和教学资源的共享。现今全国范围内的校际联系大多还停留在学生的教学成果评比层面，比如全国城市规划专业本科生作业交流与评选，教师科研和教学资源的交流和共享相对较少。虽然国内很多规划院校也进行了不少有益尝试，比如 CAUP 在其网站中公开了覆盖城市规划、建筑学、园林等不同学科方向的 30 多门精品课程[⑨]，但这些网络共享课程大多数还仅停留在了解和展示的层面，缺少教学日程、参考读物和教学讲义等系列内部配套资料，还无法像 MIT OWC 的共享课程一样指导具体学习。另外，作为个别学校在各自网站上公开个别课程的自发行为，还缺少一个统一的共享平台和运作机制。

其次，由国情特色和社会发展阶段所决定，我国城市规划教育侧重于规划职业技能的培养，比如大规模的城市建设时期决定了对城市总体规划、控制性详细规划等规划实务课程设计的重视程度；以及大部分学生毕业后主要在设计院工作，需要对建筑设计和风景园林规划设计都有所了解，所以会有相关的课程要求，而 MIT-DUSP 关于这些方面则并无涉及。但这些不是一成不变的，从新城乡规划法、十七大政府工作报告等政府文件中都可以看出，我国经济社会发展正在面临转型，从粗放式发展到集约化，从量的扩张到质的提升，土地和资源集约、生态环保和可持续、节能减排、民生等主题将成为新时期我国城市建设和社会发展关注的重点，我国的规划学科教育也应有所回应，城市规划学科教育的拐点已经来临，需要更多元的学科交叉、更前沿的理论探索、更深入的现实思考，以及更为广泛而有效的社会和职业道德教育。

最后，学科的多元化以及与国外学科体系的对接固然重要，但最重要的还在于尽快构建中国特色的城市规划学科体系、共享平台和研究机制，不能通过简单的理念引进和学科交叉来实现我国城市规划学科的拓展，更不能用简单的学科分家来实现城市规划院系的扩张。美国城市规划界的泰斗约翰·弗里德曼（John Friedmann）说："中国的城市发展史无前例，中国应该有中国自己的规划理论，西方理论仅仅可作参考。"西方国家用了 60 年的时间构建了较为完整的规划理论体系平台，我国改革开放已 40 年，多数学者认为，如此大规模的城市化进程还将持续二三十年，在此期间，我国的城市规划界将会形成自己的理论体系平台，也将出现对世界有影响力的规划思想家，但所有这些都离不开一个能培养思想家的城市规划学科教育的土壤，以及更为重要的能形成这种土壤的机制。

本文课题获国家社会科学基金"环境友好型城市的人居环境规划与管理的体制研究"（06BJY035）资助。

参考文献

[1]Lawrence J Vale. 麻省理工学院城市研究与规划系：对规划领域的扩展 [J]. 国外城市规划，2006.（6）：1-2.

[2]陈秉钊 . 城市规划专业教育面临的历史使命 [J] . 城市规划汇刊，2004（5）：25.

[3]孙爱萍 . 对我国远程教育课程资源建设的若干思考——来自麻省理工学院开放课件项目的启示 [J]. 浙江教育学院学报，2007（5）：35-39.

[4]吴志强，于泓 . 城市规划学科的发展方向 [J]. 城市规划学刊，2005（6）：2-10.

[5]张庭伟，王晓晓 . 中国规划师在改革时期所面临的挑战 [J]. 高等建筑教育，2007（4）：14-22.

注释

① 具体学科和课程目录网址：http://ocw.mit.edu/OcwWeb/web/courses/courses/index.htm

② 具体共享课程内容网址：http://www.core.org.cn/OcwWeb/Urban-Studies-and-Planning/index.htm。

③ 关于 MIT 的介绍和核心办学理念等详见 http://web.mit.edu/aboutmit。

④ 详见中国高校网大学专业介绍，http://www.eol.cn/zyjs_2924/20070410/t20070410_227273.shtml。

⑤ 根据高等教育城市规划专业评估委员会三届一次会议统计数据，截至 2007 年底，全国共有 138 所高等院校设立了本科城市规划专业，57 所高校和研究机构设立了硕士城市规划与设计专业，在校本科生 24348 人，硕士生 1737 人。考虑到部分高校本、硕都有设立，不完全统计规划院校总数约 160 所。

⑥ 根据陈秉钊《城市规划专业教育面临的历史使命》一文中统计数据。

⑦ 根据高等教育城市规划专业评估委员会三届一次会议统计数据。

⑧ GPEAN 网址：http://www.gpean.org/INDEX1.htm

⑨ CAUP 精品课程网址：http://www.tongji-caup.org/jpkc

（原文曾发表于《城市规划》，2009 年第 6 期）

杨　辰：
同济大学城市规划系副教授，硕士生导师。法国高等社会社科院 (EHESS) 博士，法国
国家职业建筑师。研究领域：社区规划理论与方法、中法（欧）城市比较研究、历史与
遗产保护。

以空间训练为核心

——法国凡尔赛国立高等建筑学院城市设计教学经验

杨　辰　卓　健

城市设计理论和实践探索在中国快速城市化进程中有过一段曲折的历程。由于法定程序的缺失、监管不力以及从业者良莠不齐，"大拆大建式"的城市设计造成了文脉断裂、生态环境恶化，以及千城一面、贪大求新等怪象的出现，这引发了专业人士、媒体和公众对城市设计的一致批评。近年来，中央政府多次在城市工作会议上指出"加强城市设计的重要性"。随着存量规划时代的到来，城市空间结构基本定型，城市设计在提升环境品质、调节城市居民生活和生产关系方面将发挥重大作用。

为适应新的要求，城乡规划专业有必要借鉴国内外经验，对当前的城市设计教学进行思考，重新审视"空间训练"的核心地位，以及设计课与理论课之间的关联度等重要问题。本文结合同济大学建筑与城市规划学院（CAUP）与法国凡尔赛国立高等建筑学院（ENSA-V）的双学位项目，重点介绍法方为该项目提供的为期一年的城市设计模块，从教学目标、课程设置与教学组织、教学内容与方法、学生心得四个方面进行系统梳理，最后总结其教学特色以及对中国城市设计教学的启发。

1　法国城市设计教育体系

在法国，城市设计专业主要分布在两种类型的教育机构：国立高等建筑学院（ESNA）和综合性大学及规划研究所（University/Urban planning Institute）。

前者以培养职业建筑师和规划师为己任，将城市设计视为空间设计的一种类型，在建筑学教学体系的中后段设置城市设计板块；后者则以培养城市研究和政府管理者为目的，将城市设计视为公共政策的一部分，注重土地整备、社会经济政策的空间导向、规划管理的实施与反馈等方面的能力。本文介绍以第一种教育机构为主。

法国国立高等建筑学院（ESNA）独立于教育部下辖的大学体系，属文化部直管，是唯一可以颁发国家职业建筑师文凭（DPLG）的教育机构。目前全法共有 20 所公立建筑学院，这些建筑学院中有 6 所分布在大巴黎地区，其他 14 所分布在外省的主要城市。建筑学院没有明确排名，但各具特色与优势。如波尔多国立高等建筑学院（ESNA-Bx）的景观和建筑声学，布列塔尼国立高等建筑学院（ESNAB）的遗产保护，里昂国立高等建筑学院（ESNAL）的建筑历史与数码技术，凡尔赛国立高等建筑学院（ESNA-V）的生态建筑 / 城市和区域规划等。

改革后的法国建筑教育体系采用了"3+2+1"的三阶段体制，即本科阶段 3 年（Licence）、硕士阶段 2 年（Master）和执业资格培训阶段 1 年（HMONP）。本科阶段以艺术造型、建筑历史、构造、计算机辅助等基础课程为主，重点培养学生的空间理解力和创造力、建筑表现技巧、初步的构造知识和城市规划理论。该阶段要完成六个学期的设计课、各类理论课和一个为期六周的实习。硕士阶段的学生有一定的自由度，可以根据个人兴趣选择研究方向和导师，如住宅、公共建筑、城市设计、区域规划等。重点培养学生分析建筑与城市问题和独立设计的能力。该阶段需要完成四个学期的建筑或城市设计课（含半年的毕业设计）、各类理论课和一个为期八周的实习。经过这五年的学习，通过考核的学生可以获得国家建筑师学位（Diplôme d'Architecte d'Etat），该学位等同于大学体系中的硕士学位。之后，学生可以直接向大学申请博士候选人资格，进行建筑与城市方面的学术研究；也可以继续攻读最后一个阶段，即在一年中完成六个月的全职实习和学校的执业课程培训，在答辩合格后获得"职业建筑师文凭"（HMONP）。这一执业资格是每个建筑系学生的梦想，意味着经过了至少六年的学习，他们成为国家许可的注册建筑师，有权在欧盟国家执业。

2 同济-凡尔赛双学位项目中的城市设计课程

2.1 教学目标

"同济–凡尔赛双学位"项目于 2015 年正式启动，按照协议，双方每年各挑选 6 名优秀研究生参加这一项目。第一年中法学生在各自学校学习，第二年到对方学校进行为期一年的交换学习，第三年返回本校完成论文和设计答辩，课程与答辩全部通过者方可获得两校文凭。

双方都为对方学生组织了为期一年的教学模块，凡尔赛国立高等建筑学院根据自身的研究特长和同济大学学生的特点，以"生态城市"（Ecological Urbanism）为题准备了两个学期的城市设计课程（相当于六年培养计划中的第五年）。教学目标是结合凡尔赛国立高等建筑学院的两个主要研究领域（生态城市和区域规划），从区域到建筑，建立一套多尺度的城市分析和设计方法。培养学生灵活运用生态城市理论、展开实地调查和案例分析，以及对不同尺度的城市空间进行综合设计的能力。

2.2 课程设置与教学组织

城市设计课程分两个学期，每个学期由四个教学单元组成：设计课（Project, P）、专题讨论课（Seminar, S）、理论课（Theory, T）、学习旅行（Study Trip, ST）见表 1。

课程设置　　　　　　　　　　　　　　　　表 1

教学单元	第一学期	第二学期
设计课	P1	P2
专题讨论课	S1,S3	S2
理论课	T1,T2,T3	T4
学习旅行	ST1	ST2

城市设计教学模块的核心是设计课，每个学期的设计课可以是一个主题，也可以由若干小设计题目构成（如第一学期的"隐藏的大都市"，图 1）。专题

讨论课和理论课的选题必须围绕着设计课展开，理论课的主讲教师大多是设计课的指导教师，这保证了理论研讨与设计指导之间的高度关联。学习旅行是针对设计课需求组织的，分别对欧洲两个大都市巴黎、柏林展开 3～7 天的实地调研。教学模块将大部分理论和专题讨论课都放在第一学期，帮助中国学生尽快熟悉法国城市研究语境的同时，也为第二学期的设计论文留出足够时间。学生在为期一年的学习过程中，始终处于四个教学单元的穿插指导和相互配合之中（表 1）。

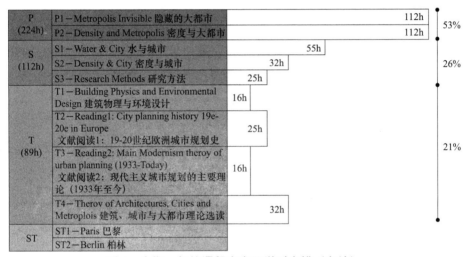

图 1　为期一年的课程内容及学时安排（自绘）

从内容看，课程围绕着生态和大都市规划两大主线，组织了丰富的理论选讲和专题研讨。从全年的学时分布看，两大设计课以 224 小时（53%）占绝对优势，三个专题讨论课以 112 小时（26%）次之，四个理论课共 89 小时（21%）居于末位。这显示了法国建筑院校城市设计课程以设计为核心的教学理念（这还不包括专题讨论课和理论课上的设计研究部分）。

2.3 教学内容与方法

下面对四类教学单元中的主要课程进行重点介绍：

（1）设计课 P1：隐藏的大都市

1）问题设定：夜晚的大巴黎地区有超过 300 万的人在工作。这些人为谁工作？如何工作？在哪里工作？以巴黎为代表的大都市地区有许多这样"隐藏时空"。如何观察、理解和提升这些区域？

2）研究对象：拉德芳斯周边废弃工业区——Rue la Garenne。

3）研究目标：在规划和建筑层面，通过交通模式、节点、速度、慢速等方面理解时间和空间的尺度，形成多样化的感知。最终学生将把夜晚作为一个激活空间活力的触媒点，提出一个覆盖全尺度的设计方案。

4）工作步骤：

第一阶段：拉德芳斯夜晚调研及激活夜晚活力的策略提议。将学生分为五组（3～4人一组），每组有一个调研与策略的侧重主题，分别是：动物、食物、慢速、运动、转变。

第二阶段：每位学生设计一个木结构亭子。项目选址于 Villiers-sur-Marne 地区的高速公路旁。设计要求包括一个房间和一个餐厅，各 120m^2；建筑材料只能用 4mm×12mm×250mm 的木条；这个项目要体现基地的历史和未来。

第三阶段：废弃工业用地的城市更新设计。将学生分为六组（3人一组），每组学生选择一个设计主题，包括交通、密度、公共空间、临时性、植物、慢速等。基地选址于拉德芳斯附近 Nanterre 地区的 Rue de la Garenne 街道。学生通过对第一阶段中时间与空间的感知对街道进行城市更新设计，并将第二阶段设计的木结构亭子应用到城市微更新之中，作为项目触媒点。

5）最终成果：

第一阶段，各组学生将调研图纸、策略图纸、实践过程以视频或照片的形式呈现，所有成果共享在脸书（Facebook）上。

第二阶段，每位学生要做一个 1：33 的木结构亭子的模型。

第三阶段，每组学生要通过一个 3～5 分钟的视频来呈现所有设计方案。

（2）设计课 P2：密度与大都市

1）问题设定：

要求从四类城市（a new city, a historical city, a Chinese city and a shrinking city）中提取经验，自选基地"创造"一个新城，从超长时段设想新城人口从 50 万增长到 1000 万再衰减至 500 万过程中土地使用、生态环境、设施布局和密度变化，并用 Grasshopper 软件进行校核。

2）工作步骤：

第一阶段：城市案例分析。以小组为单位（3～4人一组）分析四类城市代表：芝加哥、东京、南京和仁川。从土地使用、基础设施、公共服务设施、公共空间、街区尺度等方面对上述四个城市进行对比分析。

第二阶段：从案例研究中提取的参数运用到设计过程中。制定一系列参数规范，如各项设施占比、不同等级道路尺度分配、不同尺度公共空间分布和尺寸构成等。然后在 Grasshopper 软件中将这些参数生成一个"理想城市"。

第三阶段：选择基地展开模拟分析。由于基地自选，有的小组选择以港口为出发点，建造海港城市。有的小组以无车城市为概念，重点研究步行交通。有的小组将重心放在 TOD 上，研究不同交通方式之间的衔接模式。有的小组以举办奥运会作为城市兴起原因，研究体育城市。也有小组以海岛为基地，限制了城市边界，重点研究城市在垂直方向上的密度增长。以教育信息设施所在的公共开放空间为吸引点，引发城市增长。最终五组同学形成了弹性（resilient）、步行（walkable）、运动（sport）、智慧（intelligent）、职住（computing）五个核心概念，并从城市分析到建筑设计给出了连贯性的答案（图2）。

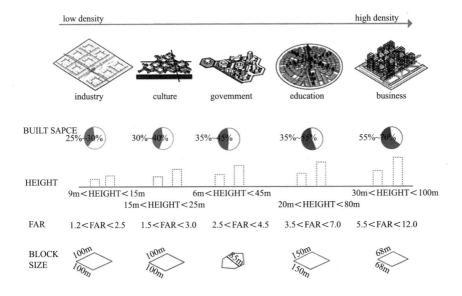

图2 密度与大都市分析图（学生供稿）

（3）专题讨论课 S1、S2：水与城市、密度与城市

1）课程任务：每位学生选择两个现存或历史上的滨水高密度城市进行系统研究。每学期根据主题（第一学期为"水"，第二学期为"密度"）完成一个城市分析，为设计课提供案例参考。最终全班共同完成一本以 24 个"水城"为主题的研究手册作为课程成果。

2）工作方法：研究城市分为古城、近代滨水城市和当代新城三类，空间分布上尽量覆盖各大洲。学生要从考古文献、地图、档案、文字记载中收集各类城市的信息；从人口、密度、地形、建成环境、水系统、交通网络等方面进行横向比较，总结出"水"在城市发展过程中的重要作用，并分类归纳出与"水"相关的规划与设计方法。

（4）理论课 T1：建筑物理与环境设计

1）课程任务：后石油时代的节能设计原则和规范如何影响城市规划与设计方法。

2）研究对象：被动式建筑（passive house）在城市设计中的推广。

3）工作步骤：

第一阶段：了解被动式建筑评定的五个主要标准（隔热性、窗户、通风系统、密封性和热桥），学生分五组对五个标准的原理、计算方法及其应用进行学习、演示和交流。

第二阶段：欧洲各国节能建筑规范和应用的比较。

第三阶段：3 人一组，在私人住宅、集群住宅、办公、商业、公共建筑五种类型中选取一种进行节能改造研究，内容包括当地气候与地形、客户要求、建筑属性（历史建筑）、材料选择、街道界面、施工过程等，最后进行改造前后的对比分析。

第四阶段：对当前大规模推广的节能建筑改造和节能设计规范对城市设计方法的影响进行评估。

（5）理论课 T2：Theory of Urbanism (25h)

1）课程任务：分五个时期（功能主义 1933—1960 年，十人组 1953—1974 年，向波普学习 1968—1976 年，罗西的城市建筑 1968—1980 年，当代城市

OMA 实践 1976 年至今），梳理现代主义城市规划理论的来龙去脉。通过实际案例的分析，深入理解这些规划思潮的效果，以及对当前欧洲城市设计理论和实践的影响。

2）研究对象：巴黎及其周边受思潮影响的各类地区。

3）工作步骤：

第一部分是理论授课，介绍现代主义城市规划思想和理论体系。

第二部分是学生分组选取巴黎大都市区的代表案例（巴黎西郊 Suresnes 地区），从人口、密度、交通、职住平衡、新城 – 主城关系等角度进行深入分析，并进行成果汇报。

（6）学习旅行

1）旅行目的：通过城市旅行（包括参观博物馆和规划展示馆、走访建筑 / 规划事务所、项目考察等），直观地学习经典城市规划理论的应用，并为设计课准备城市案例。

2）研究对象：

第一阶段：巴黎大都市区。参观巴黎的建筑和遗产城（Cite de l'Architecture et du Patrimoine）、城市规划馆（Pavillon de l'Arsenal）、地下水道博物馆（图 3）、拉德芳斯地区（La Defance）、鲍赞巴克的开放街区（Massena）、郊区花园城等，系统了解巴黎历史、规划史、大都市多样性以及当前重点开发地区和项目。在旅行过程中及结束后，师生要在社交网络（Facebook）上搭建一个分享旅行知识和学术讨论的平台（图 4）。

图 3　在巴黎城市规划馆和地下水道博物馆参观学习（学生供稿）

图4　Facebook 上小组在线分享和交流学习旅行成果（学生供稿）

　　第二阶段：柏林大都市区。柏林之旅主要参观城市规划馆、拜访建筑／规划事务所、师，重点学习当前欧洲在生态城市学和节能建筑方面比较突出的德国经验。

2.4 学生心得（节选）

　　A 同学：一学期紧张又有趣的设计合作之后，我们对城市设计涉及的多重时空尺度有了更深的理解。课程的精心安排让我们从理论课和学习旅行中不断发现设计思路，同学们的各种新颖想法，也让我们对法国既严谨又创新的设计方法有了更多体会，这是在国内城市设计教学中难以获得的独特体验。

　　B 同学：我对专题讨论课"water city"有不少感触，它与其他国内的理论课程有很大不同，作为讨论课，老师没有固定的授课内容和课件，主要指导学生分享各自研究内容，这门课的主角是我们，这有助于增进国际学生的互相学习，同时可以获得基于老师实践经验的指导，过程中的一些思考可能对我今后的论文写作也有帮助。

　　C 同学：生态城市和节能建筑我们不太了解，即使在国内本科前两年学习建筑课程时也没有接触过，但节能和生态是当前城市面临的重要环境问题。欧洲许多国家，特别是德国在这方面的研究和应用非常领先。具体地学习其中一个标准使我们对生态和节能概念有了真实的理解，特别是看到这些原则已经开始影响城市设计，我觉得自己似乎找到了方向。

D同学：课程由浅入深，学习了基本原理之后，老师会以自己的项目为例，生动地讲解了一个设计如何从节能和生态的角度出发，在不同尺度上运用节能原理。课程最后的作业使我们把目光转移到自己的日常生活中，让我们认识到节能建筑的实践并不复杂；相反，通过基本的原理，可以进行一些简单的改造来改进建筑节能和城市生态的性能。

E、F同学：学习旅行帮助很大。通过实地参观和分析，我们对城市规划思想的实施有了更直观的感受，比如田园城市，之前有概念，但直到看到真实环境，才能理解那个时代的思想内涵（E）……通过参观事务所，听他们介绍实施案例，我开始从城市规划师或建筑师的视角认识城市。积累优秀的城市案例确实有助于我们从实践中学习经验（F）。

2.5 小结：教学特色与启发

（1）以设计课为核心的教学单元组合

城市设计的核心是空间。建筑师与城市规划师要理解空间，更要懂得如何设计一个"恰当"的空间。法国城市设计的教学理念是：把握空间的能力必须通过长期的设计训练，而非理论学习。无论从学时还是学分上看（设计课为16学分，而理论课一般为2～4学分），设计课的重要性都远超理论课。当然，这不等于说理论不重要，理论的重要性体现在它对设计的指导，这种指导有时还必须通过"专题讨论课"和"学习旅行"等辅助手段发生作用。因此，以凡尔赛国立高等建筑学院为代表的法国城市设计教学形成了"以设计课为核心的教学单元组合"特色（图5）：专题讨论课、理论课、学习旅行的主要任务就是支撑设计课，避免理论和设计的脱节（这一问题在当前中国的城市设计教学中尤为明显）。

（2）培养"从区域到建筑"的多尺度设计能力

法国的空间学科（地理学、城市规划、建筑学）都认为，单一尺度的分析只能揭示现象的部分规律，而多尺度的连贯分析可以展示出现象在不同尺度下的表现形式，同时揭示出背后的运作机制。例如巴黎，只有充分理解了她

的"地方属性"，才能明白她在全球城市网络中的重要作用；同时，全球竞争与
协作也在巴黎的地方规划中得以充分体现。 城市正是这样一种结构：它自成
系统的同时，也处于一个更大的系统之中。因此法国的城市设计教育，一方面
强调与大都市空间结构相衔接，另一方面强调与建筑设计的融合，而不仅仅是
停留在城市空间导则的控制。凡尔赛国立高等建筑学院城市设计课程（无论是
设计课还是专题研讨）的成果要求都必须是从城市到建筑尺度的展示——这种
在"区域 – 城市 – 建筑"多重尺度间的连贯分析是法国城市设计教学最具启发
之处。

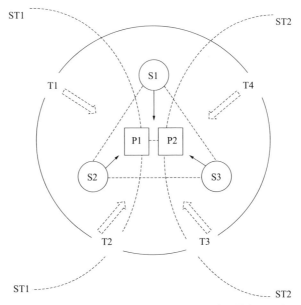

图 5　设计课、专题讨论课、理论课与学习旅行关系图

（3）人文关怀与新技术应用相结合

法国历史悠久，建筑与城市是法兰西人民引以为豪的文化遗产。然而，即
使在最正统的国立高等建筑学院的教学体系中，除了充分的历史人文课程（城
市史、规划史），还看到了许多新技术的应用，例如对生态城市和节能建筑技术
的学习和讨论，利用模型软件对历史、现代和未来城市的模拟量化分析等。这
种人文关怀与新技术应用的结合，特别是对待新技术既开放又反思的态度，避
免了保守好古和技术崇拜两种极端，为学生的专业学习和未来的职业生涯打开

了多重视角。

感谢法国凡尔赛建筑学院 Ingrid Taillandier 教授和孙美玲、周云洁、吴怡沁、王子鑫、蔡一凡、蔺芯如同学的协助。

参考文献

[1] Panerai P, Mangin D. Projet urbain[M]. Marseille : Éditions Parenthèses, 2006.

[2] Taillandier I. 35 New Cities [M]. Versailles: Presse de ENSA-V, 2016.

[3] 杨辰，周俭，兰德. 巴黎全球城市战略中的文化维度 [J]. 国际城市规划，2015（4）：24-28.

　　（原文曾发表于《全国高等学校城乡规划学科专业指导委员会年会论文集》，2017 年 9 月）

黄　怡：

同济大学建筑与城市规划学院教授、博士生导师；国家注册城市规划师；中国社会学会城市社会学专业委员会理事；国家自然科学基金委通讯评审专家；国家留学基金委、教育部学位中心论文评审专家；同济大学智能城镇化协同创新中心特聘教授、同济大学妇女研究中心专家；《城市规划学刊》《国际城市规划》《上海城市规划》JHED 等国内外多家重要专业学术期刊的审稿人。主要研究方向是城乡规划理论与设计、城市社会学、住房与社区。曾任德国柏林工业大学、德国斯图加特大学、美国加利福尼亚大学圣迭戈分校、澳大利亚昆士兰科技大学访问学者。出版有《城市社会分层与居住隔离》《社会城市》和《新城市社会学》等多部专著和译著，参编有《中国城镇化三十年》《上海手册·城市治理》等多部著作。发表专业学术论文近 60 篇。主持国家自然科学基金、上海哲学社会科学基金等多项国家级、省部级科研课题和规划工程实践项目，并获得全国和省部级优秀城乡规划设计奖、全国高等学校城市规划专业指导委员会优秀教学论文奖等多个奖项。

"新常态"下的城乡规划教育与 UCL 的启示

黄　怡

1 新常态：规划教育的新背景

规划教育与城乡规划行业、学科、专业有着密不可分的内在依存关系：规划教育为规划行业培养输送人才，规划行业为规划教育提供就业市场和岗位机会；规划教育为规划学科发展提供后劲，规划学科专业的发展确保规划教育的水准。正因如此，当下城乡规划行业、专业领域所遭遇的新常态也构成了城乡规划教育的新背景。

1.1 新常态的释义

当下热词"新常态"，就是该词被赋予的初始含义，即中国经济经过 30 多年平均 10% 左右的高速增长后将进入一种新的惯常状态，从高速增长转为中高速增长，经济结构优化升级，从要素、投资驱动转向创新驱动；与此经济过程相伴，是中国政治、社会亦将呈现出的新常态。作为延伸，还可以理解为一种技术的新常态，亦即互联网与大数据技术对社会生活诸多领域的巨大冲击。这两重的新常态同时也构成了当前及未来城乡规划行业、专业及教育发展的重要背景。

1.2 经济社会新常态下规划行业的危机感

我国 1990 年开始实施的《城市规划法》和 2008 年废止前者代之实施的《城乡规划法》都要求开发建设中规划先行，而在此前 20 余年我国城镇高速发展的过程中大都依法做到了，规划行业也因此经历了超常规的发展，大大小小的规划设计单位生存不成问题，不少规划设计单位持续扩张，规划从业人员大量增加。规划专业点在高校中的设置数量也急剧增加，据粗略统计，目前已达到 186 个。

而自 2012 年起全国 GDP 增速开始回落，国家发展模式进入转型时期，随着社会与政府的需求转变，以"土地财政"为核心的运转模式在转变，建筑与城乡规划行业的业务相应回落，不少设计单位收入下降，甚至有的单位出现了亏损。且不论"规划的冬天"是否来临，确凿无疑的是规划行业已深感危机。

1.3　技术新常态下规划专业的危机感

技术新常态以互联网和大数据技术为代表，对于传统城市规划的挑战竟然首先来自商业市场，在规划里尚停留在理论阶段探讨的"智慧城市"，却被互联网（百度）、物联网（阿里巴巴）等企业率先部分付诸实现。百度研究院的大数据部实验室，凭借百度地图、百度搜索等产生的海量数据，依靠相应的数据分析软件平台，推出了一系列项目，例如以"大规模人群迁移"为主题的大数据可视化项目、对人群拥挤致踩踏灾难的人流分布可视化分析等。这一切令大多数对此"外行的"规划从业者们震惊之余，危机感陡升，以至于长期经受传统专业训练的规划师们大有自感被这股浪潮抛弃之恐忧。

2　新常态带来的新契机

那么，经济社会和技术的新常态，对于规划专业教育到底有着怎样直接或潜在的影响呢？冷静面对则不难发现，在席卷而来的新危机下，也潜藏着规划教育的新契机。首先，经济社会新常态下规划行业的收缩并不必然意味着规划学科和教育的趋冷；其次，技术新常态下大数据技术的扩张并不必然意味着规划学科和教育的溃败。

2.1　规划行业趋冷与规划学科、规划教育的关系

经济社会新常态下规划行业的收缩，所谓的"寒冬"之叹，只是出于行业

的市场赢利考虑，最直接影响的是规划设计企业。对于大多数高等院校的规划教育者，他们大多同时也是规划执业者，也会不可避免地受到市场影响，但是可以因此将更多精力投入专业和教育科研，对学科建设和专业教育来说未尝不是好事，行业的趋冷反倒可能带来规划教育新的发展契机。

在此前 30 多年快速城镇化过程中的大量城乡规划实践，有必要加以总结升华，开发出在中国特定背景与条件下的具有"中国特色的"规划核心理论，从而丰富和贡献于世界的城市规划理论体系。对规划教育来说，规划教育者可以有更多的精力投入规划教育及研究。因此，作为产业、行业的规划冷了，并不意味着规划学科的冷，更不意味着规划教育走向冷寂，规划学科、规划教育反而可能升温，新常态、新危机恰恰孕育了规划教育发展的新契机。

那么，大量"过剩"的规划师到哪里去？新型城镇化还在继续推进，城市更新会长期存在，基层的城乡规划专业技术力量亟需加强，这些都是规划师们大有作为的去处。因此，培养规划人才的规划教育以及高校中的规划专业点设置即使不再迅速扩张，至少不会萎缩。

2.2 互联网 + 规划与规划教育的升级

大数据时代的到来，本质上讲技术的发展对于城市学科可能产生转折性的影响，20 世纪 50 年代美国人口普查和人口统计的区位模式以及计算机技术的发展，给人类生态学领域带来了彻底的变化，便是典型的例子[①]。当下互联网与大数据的影响是全方位的、无所不在的，可能触发规划学科专业和行业的重要变革。

通过城市计算[②]与大数据的应用，规划的现状定量分析有了强大的支撑，通过海量时空数据挖掘，加上可视化的分析手段，公共安全、环境污染、灾后评估等重大问题都可以快速有效地表达出来，城乡建设和社会运行状况可以被整体洞察。利用智慧城市技术和复杂系统科学的最新进展带来的机遇，区域综合交通规划、城市内部公共交通、基础设施、建成环境以及与规划、气候变化适应和减缓之间的关联性影响、预测都可以进行。在大数据背景下，传统 GIS 领域中的地图制作、空间数据管理、空间分析、空间信息整合等技术，已进一步升级为 WebGIS，为规划全面实时掌握城市信息、预测城市动态提供了前所未有的工具便利。结合新的城市模型开发、模拟技术和信息通信技术，可以实现对城市建设进行全过程分析、全方位监控、模拟预测和实时反馈。

通过互联网与数字技术，还可以推动规划民主进程。在网络社会、数字城市中，数字媒介和交流是无所不在的，并潜在地具有深刻的政治性和竞争性。数字技术对民主规划产生的影响可能更重要。就信息的渠道和多样化的大众参与到规划中来并决定规划决策的能力提升而言，数字技术的采用足以影响规划的民主。而大数据可视化与模拟技术，为促进公众参与、建立民主化的公共意识平台提供了充分的可能。今后的公共领域——城市的规划、重大项目的决策不再仅仅是反映个体领导的意志和意图，更要体现社会大众、不同利益主体的广泛意愿和需求。

大数据技术在规划中的应用也存在巨大的现实制约：①规划不直接掌握数据源；②大数据本身也面临数据感知、海量异构数据管理和挖掘、数据可信性等尚需解决的问题；③与传统数据（如人口普查、经济普查数据）的整合；④大数据方法本身并不能降低成本。

不管互联网和大数据技术是否代表了城乡规划中技术使用方面的又一场革命，互联网＋规划趋势如何反映到规划教育的过程，却是规划教育不得不思考的问题。如果说最早的手把手式师徒制的建筑规划类的专业教育是一种哺育承袭模式，信息时代初期资讯共享的专业教育是一种同步同源模式，那么大数据时代的规划教育是否可能形成一种交互式的教育，在对新技术的接受能力与掌握速度上，学生完全可能超越他们大多数的老师，从而在教学与科研中形成一种互赖互动的关系。

3 英国 REF2014 评估与 UCL 巴特雷特学院的范例

经济社会的新常态是我国所特有的背景，那么技术的新常态应该基本与西方世界同步，但在国外规划界似乎并未出现同样的恐慌情形，甚至在西方规划的近期焦点问题里为何连 "big data" 这样的关键词都极其鲜见？为此选择了英国伦敦大学学院巴特雷特建成环境学院作为案例，对其专业构成及教育教学一探究竟。

3.1　2014 卓越研究框架（REF）评估巴特雷特学院的结果

　　卓越研究框架（Research Excellence Framework，REF）是英国高等教育资助委员会（The Higher Education Funding Council for England，HEFCE）对大学研究进行的一项周期性的复查制度，并作为政府给高等学校研究进行财政拨款的依据。REF2014 的复查结果将决定资金委员会从 2015 / 2016 年起如何分配每年 20 亿英镑的资金。从 2014 年 12 月公布的评估结果来看，在"建筑、建成环境和规划"（Architecture，Built Environment and Planning）评估小组中，伦敦大学学院（University College London，UCL）巴特雷特学院（the Bartlett）是建成环境研究领域排名最高的机构，在英国拥有该领域最具世界领先水平的研究。在 REF2014 评估结果中，巴特雷特学院在 UCL 也是最好的，其研究实力整体排名第一。评估按照成果（outputs）、影响力（impact）和研究环境（environment）三项指标进行。巴特雷特学院的斐然成绩体现在以下五个方面：①所提交的研究成果数量最多（156 项），研究成果分布从一次性项目或地方项目，到国家和国际的政策，覆盖了各个层面；②在研究的影响力评价中，46%（评估小组整体为 38.4%）的研究成果被评为 4*（世界领先），35%（整体 42%）被确认为 3*（国际优秀），反映了巴特雷特学院研究影响的质量；③平均绩点很高，为 3.25，总体得分按照所测平均得分乘以员工数量计算，总分最高；④所提交研究人员的数量最多（151 名），代表了学院 95% 的符合条件的人员，是排名紧跟其后的其他大学的院系研究人员数目的两倍以上，其人员构成的包容性也极为突出，其中近 1/3 是较早开始职业生涯的研究者，比在该领域的其他任何大学都多，并包括了所有年轻的研究人员；⑤提供给教职员工和学生的科研环境得分处于 4*（世界领先），为小组的最高得分，有利的环境使得员工能发挥其潜力，产生世界一流的研究。

　　巴特雷特学院在 REF2014 评估中所提交的研究成果数量较上一轮 2008 年研究评估（Research Assessment Exercise，RAE）时翻了一倍，但得分仍然显著高于上次的评估成绩，其科研实力的绩点数字比接下来排名最高的 3 个机构的总和还大。这证实了巴特雷特学院作为英国最全面的建成环境学院的地位，在其学科的规模、广度和深度、项目计划和系所等方面都无与伦比。这一点也在 2015 年建成环境领域 QS 世界排名中得到佐证，巴特雷特学院仅次于美国的 MIT，排名第二。

3.2 巴特雷特学院的专业构成

在巴特雷特建成环境学院，专业研究活跃并引领了教学。学院下设 7 个系所（表 1），专业领域包括建筑和规划、建设和项目管理、运输和文化遗产，甚至能源和全球南方，整体上形成了英国最综合和最具创新精神的建成环境学院。这些系所，分开来，在它们各自的领域中领先；合起来，可形成对世界紧迫议题的最新回应，整体上它们代表了一个世界领先的、多学科的学院。相关联的还有 UCL 城市实验室、空间句法实验室、UCL 环境设计和工程研究所、UCL 可持续的遗产研究所等机构。

UCL 巴特雷特建成环境学院的架构　　　　　表 1

UCL 巴特雷特建成环境学院 The Bartlett, UCL's Faculty of the Built Environment	UCL 巴特雷特高等空间分析中心（CASA） The UCL Bartlett Centre for Advanced Spatial Analysis
	UCL 巴特雷特发展规划部（DPU） The UCL Bartlett Development Planning Unit
	UCL 巴特雷特建筑学院 The UCL Bartlett School of Architecture
	UCL 巴特雷特建设和项目管理学院 The UCL Bartlett School of Construction & Project Management
	UCL 巴特雷特环境、能源和资源学院 The UCL Bartlett School of Environment, Energy and Resources
	UCL 巴特雷特研究生院 The UCL Bartlett School of Graduate Studies
	UCL 巴特雷特规划学院 The UCL Bartlett School of Planning

来源：据 http://www.bartlett.ucl.ac.uk 整理。

3.3 巴特雷特学院的规划教学体系

从巴特雷特规划学院的本科及研究生教学计划来看（表2），并未突破传统的学科方向与范围，本科教学包括3个计划：城市规划、设计与管理，规划和房地产，城市研究；硕士教学包含10个计划：空间规划、国际规划、国际房地产和规划、城市更新、可持续的城市性、城市设计与城市规划、巨型基础设施规划估价与实现、住房发展、交通与城市规划、跨学科的城市设计。博士教学则是一个综合的规划研究计划。上述所有项目均通过了英国皇家城镇规划学会（RTPI）、皇家特许测量师学会（RICS）或同时两者的合格认证。

在上述本科、硕士和博士计划中，由于所设专业方向跨度较大，包括本科阶段的房地产、硕士阶段的巨型基础设施规划估价与实现以及跨学科的城市设计等方向，让学生可以获得关于城市的形式、规划、设计和管理以及关于如何塑造城市未来的知识，并给予学生在传统规划职业和各种各样相关的专业和特定领域的工作技能。

UCL 巴特雷特规划学院本科、硕士和博士各阶段的教学计划　　　　　**表 2**

序号	本科计划 Undergraduate Programmes	硕士计划 Postgraduate Programmes	博士计划 Mphil/PhD Programme
1	城市规划、设计与管理 / 学士 BSc Urban Planning Design and Management	空间规划 / 硕士 MSc/Dip Spatial Planning	规划研究 / 哲学硕士 / 博士 Mphil/PhD Planning Studies
2	规划和房地产 / 学士 BSc Planning and Real Estate	国际规划 / 硕士 MSc/Dip International Planning	
3	城市研究 / 学士 BSc Urban Studies	国际房地产和规划 / 硕士 MSc/Dip International Real Estate & Planning	
4		城市更新 / 硕士 MSc/Dip Urban Regeneration	
5		可持续的城市性 / 硕士 MSc/Dip Sustainable Urbanism	

续表

序号	本科计划 Undergraduate Programmes	硕士计划 Postgraduate Programmes	博士计划 Mphil/PhD Programme
6		城市设计与城市规划 / 硕士 MSc/Dip Urban Design & City Planning	
7		巨型基础设施规划估价与实现 / 硕士 MSc/Dip Mega Infrastructure Planning Appraisal & Delivery	
8		住房发展 / 硕士 MSc Housing Development	
9		交通与城市规划 / 硕士 MSc Transport & City Planning	
10		跨学科的城市设计 / 硕士 MRes Inter-disciplinary Urban Design	

来源：据 http://www.bartlett.ucl.ac.uk/planning/programmes 整理。

3.4 巴特雷特学院的课程体系

　　大学是通过课程来提高学生的能力，教学质量很大程度上是由课程体系予以实现的。巴特雷特学院的规划教育包括本科生、研究生、研究硕士（MRes）以及博士学位课程，还有夏季学校和基金课程，课程体系覆盖了与职业相关的技能和知识领域。

　　以规划本科计划为例（图 1），3 个本科计划享有一个共同的城市核心模块，这个核心模块又由 3 个分组模块构成，分别聚焦于"理解""管理"和"实现"城市变化，在 3 年的本科学习中发展形成。此外，"规划和房地产"本科计划有"房地产模块"课程，"城市规划、设计与管理"和"城市规划"本科计划共有"规划与设计"模块。系列课程除了聚焦于传授规划的知识、方法和工具，也就是如何规划的理论、方法和技能，特别注重在建成领域发挥作用的不同专业的关系，并且强调课程体系的连贯性与层次性。例如"城市实验室"课程属于"实现城市变化"分组模块，一年级训练图形技能，主要是基础的规划徒手、工具绘图技能训练，包括二维和三维的空间与城市环境表达；二年级训练空间分析，首先是让学生能够就城市议题进行经验研究的设计，然后让学生学习 GIS 的基本技能，并在最后阶段将两项技能结合起来应用于实际规划问题，以信息技术工作坊（IT workshop）的形式授课。

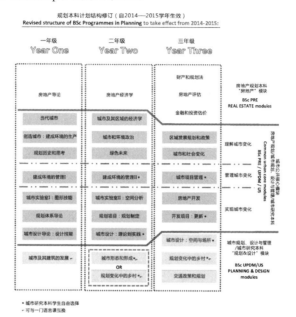

图 1　UCL 巴特雷特学院的规划本科计划结构修订
来源：据 http://www.bartlett.ucl.ac.uk/planning/programmes/undergraduate/bsc-urban-planning-design-management 整理。

3.5　巴特雷特学院的规划研究支撑体系

巴特雷特学院在规划技术方面的支撑，主要依靠巴特雷特高等空间分析中心（CASA）和 UCL 城市实验室。规划学院与巴特雷特学院内以及 UCL 内的相关技术和方法的研究机构在设置上既相对分离，又可以整合。在教学计划，特别是在研究生阶段，有更多的交叉。规划学院在教学计划和课程设置中，虽然突出了学科交叉，但对于技术并未过分强调，技术的角色是由学院架构中的高等空间分析中心和大学的城市实验室等相关机构承担，规划学院与这些机构之间形成一种交叉与互补的关系。

CASA 的研究主要集中于计算机模型的应用、数据可视化技术、创新的传感技术、移动应用和与城市体系相关的城市与区域理论。CASA 使用空间分析、地理信息系统、计算机辅助设计技术和自定义工具包作为时空数据表示的基本形式，这些研究都是通过来自社会物理学[③]、扩展计量统计模型、增强现实（augmented reality）和超本地传感（hyper-local sensing）并用于众包（crowd sourcing）的广泛方法进行探究。他们的关注涉及多学科，建立仿真模型，可视化"大数据"，开发定制应用软件，建立数据搜集、分析和沟通的新方法。其工作是政策和应用导向的，成果在多种尺度上运作，从超本地化，到建筑的尺度，直至大都市区域，乃至将这些想法扩展到更多全球性的问题和挑战，而理解这一切研究的重点在于位置、规模、空间和场所，仍是传统城市规划看重的因素。CASA 的所有项目都围绕智能城市、可视化和绘制地图以及城市建模与仿真三个明确的主题。许多工作的重点是居住区位、地理人口统计、城市动态、城市形态、住房市场、移民、空间相互作用、贸易、密度和城市规模以及城市开发。

UCL 城市实验室不属于巴特雷特学院，实验室的定位是：注重批判的、创造性的城市思考、教学、研究和实践，探索跨越学科边界的新的城市研究方法，引领城市讨论与设计和当代城市的规划，参与伦敦及其社区的实践，发展国际网络以及城市研究和行动中的比较，总结 UCL 的先锋的城市主义遗产。UCL 所有的本科生和研究生都可以参加实验室开设的本科生、硕士生和博士生的城市项目。本科生的规划项目有规划和房地产，城市规划、设计和管理，城市研究；硕士项目包括高等空间分析和可视化研究，开发中的建筑和城市设计，全球化、跨学科的城市设计，国际规划，国际房地产和规划，规划、设计和开发等。也就是说，巴特雷特规划学院的所有教学计划，UCL 城市实验室几乎全部覆盖，在教学上巴特雷特规划学院与城市实验室是融合的。

通过 UCL 巴特雷特学院的例子，至少可以让我们获得一些基本初步的了解，即在大致同样的技术发展背景下，英国最优秀的规划院校是以何种状态、何种方式应对技术的挑战。

4 新常态下规划教育的启示

对于进入经济社会和技术双重新常态的我国城乡规划教育来说，当下和未来的规划教育的变革重点将在以下几个方面：

4.1 规划教育的宽泛与复合趋势

面对经济社会新常态，规划教育要把握好与社会经济发展过程、与其他学科专业的外部关系，以及学科内部专业的关系。

1）社会经济新常态的存在，必然带来城镇化和城乡建设方式一个根本性的转变，越来越多的城乡问题的解决趋于讲求程序合法性、社会公平性、环境安全性，这也要求更多的规划从业者在观念与技能等方面做出深刻的改变，政治、法学、社会学、经济学、环境科学等学科都会介入规划的过程，这意味着在规划教育中专业宽泛和复合的趋势。

2）规划将更多介入城市社会空间转型的复杂过程，规划师的职业实践、形象和相关的角色模型也在变化。以前作为决策制定者顾问的技术熟练的规划师，今后将变成城市更新专家、房地产经理、精明增长的促进者、可持续能力和环境的倡导者等角色。规划职责的扩大要求相应的新技能，规划教育要顺应并促成这个转变，培养出具有广泛适应性的规划人才。

4.2 专业知识结构的优化完善与多元人才的培养

面对技术新常态，具体到大数据技术的影响，依据知识的分类，也从规划专业教育的角度来讲，大数据知识属于工具知识，也可算作方法知识，而与之相关的城市计算和空间分析技术正日益成为规划的一种结构性知识。在规划本科教育阶段补充和完善这方面的知识教育极有必要，这关系到学生未来在工作实践中的能力素养与领域开拓。这也是基于规划教育人才培养的目标：在规划领域中他们是行家里手，在他们邻近的领域中也有十分正确而熟练的知识。规划师不一定需要去领导和管理一个数据分析员，但需要了解采用大数据分析的项目，具有提出批判和建议他人去进行一项数据分析的本领。当然这对规划研究完全适用，不同学科的简单合作无济于事，必须了解对方领域的基本知识，才能合作成功，例如一个懂大数据的规划师和一个懂规划的 IT 数据分析员合作，才有可能出成果。

规划教育的理想人才模式是具备融会贯通的基础知识结构、学有所长的专业知识结构和得心应手的工具知识结构。对规划教育来说，专业知识结构系统必然面临长期的优化和完善的要求，优化的方向与原则与多元人才的培养是一致的。"多元"既指向学生的背景构成，主要针对硕士生和博士生，意味着学生在本科阶段所学专业的构成多元，既可以在同一个院系的规划专业设置跨度较大的专业，也可以是来自不同学院其他专业的学生，例如交通、地理、环境、政治、社会学、经济学等学科专业。"多元"更指向学生的未来就业，在已有的多种专业、行业岗位甚至是尚未出现的专业领域都有很好的适应能力与开拓能力。

4.3 课程体系的充实调整与交叉课程的设置

专业知识结构的优化完善要通过课程体系来落实，交叉人才的能力培养也要融于课程。因此，课程体系要针对新的变化进行调整与充实。本科阶段突出专业基础能力的培养，课程设置更针对职业技能，结合今后城乡社会发展的实际需求，可适当增加或强化规划管理、城市经济和政治学、交通政策和规划、城市更新、城市环境、住房政策方面的课程。研究生则强调专业研究能力的培养，可以形成更为开放包容的课程体系，例如跨学科的城市设计、城市可持续的管治实践、城市战略中的社区参与、决策中的风险不确定性和复杂性等内容都可以逐步纳入课程。

学科专业的核心理论与技能训练通过必修课程确保，而通过选修课程的调整补充可适应新的变化。由于学时的制约，部分新增课程可以安排在选修课模块中，丰富和充实选修课，同时鼓励跨院系、跨专业的选修课，特别是针对研究生开设的选修课。高度跨学科的交叉课程可以作为通识课程在校级、院级平台上实现，为交叉人才培养创造条件，例如同济大学城市规划系为全校学生开设的通识课程"城乡发展与规划概论"。同样，大数据类的技术类课程，可以联合实验室或由其他院系专业方向的教师开设通识课或选修课，就像UCL城市实验室可以服务于规划以及其他的城市学科。

4.4 规划教育的生源与师资

要整体应对新常态下的变化以及规划教育领域内横向的竞争，师生质量是根本性、决定性的因素。在生源方面，本科生根据其基础知识水平和学习能力在入学时即已决定，在本科生阶段，类似于UCL规划学院按照专业计划分类是一种做法，国内像同济大学城市规划系等规模较大的院系，采取的是高强度的专业综合学习模式，除城乡规划理论与设计等核心课程外，城市社会学、经济学、GIS等课程也都列为必修课程。但要应对经济社会和技术双重新常态下的学科专业变革趋势，高度跨学科的交叉课程可以在校级平台上实现，拓展本科生视野，为硕士研究生阶段的跨学科跨专业招生创造可能，并制定跨专业招生详细方案，例如在本科阶段选修相应基础课程的具体规定、要求等。

关于师资，则有如下三点考虑：①规划领域的教师本身就有各自不同的研究方向，除此之外，还可以引进校内外更多交叉学科专业的教师兼职授课或共同辅导研究生。②并非所有规划教师都要去搞大数据，没必要也没可能，但要有基本的大数据思维。目前规划领域内有少部分教师是从事这方面技术研究的，在自身不断探索的同时，可以逐步开设相关课程，讲授大数据在城市规划中的应用以及与传统城乡规划研究方法的结合等议题，也可以组织对其他规划师资进行培训。③结合政策制定者、专业实践者和多行业领域的专家参与到教学和学习环境，既可丰富学术的和职业的教育，提供学生关于城市专业人士在社会中各种角色和责任的知识，又能形成更强大的跨界合作。

参考文献

[1]全国高等学校城乡规划学科专业指导委员会网，http://www.nsc-urpec.org /index.php?classid=5923.

[2]专访吴海山：揭秘百度大数据的神秘面纱 .http://www.iter168.com/ 1368.html.

[3]黄怡，刘璟 .数字媒介与灾后恢复重建规划中的公众参与 [C]// 中国城市规划学会 .转型与重构——2011 中国城市规划年会论文集（光盘版）.南京：东南大学出版社，2011：3707-3714.

[4]http://www.ref.ac.uk/media/ref/content/expanel/member/Main%20Panel%20C%20overview%20report.pdf.

[5]http://www.bartlett.ucl.ac.uk/planning.

[6]http://www.bartlett.ucl.ac.uk/casa.

[7]http://www.ucl.ac.uk/urbanlab.

[8]黄怡 .欧洲规划教育的新趋势与启迪 [C]// 更好的规划教育·更美的城市生活——2010 全国高等学校城市规划专业指导委员会年会论文集 .北京：中国建筑工业出版社，2010：71-75.

注释

① 城市社会学家原先不得不限制在城市社区的实地研究，转变为能够收集整个城市的数据，并寻找如城市和郊区居民的教育水平、收入以及就业地位这些因子之间的联系，利用因子生态学方法，在 20 世纪 50—60 年代产生了大量研究，极大地增加了对于城市结构的解释。

② 计算机学科与传统城市规划、交通、能源、经济、环境和社会学等多个学科领域在城市空间分析中的融合运用，是一个新兴而非常重要的交叉领域。

③ 社会物理学（social physics）是一门大数据学科，它建立了人际网络的行为模型，并使用这些网络模型来创建可操作的情报，是能够精确预测人类行为模式的定量科学，指导人们如何改变这些模式以提高决策制定的准确性或提高组织内部的生产率。

（原文曾发表于《全国高等学校城乡专业指导委员会年会论文集》，2015 年 9 月）

后记

杨贵庆

　　本书收录了同济大学建筑与城市规划学院城市规划系2007—2017年10年之间部分教师公开发表的教育研究论文。2007年之前的规划系教师教研论文，曾在同济大学百年校庆（2007年）之际编撰出版过，故不再重新列入。

　　本书工作是在2017年校庆之际酝酿，2018年4月正式启动。在编撰本书伊始，城市规划系向全系所有教师征集这一时期公开发表过的教研论文，并且规定只能是教育研究论文，其他学术论文不在其列，且每人只能自行精选1篇。征集工作得到了规划系教师热烈响应。

　　经过筛选，选取了符合要求的论文33篇，包括33名规划系教师，其中有教授、副教授、讲师、助理教授。其中部分老师推荐的论文，曾在全国高等学校城乡规划专业指导委员会年会（多年度）上荣获优秀教研论文奖。在此基础上将征集论文进行编辑成册，分为"教育思想"、"教学方法"和"国际化教学"三部分。

　　本书的出版得到了同济大学建筑与城市规划学院党委和行政领导班子的鼓励和支持！学院院长李振宇教授在百忙之中拨冗为本书撰序；学院"城乡规划学科专业委员会"主任唐子来教授也欣然作序；在成书的过程中，我系全体教师积极参与并付出了辛勤劳动：我的搭档，城市规划系副系主任耿慧志教授、副系主任卓健教授参与了此书构架的讨论；侯丽副教授参与了文献初选分类工作；王伟强教授专门为本书封面提供了精彩的摄影作品。据他说，为了获得最佳摄影效果，他还亲自动手搬开了不少停放在文远楼主入口大门前的自行车。这样的奉献精神让人十分感动！此外，城市规划系办公室周翠琴老师、赵贵林老师等为书稿工作付出了大量劳动；中国建筑工业出版社华东分社编辑们为此书的出版作出了卓越努力；在此向以上所有支持者、参与者表示最衷心的感谢！

　　因筹划本书的时间有限，且限于篇幅未能全面收录我系所有教师更多教学研究论文；此外，所收录的公开发表论文因由作者直接提供，部分作者尚未能收到曾刊用期刊或书籍的授权回复，对此仍需进一步做好相关工作，并向相关期刊和出版机构致以感恩拳拳之心。书中疏漏错误之处，恳请读者不吝批评指正！

　　希望本书的出版，能够反映我系教师近10年来在城乡规划学教育教学领域探索和思考的一个侧面，进一步传承发扬同济大学城乡规划教育教学之探索精神，努力推动各方城乡规划学教育思想和教学方法交流，提高规划教育教学水平，培养更优秀的、全面发展的新时代城乡规划专业人才！

同济大学建筑与城市规划学院教授、博士生导师，城市规划系系主任

2018年10月7日